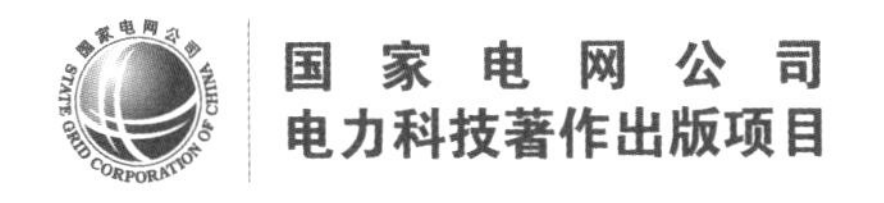

自同步电压源型新能源发电控制原理与应用

王伟　编著

中国电力出版社
CHINA ELECTRIC POWER PRESS

内容提要

自同步电压源型新能源的研究与应用，有助于探索解决高比例新能源电网存在的惯量支撑差、调频调压手段匮乏、电网安全稳定多形态交织和控制复杂化、电网运行压力大等问题，对于保障高比例新能源电网安全稳定运行具有重要意义。

本书共6章。内容分别为概述、变速恒频风机自同步电压源、光伏与储能自同步电压源、自同步电压源控制参数设计方法与实证、自同步电压源调频能力分析与实践，以及自同步电压源调压能力分析与实践。

本书理论知识与工程设计相结合，可作为高校新能源科学与工程、电力电子等相关专业的研究生参考书，也可供从事新能源并网装备研究开发的工程技术人员参考使用。

图书在版编目（CIP）数据

自同步电压源型新能源发电控制原理与应用 / 王伟编著. —北京：中国电力出版社，2024.8
ISBN 978-7-5198-8910-4

Ⅰ. ①自… Ⅱ. ①王… Ⅲ. ①风力发电机－电压－电源－自动发电控制 Ⅳ. ① TM315

中国国家版本馆 CIP 数据核字（2024）第 099627 号

出版发行：中国电力出版社
地　　址：北京市东城区北京站西街 19 号（邮政编码 100005）
网　　址：http://www.cepp.sgcc.com.cn
责任编辑：崔素媛（010-63412392）
责任校对：黄　蓓　王小鹏
装帧设计：张俊霞
责任印制：杨晓东

印　　刷：北京华联印刷有限公司
版　　次：2024 年 8 月第一版
印　　次：2024 年 8 月北京第一次印刷
开　　本：710 毫米 ×1000 毫米　16 开本
印　　张：16.5
字　　数：278 千字
定　　价：88.00 元

前　言

随着新能源在我国电力系统中占比快速提升，电网整体惯量水平和调频调压能力显著下降，由此引起的安全稳定问题备受关注。2016 年国家电网有限公司（简称国家电网公司）探索性提出将虚拟同步发电机（virtual synchronous generator, VSG）技术应用于大电网，提高新能源并网对电网频率、电压的支撑能力，集中开展了虚拟同步发电机技术研究、标准编制、装置开发以及示范工程实施，取得了大量科技成果。然而，在新能源由替代能源向主导电源转变的发展趋势下，电网对新能源的同步支撑能力提出了更高要求。采用自同步电压源控制技术改造和升级风力发电、光伏发电并网装备，进一步提高新能源的电网惯量响应、频率阻尼以及电压主动支撑性能，成为构建高比例新能源电力系统的必要条件和重要基础。

南瑞集团（国网电力科学研究院有限公司）承担我国第一个以自同步电压源、虚拟同步机特性光伏逆变器等为重点的 863 课题，创新提出了微电网自主同步运行、电压源对等并联的技术框架，研制了 500kW 储能自同步电压源（self synchronous voltage source，SVI）、光伏虚拟同步发电机等一批核心装备。在此基础之上，进一步承担了 2020 年国家电网公司重点科技项目“高比例新能源电力系统的自同步电压源型新能源发电关键技术研究”，深入研究了无储能支撑的光伏发电、风力发电自同步电压源控制策略，并开展了装备研制及示范应用。作为国家电网公司自同步电压源型新能源发电装备研发与示范的主要承担单位，研制了 5MW 储能自同步电压源、500kW 电流源光伏虚拟同步发电机 / 自同步电压源以及 2MW 风电虚拟同步发电机 / 自同步电压源，并通过了并网检测；在张北国家风光储输示范工程中完成了虚拟同步发电机 / 自同步电压源的整体技术示范，并推广应用于西藏达孜、青海祁连、吉林通辽、宁夏嘉泽等近百个风力发电、光伏发电项目，为新能源自同步电压源装备研发与实证研究提供了充分的技术储备与实践经验。可以说，本书是新能源并网运行控制与装备研制领域近七年研究成果的总结。

本书共 6 章。第 1 章阐述了新能源自同步电压源基本原理、研究现状及发展情况；第 2 章分析了变速恒频风机自同步电压源（双馈、直驱）控制原理、致稳及并网阻尼策略，给出了状态空间模型以及相关控制参数设计方法；第 3 章分析了光伏与储能自同步电压源控制原理，讨论了计及源网扰动的最大功率点跟踪（maximum power point tracking，MPPT）与直流电压协调控制策略，以及考虑负载不平衡时的储能自同步电压源独立构网优化控制方法；第 4 章针对自同步电压源型新能源发电逆变单元开展数学建模并给出其小信号模型，详细讨论了控制环路关键参数计算方法，分别给出了 2MW 自同步电压源型直驱风机以及 500kW 自同步电压源型光伏逆变器现场实证；第 5 章与第 6 章分别针对自同步电压源调频能力、调压能力进行分析，讨论了计及 MPPT 的多自同步电压源有功 / 频率协调控制，以及基于虚拟阻抗的多自同步电压源无功均衡控制，并通过翔实的仿真算例对所提策略进行了可行性和正确性验证。

本书研究成果联合了上海交通大学、东南大学、国网冀北电力、国网甘肃电力等项目团队，得到了国家重点研发计划、国家电网公司科技项目、江苏省碳达峰碳中和科技创新专项资金资助，在此表示衷心的感谢。

限于作者时间和水平，不足之处请广大读者批评指正。

王伟

2024 年 4 月

目 录

第1章 概述

1.1 背景及意义

党的十九大报告中指出，要“推进能源生产和消费革命，构建清洁低碳、安全高效的能源体系”，明确了我国能源转型的发展方向。根据国家能源局2023年7月31日发布的数据，截至2023年6月底，我国可再生能源装机容量达到13.22亿千瓦，历史性超过煤电，约占我国总装机容量的48.8%。预计至2050年，我国非化石能源占一次能源消费比重将超过50%，成为主导能源。我国能源电力在运行规模、电源结构、电网布局等方面加速转型，高比例新能源电网的运行和稳定特性将发生很大改变。仅以甘肃省为例，因甘肃风光集群基地东西跨越大（约800km），风光电集群资源随机波动性强，电源特性难以精准掌握；配套火电装机少，缺乏风光新能源与常规同步电源协调优化技术，新能源消纳受到极大制约，弃风、弃光率高达39%和31%；单纯依赖传统电网侧控制方式难以适应新能源快速波动特性，源网调控矛盾突出，多源打捆的输电通道外送能力严重受限，极易造成大面积风电脱网事故。2011年2月24日，甘肃酒泉单条馈线故障引发11个风场机组相继脱网，脱网规模达到基地装机容量的25%。

总的来说，高比例新能源电网安全稳定运行的挑战主要体现在以下几方面：

（1）常规新能源并网缺乏可靠的惯性响应能力，且频率耐受能力较低，导致电网频率抗扰动能力下降。新能源自身不存在或难以向系统释放机械转动惯量来主动响应电网的频率波动；同时，新能源往往运行在最大风能或光能捕获的控制模式，忽略了电网安全稳定运行需求；新能源频率耐受范围差，增加了新能源机组在电网频率异常时的脱网风险，并有可能引发严重的连锁性故障，与同步发电机存在显著区别。另外，新能源机组替代效应导致电力系统惯量持续减小，大功率冲击后频率失稳和功角失稳风险加剧。

（2）常规新能源并网变换器的暂态电压和电流支撑能力不足，导致新能源的故障穿越能力降低。同步发电机的电压耐受上限标幺值可达1.3，且过载能力强，而新能源并网变换器的电压耐受能力难以与同步发电机相提并论，同时电力电子器件的过电流裕度较低，导致新能源机组在电网故障时的动态无功功率支撑能力不足。新能源并网容量的快速增长大幅降低了送端交流电网的短路容量和电网强度，导致电网应对无功冲击和电压调控能力显著下降。

（3）新能源的运行控制及其与电网的交互影响，使电网振荡问题复杂化。一方面，新能源变换器的微秒级快速响应特性，导致在传统同步电网以工频为基础的稳定问题之外，出现了中频带（5～300Hz）的新型稳定问题；另一方面，新能源机组在系统发生振荡时提供正阻尼能力不足，加剧了振荡的传播和扩大。

上述原因导致现有同步电源调频调压和电网安全稳定控制来保障电网安全稳定运行面临巨大挑战。而常规新能源在电网故障后稳定特征恶化过程中的脱机行为又使得挑战进一步升级，特别是高比例新能源在电网高压或低压过程中密集脱网，并进一步将故障影响经高压直流输电快速传递至对侧电网，加速事故扩大进程，不断挤压事故有效防控时间窗。

应对高比例新能源电力系统的变化，需要从全系统的角度进行重构思考，遵循电力系统的运行要求研发和应用先进电力技术装备，并通过重构电力系统的认知、控制和故障防御体系，实现现代电力系统的科学发展和运行协调。新能源发电自同步电压源控制技术是从协同电力系统源网两个层面来解决新能源高比例接入难题的有效途径，具有十分积极的研究前景，对促进新能源的大规模开发与高效利用具有重大学术研究价值和工程应用价值。

本书充分结合产学研优势，由点及面、多措并举，从新能源机组自同步电压源控制入手，研究适用于我国高比例新能源电网的自同步电压源实用控制技术，并研发自同步电压源型新能源发电单元控制器装备，攻克新能源场站多台自同步电压源机组平稳运行和自同步电压源场站控制关键技术，为构建高比例新能源电力系统的认知体系、运行控制体系和故障防御体系提供技术支撑和示范参考。

1.2 新能源自同步电压源基本原理

图1-1给出了自同步电压源的主电路拓扑和控制结构。从并网逆变器主电路与同步发电机电气部分等效的角度来看，可以认为并网逆变器三相桥臂中点电压的基波 e_a、e_b、e_c 模拟同步发电机的内电势，逆变器侧电感 L_1 模拟同步发电机的同步电抗，逆变器输出电压模拟同步发电机的端电压。

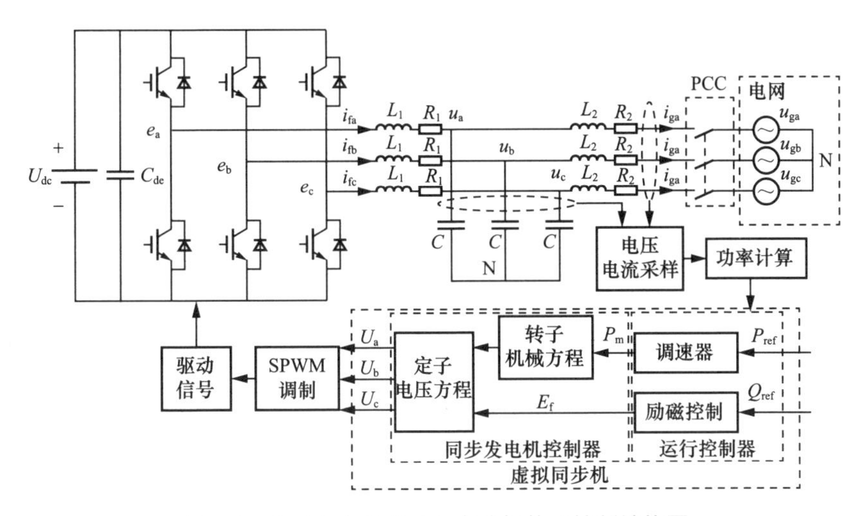

图1-1 自同步电压源的主电路拓扑及控制结构图

SVI输出的有功功率 P_e 和无功功率 Q_e 通过瞬时功率理论计算得到：

$$P_e = e_\alpha i_\alpha + e_\beta i_\beta \tag{1-1}$$

$$Q_e = e_\beta i_\alpha - e_\alpha i_\beta \tag{1-2}$$

式中：e_α 和 e_β 为逆变器桥臂中点电压的基波在 $\alpha\beta$ 坐标系下的表达式；i_α 和 i_β 为电感 L_1 中的电流在 $\alpha\beta$ 坐标系下的表达式。

由式（1-3）即可实现SVI无功环的控制，从而模拟同步发电机的自动调压特性为：

$$\sqrt{2}E_m = \frac{1}{K \cdot s}[D_q(\sqrt{2}U_n - \sqrt{2}U_o) + (Q_{ref} - Q_e)] \tag{1-3}$$

式中：E_m 为内电势；K 为无功—电压积分系数；D_q 为无功—电压下垂系数；U_n 为额定电压；U_0 为机端电压；Q_{ref} 为无功参考值；Q_e 为输出无功功率。

利用 SVI 有功环的输出产生调制波频率和相位，无功环的输出作为逆变器调制波的幅值，则三相调制波 e_{am}、e_{bm} 和 e_{cm} 的表达式为：

$$\begin{cases} e_{am} = \sqrt{2}E_m \sin\theta \\ e_{bm} = \sqrt{2}E_m \sin(\theta - 120°) \\ e_{cm} = \sqrt{2}E_m \sin(\theta + 120°) \end{cases} \tag{1-4}$$

三相调制波与三角载波交截，得到三相逆变桥六只开关管的驱动信号，进而得到桥臂中点电压 e_a、e_b 和 e_c，直接输出控制。

图 1-2 给出了全功率风电机组系统结构图。采用永磁同步发电机和全功率风电变流器的结构，而风电变流器由机侧变流器 MSC 和网侧变流器 GSC 组成，电网用短路阻抗和同步发电机等效。构建电压源风电机组的关键问题一是如何自主准确感知电网频率波动，二是如何实现风电机组惯量的主动响应。

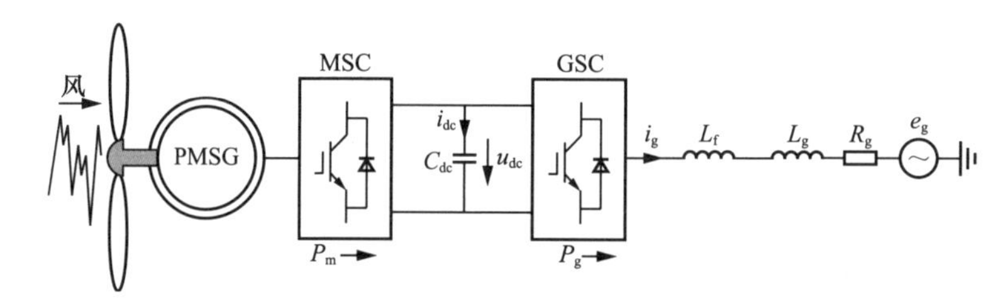

图 **1-2**　直驱风电机组示意图

图 1-2 中，风电变流器的直流母线电压方程可表示为：

$$2H_C\left(\bar{u}_{dc0}\frac{d\bar{u}_{dc}}{dt}\right) = \bar{P}_m - \bar{P}_g \tag{1-5}$$

式中：$\bar{P}_m$ 为机侧变流器输出功率的标幺值；$\bar{P}_g$ 为网侧变流器输出功率的标幺值；$\bar{u}_{dc}$ 为直流电压的标幺值；$\bar{u}_{dc0}$ 为稳态直流电压的标幺值，即 1.0；H_C 为直流侧电容的惯性时间常数。

$$H_C = \frac{CU_{dcn}^2}{2S_n} \tag{1-6}$$

式中：C 为直流母线电容容值；U_{dcn} 为直流电压的基准值；S_n 为风电机组的额定功率，作为功率的基准值。

忽略网侧变流器的功率损耗，其输出功率的标幺值 $\bar{P}_g$ 可以表示为：

$$\bar{P}_{\mathrm{g}}=\frac{\bar{u}_{\mathrm{dc}}\bar{U}_{\mathrm{t}}\bar{E}_{\mathrm{g}}}{\bar{x}_{\mathrm{g}}}\sin\delta \tag{1-7}$$

式中：$\bar{U}_{\mathrm{t}}$ 为网侧变流器调制电压幅值的标幺值；$\bar{E}_{\mathrm{g}}$ 为电网电压幅值的标幺值；$\bar{x}_{\mathrm{g}}$ 为网侧变流器到电网同步发电机间电抗的标幺值；δ 为网侧输出电压向量超前电网电压相位。

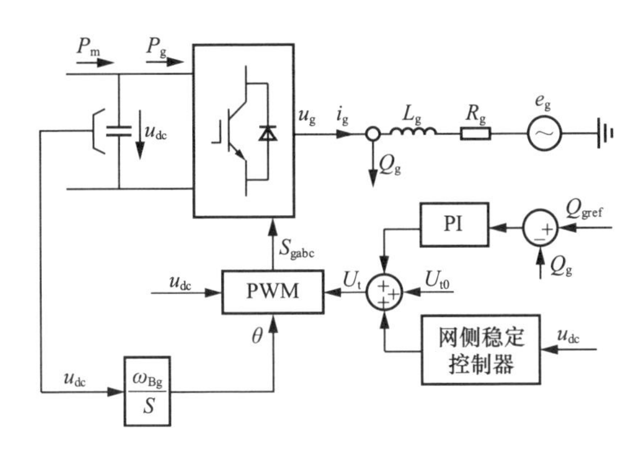

图 1-3　网侧变流器的电网频率自主感知与无锁相环自主同步控制原理

依据动力学方程，按照图 1-3 控制策略控制网侧变流器的有功输出，可将电网频率的波动映射到风电变流器直流母线电压的波动上，同时实现对电网的无锁相环自主同步。对电网瞬时频率的自主实时感知是实现变流器从依赖锁相环的电网跟随型控制到不依赖锁相环的电压源控制的关键，感知过程中会受到电网电压波动、暂降等多种因素的影响，彻底解决对电网瞬时频率感知的自主性、准确性问题才能实现风电机组的自主运行。

1.3　新能源自同步电压源研究现状及发展

1.3.1　新能源自同步电压源研究现状

随着新能源并网带来的电力系统安全稳定问题日益严峻，中国在新能源自同步电压源技术的研究与实践取得了突破性进展，特别是在装备研发与示范应用方面处于国际领先水平。国网电力科学研究院有限公司在 2014 年承担了第一个基于自同步电压源技术的 863 课题《光伏微电网核心设备与控制系统研制及示范应用》，在国际上率先完成大功率储能自同步电压源以及光伏虚拟同步发电机支撑光储微电网自主运行的工程示范。项目中储能自同步电压源应用于西藏达孜运高光伏电站，首次通过现场人工短路试验；项目成果《光储微电网灵活高效自主运行关键技术与装备》经中国电机工程学会组织专家鉴定为“整体技术达到国际领先水平”，获 2019 年度中国电力科学进步一等奖。2016 年，国网电力科学研究院有限公司研制的 5MW 储能自同步电压源、500kW 光伏虚拟同步发电机、2MW 风电虚拟同步发电机等系列产品顺利通过国家电网公司并网检测，完成自同步电压源 / 虚拟同步发电机在国家风光储输示范电站的整体应用与实证研究。

1. 在新能源发电自同步电压源控制技术实证方面

在光伏自同步电压源控制技术方面，美国学者 Hussam Alatrash 于 2011 年提出发电机模拟控制方案[1]，并应用于光伏逆变器；日本早稻田大学 Kaoru Koyanagi 教授研究了具有频率调节特性的智能光伏发电系统[2-3]；雅典国家技术大学 Vassilakis A. 教授研究了储能系统放电深度和充电模式对虚拟同步机一次调频能力的影响[4]。

在风电机组自同步电压源控制技术方面，清华大学汤蕾等采用虚拟同步机的控制策略，研究了无锁相环的并网控制技术[5]；香港理工大学 Yujun Li 等探究了虚拟同步控制方式参与电网惯量响应的原理[6]。上述新能源自同步电压源技术的研究尚未开展实证研究，还不具备实际推广应用的条件。

针对现有自同步电压源技术的不足，上海交通大学蔡旭教授团队提出一种风电机组自同步电压源控制技术，即自主协同电压源控制[7-9]。文献［7］提出了针对双馈风电机组的自同步电压源控制策略，体现在对于转子变流器采用基于转子磁链定向的虚拟同步控制，对于网侧变流器采用基于电气类比原理的惯性同步控制，使得双馈风电机组整体对外体现为电压源，作为主动电源自发响应电网频率变化。在此基础上，文献［8］提出一种针对全功率风电机组的自主协同电压源控制策略，网侧变流器采用惯性同步控制方法，将电网频率镜像到直流侧母线电压，机侧变流器进一步通过直流母线电压变化计算附加功率，实现风电机组的惯量响应。由于该方法直接利用变流器的直流母线电容充当电网同步过程中的能量缓冲元件，省去了对同步发电机转子运动方程的模拟，控制策略更加简单，对现有风机的控制结构变化更小，稳定性较好。2016 年上海交通大学蔡旭教授承担了中达科教基金重大项目“电压源全功率变换风电机组”的研究，并连续 3 年在学术年会上报道研究进展，对风电机组的自主电网同步、惯量响应能力提升[9]、多机组网稳定性等进行了系统的阐述。

国网电力科学研究院有限公司针对光伏虚拟同步机提出一种光储单级高效变换及其功率解耦控制技术，可在保证光伏最大功率跟踪的前提下实现光储充放电效率较国内外同类技术提高1.5%。已具备升级常规光伏电站为自同步电压源控制的基础。

2．在新能源场站多自同步电压源协调控制技术方面

由多自同步电压源逆变器聚集构成的新能源场站面临两方面的技术挑战，一是自同步电压源逆变器并联汇集引起的谐振问题；二是场站中多自同步电压源的协调控制问题。

在场站谐振方面，湖南大学罗安院士团队研究了输电线路参数对谐波阻抗和新能源场站并网谐振现象的影响[10, 11]，并指出：新能源场站内部多机并联的输出回路构成了复杂的高阶电网络，导致了谐振机理和现象的复杂化；合肥工业大学张兴教授团队基于改进的有源网络模型分析了并网逆变器多机并联基本谐振特性，研究了多逆变器控制及载波同步性对于系统谐振的影响[12]；国网电力科学研究院有限公司与东南大学合作在2012年承担了国家电网公司首个电站级谐振抑制技术方面的科技项目《大型光伏发电站集电系统谐波及过电压问题研究》，提出一种基于小波理论的光伏电站谐振特征提取方法以及并联谐振抑制策略[13]；不过，基于自同步电压源逆变器的新能源场站谐振问题研究目前仍处于空白。

在协调控制方面，文献［14］采用基于下垂特性的无功补偿分配策略，分配精度受无功补偿影响且工程实现难度较大；文献［15］提出一种增大下垂系数的控制策略，可增加无功均分精度，但会引起系统稳定性降低；文献［16］提出一种自适应下垂控制策略，通过在可调下垂系数中引入一个积分项来提供平滑的自适应增益；文献［17］提出了一种无功功率优化的虚拟阻抗法。上述研究在理论层面探讨了多个电压源逆变器并联组网下实现有功无功均分的控制策略，但未见实际工程应用方面的报道。

在自同步电压源多机并联方面，国网电力科学研究院有限公司开展了较多研究，提出一种松弛电压闭环变结构的动态均流控制技术，可实现包含非线性与不对称等特殊工况下自同步电压源的对等控制，动态均流系数达到90%以上，并进一步完成16机并联的RTDS在环实时仿真测试。经权威第三方机构检测，已具备实际应用的条件。经由黄其励院士、汤广福院士等专家组成的鉴定委员会认定：项目提出的自同步电压源多机协调控制技术达到国际领先水平。

在工程应用方面，国网电力科学研究院有限公司研制的风光储虚拟同步发电机场站控制系统率先在国网虚拟同步发电机示范工程中得到应用。但是，基于自同步电压源技术的新能源场站协调控制技术还需要进一步研究和工程实证。

1.3.2 前景与展望

新能源自同步电压源控制技术的实施与应用，有助于探索解决高比例新能源电网存在的惯量支撑差、调频调压手段匮乏、电网安全稳定多形态交织和控制复杂化、电网运行压力大等问题，为保障高比例新能源电网安全稳定运行提供技术支撑。结合我国电网发展实际，可通过两个途径推动成果应用：一是研发具有自同步电压源特性的新能源发电控制产品，通过对常规风电、光伏机组发电单元的自同步电压源技术改造，实现新能源对电网惯量和一次调频的主动支撑，提高新能源并网友好性和电网的安全稳定性；二是研制新能源电站级与系统级协调控制系统，优化高比例新能源电网源网协调控制水平，提升新能源的消纳与外送能力，降低新能源弃风、弃光。研究取得的相关成果在甘肃、冀北等地实现风、光、储新能源电站自同步电压源核心装备、整机系统、场站控制整体应用与实证研究，全面评价和验证了自同步电压源技术应用于高比例新能源电网对提升电网惯量、一次调频支撑能力，进而提升新能源消纳与外送能力的效果。通过展现相关成果在低成本与实用化方面的大规模推广优势，促进了成果的广泛应用。

通过改进新能源控制技术、网源协调技术、优化厂站级控制策略和提升新能源涉网技术性能等手段，解耦新能源消纳与直流输电能力之间的制约关系，最大化提升送端电网新能源并网消纳能力和外联通道输送能力，支撑国家能源转型，加快推动实现“能源替代 50%”目标。研究成果对于促进我国新能源持续健康发展、支撑国家能源转型具有十分重要的意义，体现在以下方面：

（1）提高高比例新能源并网安全运行水平。有助于探索解决传统新能源发电难以为电网提供惯量或一次调频支撑能力的固有缺陷，通过应用核心装备以及配置高比例自同步电压源电网多源协同优化控制系统，将大幅提升电网安全运行水平，降低电网发生大范围新能源脱网风险，提高了系统的抗扰能力和经济运行水平。

（2）提升新能源消纳能力和外联通道输电能力提升。通过新能源自同步电压源的技术改造与实施，预计可以有效提升省级电网新能源消纳能力及新能源外送能力，从而极大提高新能源发电企业的经济效益；同时，也能为其他地区的新能源建设提供重要参考，并为未来高比例新能源电力系统的规划、运行与控制提供技术支撑。

（3）推动新技术研发和新装备研制。新能源自同步电压源、整机控制系统、电站协调控制系统是在新能源核心装备原有技术基础上的升级和优化，在传统以效率优先的优点上，兼顾了电网主动支撑能力，符合我国新能源可持续发展的长期战略，在提升新能源消纳与送出能力的同时，也大幅提升了新能源核心装备的技术水平与研发能力。

第 2 章 变速恒频风机自同步电压源

2.1 变速恒频风机发电基本原理

2.1.1 风力发电机组工作原理

商用风力发电机组通常采用丹麦的水平轴方案，由风轮、变桨系统、偏航系统、液压系统、传动系统（含发电机）、控制与安全系统、机舱、塔架和基础等组成。

各主要组成部分功能简述如下：

（1）风轮。风轮是风力发电机的主要部件，风轮由轮毂和叶片组成，轮毂固定在风力发电机的转轴上，叶片安装在轮毂上，叶片利用升力原理将空气动能转换为风轮转动的机械能。

（2）变桨系统。变桨系统通过改变风机叶片角度调整叶片迎风角度（桨矩角），以控制风轮的能量转换效率，并在紧急情况下提供风力机安全保护，是风力发电机的重要组成部分；变桨系统可采用液压、电动或混合动力等方式驱动。

（3）偏航系统。偏航系统采用主动对风齿轮驱动形式，与控制系统相配合，使风轮始终处于迎风状态，充分利用风能，提高发电效率。同时提供必要的锁紧力矩，以保障机组安全运行。

（4）液压系统。液压系统为风机控制提供关键性的动力支持，主要应用于风轮叶片的桨矩控制、偏航控制、紧急制动、冷却、润滑、齿轮箱控制等。

（5）传动系统。风力机的传动系统负责将风轮的机械旋转能量传输到发电机转换为电能，传动类型包括较老式的定速传动系统和目前商用流行的变速传动系统。

（6）控制与安全系统。机组控制系统负责控制风机运行状态，如启动、停止、发电、故障处理等，并保证机组可靠运行；机组安全系统负责保障风机及周围人员的安全，包括过载、过压、过流、欠压、功率进相、过热、限扭矩、限速、振动、雷击等各种保护，可以利用软件或硬件方式实现。

（7）机舱。机舱在底座上装载除风轮和变桨系统外的所有风机系统，包括传动系统（含发电机）、偏航系统、液压系统、控制和安全系统等，并提供人员活动和休息场所。

（8）塔架。塔架的作用是支撑机舱和风轮，并将它们置于足够高的位置，以获取足够的风力。商用风机的塔架通常由钢管或混凝土制成，高度可达 100m 以上。

（9）基础。风力机基础的作用是将风机固定在地面或水上，承受风力、重力和地震等载荷。基础的类型主要有利用自身重量来抵抗倾覆力矩的重力基础，利用桩将载荷传递到深层土层的桩机，以及利用锚碇和钢索来抵抗倾覆力矩的锚碇基础。

并网型风力发电机组的总体结构简图如图 2-1 所示。其中，发电机是机电转换的核心部件，变压器使发出的交流电升压，断路器在控制系统的作用下实现并网或脱网。

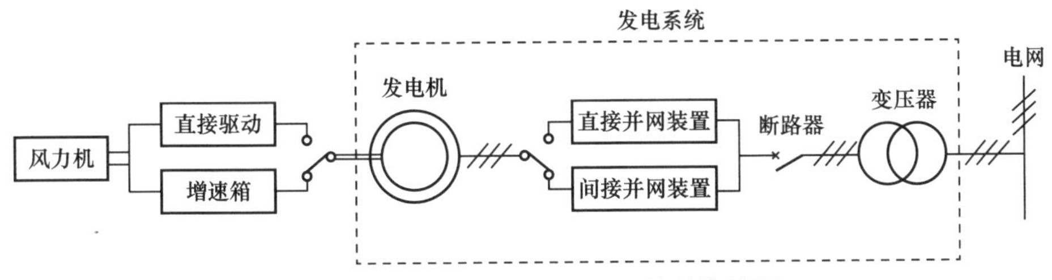

图 2-1　并网型风力发电机组总体结构简图

因采用的发电机不同，风力发电机组并网方式有直接并网和间接并网两种。直接并网是指恒速发电机发出电流的频率与电网频率相同，可以直接与电网连接，直接并网的核心是软并网装置；间接并网是指变速发电机发出电流的频率与电网频率不同，必须经过变流器与电网连接。

在风力发电机组中，存在着两种物质流，即能量流和信息流。两者相互作用，使机组完成发电功能。典型的风力发电机组的工作原理如图 2-2 所示。

能量流的传递是围绕机电能量转换进行的。当风以一定速度正面吹向风力机时，在风轮上产生的力矩驱动风轮转动，将风的动能转换为旋转动能。风轮通过主传动系统将旋转动能传递到发电机，将机械能转换为电能。对于并网型风力发电机组，发电系统输出的交流电经过变压器升压后，即可接入电网。

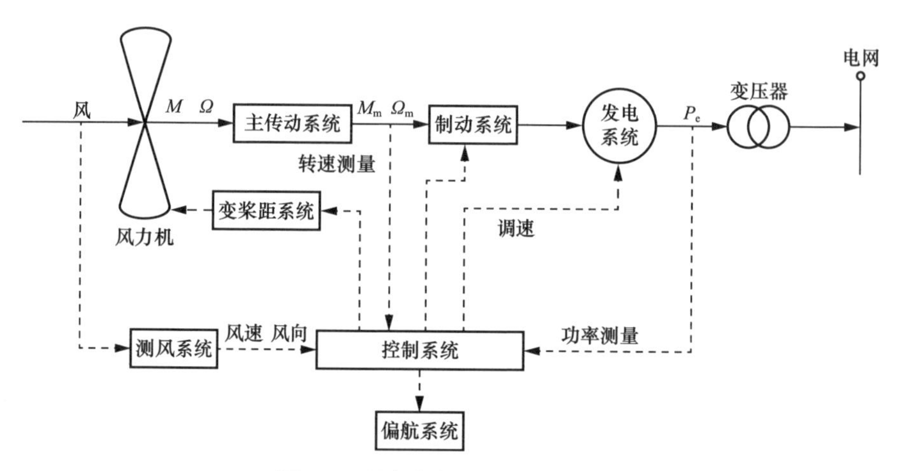

图 2-2　风力发电机组的工作原理

信息流的传递是围绕控制系统进行的。控制系统的功能是运行状态控制和安全保护。运行状态包括起动、运行、暂停、停止等。在出现恶劣的外部环境和机组零部件突然失效时紧急关机。风速、风向、风力机的转速、发电功率等物理量通过传感器变换成电信号传给控制系统，它们是控制系统的输入信息。控制系统随时对输入信息进行加工和比较，及时地发出控制指令，这些指令是控制系统的输出信息。

对变桨距机组，当风速大于额定风速时，控制系统发出变桨距指令，通过变桨距系统改变风轮叶片的桨距角，从而控制风力发电机组的输出功率。在起动和停止的过程中，也需要改变叶片的桨距角。对于变速型机组，当风速小于额定风速时，控制系统根据风速的大小发出改变发电机转速的指令，以便使风力发电机组最大限度地捕获风能。

当风轮的轴向与风向偏离时，控制系统发出偏航指令，通过偏航操作校正风轮轴的指向，使风轮始终对准来风方向。当需要关机时，控制系统发出关机指令，除了借助变桨距制动外，还可以通过安装在传动轴上的制动装置实现风轮制动。实际上，在风力发电机组中，能量流和信息流组成了闭环控制系统。同时，变桨距系统、偏航系统等也组成了若干闭环子系统，实现相应的控制功能。

应该指出，由于各种风力发电机组结构的不同，其工作原理也有差异，在这里介绍的是比较典型的情况。

在风力发电系统中，电气部分主要包括发电机和变换器。根据两者的不同设计和组合衍生了多种不同的风力发电系统，概括起来可以分为 3 类：①不带变换器的定速风力发电系统；②基于部分功率变换器的风力发电系统；③基于全功率变换器的风力发电系统。

1．双馈风力发电系统

基于部分功率变换的变速风力发电系统，可分成两种类型：一种是带可变转子电阻的绕线转子感应发电机的风力发电系统，另外一种是基于双馈感应发电机的风力发电系统。

（1）带可变转子电阻的绕线转子感应发电机风力发电系统。图 2-3 为绕线式感应发电机转子回路带可变电阻的绕线转子感应发电机系统的典型框图。通过变换器控制转子电阻的阻值控制发电机的转矩 / 转速特性，从而实现机组的变速运行。随着系统的变速运行，风力机可以捕获更多的风能，但同时在转子电阻上会有一定的能量损失。该系统的速度调节范围最高可超过同步转速的 10%。这种控制多用来降低风电机组向电网发出的闪变，因为它的机械功率波动转化成了转子动能，被机组转子的外部电阻吸收。同定速型风电机组一样，这种风电机组类型需要配置软启动器和无功补偿器。

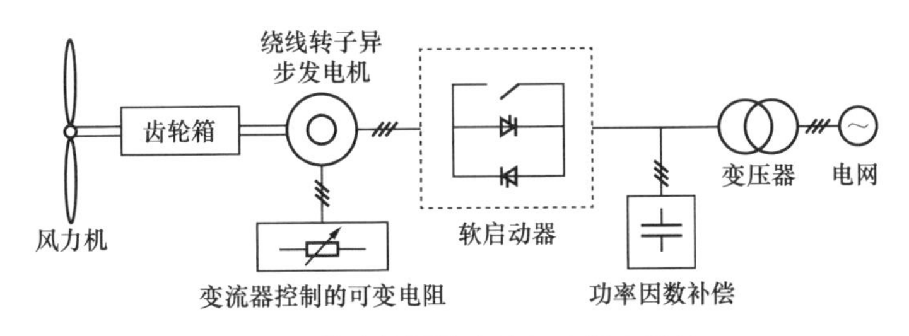

图 2-3　带变换器的定速风力发电系统

（2）带转子侧变换器的双馈感应发电机风力发电系统。图 2-4 为双馈感应发电机风力发电系统的结构框图，双馈型风力发电机组系统采用背靠背双 PWM 变换器，通过控制发电机的转子电流来控制双馈发电机的定子电压和电流。根据发电机的不同转速，风力发电机分别运行于亚同步、同步和超同步三种运行状态。当发电机运行在超同步状态时候，除了发电机的定子侧发出功率以外，发电机的转子也通过变换器向电网提供功率；如果发电机运行在亚同步，只有发电机的定子侧发出功率以外，而发电机的转子需要通过变换器从电网吸收功率；而发电机工作于同步速时候，发电机的转子变换器不吸收也不发出功率。由于转子侧功率变换器只需要处理转子回路中的转差功率，因而双馈发电机组采用的功率变换器容量只有发电机额定功率的三分之一左右，而发电

机可以在同步速的 ±30% 的速度范围内变化，系统的功率因数可以通过变换器调节。与图 2-3 所示的方案相比，该方案具有无功输出控制能力，并且可以捕捉更大风速范围内的风能，提高发电效率。与使用全功率变换器的风力发电系统相比，该方案的成本较低。

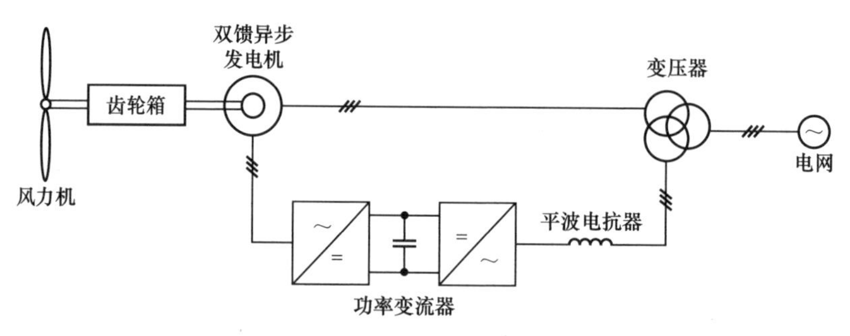

图 2-4　带转子侧变换器的双馈型风力发电系统

（3）无刷双馈风力发电系统。基于无刷双馈发电机的风力发电系统的典型框图如图 2-5 所示，无刷双馈发电机变速恒频风电系统采用的发电机为无刷双馈发电机。其定子有两套极数不同的绕组，一个称为功率绕组，直接接入电网；另一个称为控制绕组，通过双向功率变换器连接电网。其转子为笼型或磁阻式结构，无须电刷和滑环，转子的极数应为定子两个绕组极对数之和。这种无刷双馈发电机定子的功率绕组和控制绕组的作用分别相当于交流励磁双馈发电机的定子绕组和转子绕组。

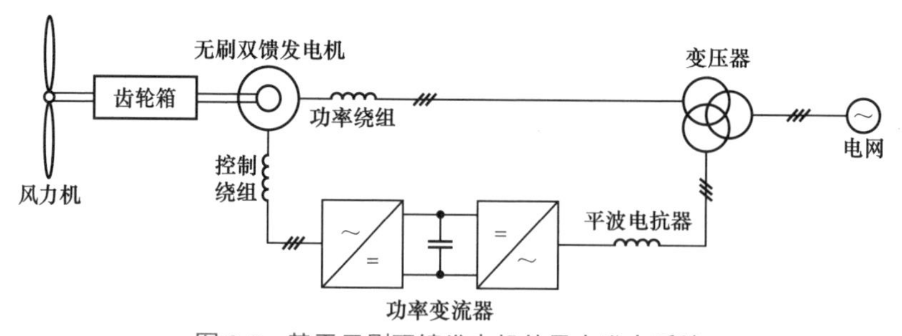

图 2-5　基于无刷双馈发电机的风力发电系统

相比于双馈风力发电系统，无刷双馈风力发电系统电机本体设计理论比较复杂，制造困难，技术不成熟，目前仍处于实验研究阶段，未获得大规模应用，还需要在电机本体制造及设计理论上做进一步探索。

2．直驱风力发电系统

基于全功率风电变换器的风力发电系统框图如图 2-6 所示，该系统中的发电机通过全功率变换器接入电网。发电机可以采用笼型异步感应发电机、绕线转子同步发电机或者永磁同步发电机，额定功率可达数兆瓦。由于全功率风电机组中的发电机与电网通过变换器相连接，因此发电机与电网完全解耦，发电机可以在全部转速范围内工作，实现功率因数的任意调节。但是由于变换器传递全部功率，导致系统成本增加。需要说明的是，如果使用低速多级同步发电机，风力发电系统可以不需要齿轮箱而正常运行，从而提高系统的效率、降低投资和维护成本，但是低速电机的极对数很多，导致发电机直径过大，因此发电机的价格以及安装成本相应上升。此外，对于感应发电机可以额外增加固定电容器以补偿发电机需要的励磁无功功率，从而减小机侧变换器的设计容量，降低系统的设计成本。

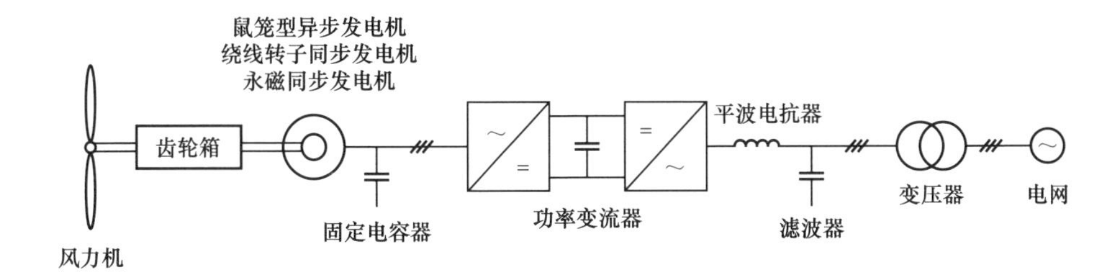

图 2-6　基于全功率变换器的变速风力发电系统

2.1.2　风速的数学模型

风速建模是使用模拟风速逼近自然风速特性的过程。从统计学的角度，可以将风力机承受的自然风看作是基本风 V_A、阵风 V_B、渐变风 V_C 和随机风 V_D 4 种不同特性风的线性叠加。

基本风可以看作短期内一直平稳存在的风，其大小等于风电场短期平均风速，决定了风电机组能够向电网提供的有功功率大小。风电场测量所得基本风特性近似符合威布尔（Weibull）分布函数：

$$V_A = A \cdot \Gamma\left[1 + \frac{1}{k}\right] \tag{2-1}$$

式中：V_A 为基本风速，m/s；A、k 分别为威布尔分布的尺度参数和形状参数；Γ 为伽马函数。在秒级时间段内计算时，基本风速可视为常数。

阵风描述风速突然变化的特性，如式（2-2）所示：

$$V_{\mathrm{B}}=\begin{cases}0 & t<T_{1\mathrm{G}}\\ V_{\mathrm{Gm}}\left(1-\cos 2\pi\dfrac{t-T_{1\mathrm{G}}}{T_{\mathrm{G}}}\right) & T_{1\mathrm{G}}\leqslant t\leqslant T_{1\mathrm{G}}+T_{\mathrm{G}}\\ 0 & t>T_{1\mathrm{G}}+T_{\mathrm{G}}\end{cases} \tag{2-2}$$

式中：V_{B} 为阵风风速，m/s；V_{Gm} 为阵风的最大风速，m/s；$T_{1\mathrm{G}}$ 为阵风的启动时间，s；T_{G} 为阵风的持续时间，s。在风电系统动态稳定分析中，通常用阵风考核系统在较大风速变化情况下的动态特性。

渐变风描述风速的渐变特性，如式（2-3）所示：

$$V_{\mathrm{C}}=\begin{cases}0 & t<T_{1\mathrm{R}}\text{或}t\geqslant T_{2\mathrm{R}}+T_{\mathrm{R}}\\ \dfrac{V_{\mathrm{Rm}}}{3}\dfrac{T_{1\mathrm{R}}-t}{T_{1\mathrm{R}}-T_{2\mathrm{R}}} & T_{1\mathrm{R}}\leqslant t<T_{2\mathrm{R}}\\ V_{\mathrm{Rm}} & T_{2\mathrm{R}}\leqslant t<T_{2\mathrm{R}}+T_{\mathrm{R}}\end{cases} \tag{2-3}$$

式中：V_{C} 为渐变风风速，m/s；V_{Rm} 为渐变风的最大风速值，m/s；$T_{1\mathrm{R}}$ 为渐变风的启动时间，s；$T_{2\mathrm{R}}$ 为渐变风的终止时间，s；T_{R} 为渐变风的保持时间，s。

随机风描述风速的随机变化特性，如式（2-4）所示：

$$\begin{cases}V_{\mathrm{D}}=2\sum\limits_{i=1}^{N}[S_{\mathrm{V}}(\omega_i)\Delta\omega]^{1/2}\cos(\omega_i+\varphi_i)\\ \omega_i=\left(i-\dfrac{1}{2}\right)\Delta\omega\\ S_{\mathrm{V}}(\omega_i)=\dfrac{2K_{\mathrm{N}}F^2\left|\omega_i\right|}{\pi^2[1+(F\omega_i/\mu\pi)^2]^{4/3}}\end{cases} \tag{2-4}$$

式中：φ_i 为 0 ～ 2π 之间均匀分布的随机变量；K_{N} 为地表粗糙系数，一般取 0.004；F 为扰动范围，m^2；μ 为相对高度的平均风速，m/s；$\Delta\omega$ 为风速频率间距，一般取 0.5 ～ 2.0rad/s；ω_i 为概率密度函数角速度，rad/s；$S_{\mathrm{V}}(\omega_i)$ 为风速随机分量分布谱密度，m^2/s；N 为概率密度函数累加上限。

综合上述，实际作用在风力机上的风速为：

$$v=V_{\mathrm{A}}+V_{\mathrm{B}}+V_{\mathrm{C}}+V_{\mathrm{D}} \tag{2-5}$$

该风速模型给出了对风力机轮毂高风速随机和间歇特性比较精确的描述，但在实际应用中，一些参数很难确定，因此，此模型一般只用于仿真分析。仅考虑在平均风速及其随机特性时对轮毂高风速的实时模拟结果如图 2-7 所示。

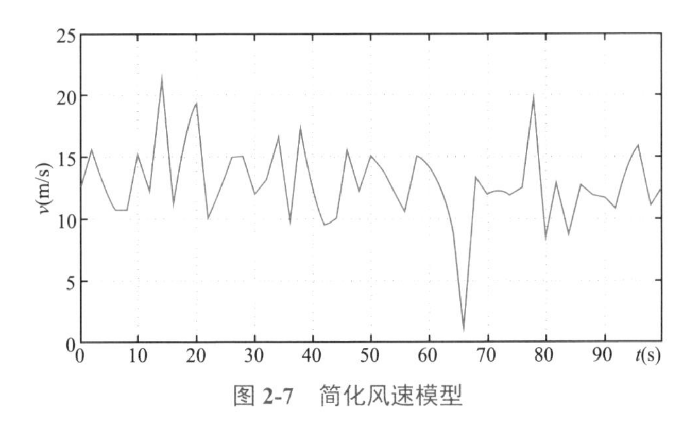

图 2-7　简化风速模型

2.1.3　风力机数学模型

风力发电机组的风轮是捕获风能并将其转化为机械能的一个功率变换系统。精细化的风轮空气动力学模型，需要充分考虑风的入流动态与风轮的叶片弹性，基于有限元法不断修正参数来计算风轮的转矩。这种基于叶素理论的风轮精细化空气动力学模型的劣势在于过度复杂，需要风轮详细的几何参数以及输入的风速阵列参数，此外过大的计算量也限制了这种模型的应用。在侧重研究风电机组的电气特性时，通常采用静态的叶素动量法（blade element momentum，BEM）建立风轮的空气动力学方程，即风轮的简化数学模型。该方法通过叶片功率系数 C_p 曲线拟合的办法来表示风轮的空气动力学模型。风轮捕获的气动功率 P_t 可表示为：

$$P_t = \frac{1}{2}\rho C_p \pi R^2 V_w^3 \tag{2-6}$$

式中：ρ 为空气的密度；C_p 为叶片的功率系数；R 为风轮的半径；V_W 为风速。

以某 2MW 的风轮为例，一种拟合的叶片功率系数 C_p 曲线为：

$$C_p = 0.73\left(\frac{151}{\lambda} - 0.58\beta - 0.002\beta^{2.14} - 13.2\right)e^{-\frac{18.4}{\lambda}} \tag{2-7}$$

式中：β 为桨距角；λ 为叶尖速度比，其可表示为风轮的叶尖转速与当前输出风速之比：

$$\lambda = \frac{\omega_t R}{V_W} \tag{2-8}$$

式中：ω_t 为风轮的机械角频率。

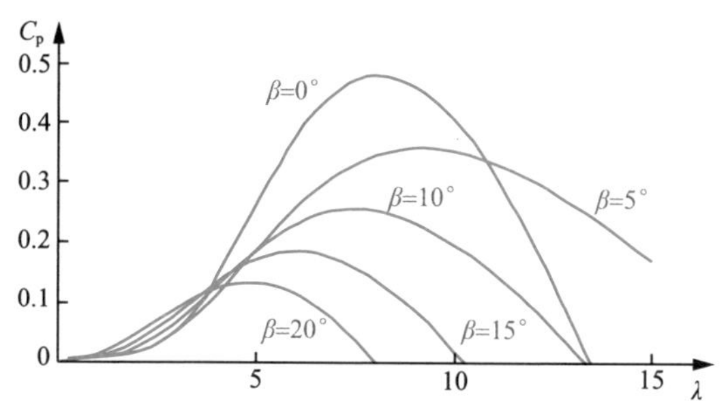

图 2-8 风轮的功率系数 C_p 与桨距角 β、叶尖速比 λ 之间的特性曲线

风轮的功率系数 C_p 与桨距角 β、叶尖速比 λ 之间的特性曲线如图 2-8 所示。从图 2-8 中可以看出，当桨距角不同时，使风轮功率系数 C_p 值最大的叶尖速比 λ 值也不同，增大桨距角 β 会降低风轮的功率系数 C_p 曲线的最大值。当桨距角 β 的值一定时，在不同风速条件下存在最优的叶尖速比 λ_{opt} 值使功率系数值最大为 C_{opt}，那么风轮捕获的最大风功率 P_{opt} 为：

$$P_{opt}=\frac{1}{2}\rho C_{opt}\pi R^5\frac{\omega_t^3}{\lambda_{opt}^3} \tag{2-9}$$

图 2-9 给出了风轮捕获风功率随转速变化的特性曲线。从图 2-9 中可以看出，对于不同的风速，如果控制风轮转速 ω_t 按照最优的叶尖速比 λ_{opt} 变化，可使风轮工作在最大功率点跟踪（MPPT）状态。图 2-9 同时给出了变速风电机组理想的 MPPT 运行曲线。

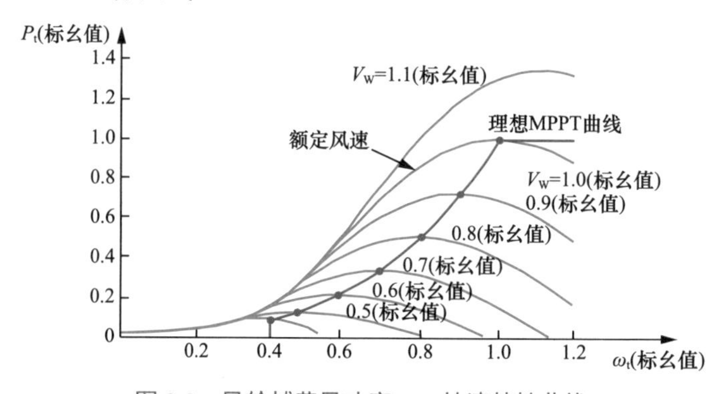

图 2-9 风轮捕获风功率——转速特性曲线

传动链是风力发电机组机械系统的重要组成部分，其模型的精确程度对分析风功率的波动影响较大。在研究较大的功率扰动对风力发电机组运行特性的影响时，不能将风力发电机组的轴系当作单质块来表征，这是由于风力发电机组轴系刚度较弱、是柔性连接的，其与传统电力系统中同步发电机刚性连接的

轴系特性相差较大。当需要考虑风力发电机组轴系的扭振现象时，风轮传动链可采用诸如六质块、三质块、两质块等模型来表征。在分析较大功率波动对风力发电机组响应特性的影响时，较为实用且能满足精度需求是两质量块模型，即永磁同步发电机质量块和风轮质量块。图 2-10 给出了风电机组传动链的两质量块模型示意图，图中风轮质量块、永磁同步发电机质量块通过具有一定阻尼与刚度系数的轴相连接。

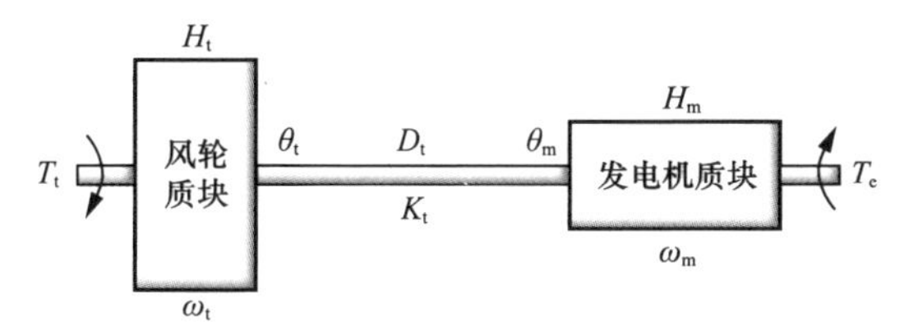

图 2-10　风力发电机组传动链的两质量块模型示意图

图 2-10 所示的传动链两质量块模型的微分方程如下所示：

$$\begin{cases} 2H_t \dfrac{d\omega_t}{dt} = T_t - \left[D_t \left(\omega_t - \omega_m \right) + K_t \left(\theta_t - \theta_m \right) \right] \\ 2H_m \dfrac{d\omega_m}{dt} = \left[D_t \left(\omega_t - \omega_m \right) + K_t \left(\theta_t - \theta_m \right) \right] - T_e \\ \dfrac{d\theta_t}{dt} = \omega_t \\ \dfrac{d\theta_m}{dt} = \omega_m \end{cases} \tag{2-10}$$

式中：H_t、H_m 分别为风轮和同步发电机的惯性时间常数；T_t、T_e 分别为风轮的机械转矩、同步发电机的电磁转矩；ω_t、ω_m 分别为风轮和同步发电机的机械角频率；θ_t、θ_m 分别为风轮和同步发电机的转子角；K_t 为传动链的等效刚度系数；D_t 为传动链机械耦合的等效阻尼系数。

风电机组轴系的振荡频率通常较低，一般在 2Hz 附近。研究风电机组与弱电网之间的电气交互作用，其固有振荡频率远高于轴系的固有振荡频率。因此，采用单质块模型刻画全功率风电机组的传动链，忽略式中的等效刚度系数 K_t、等效阻尼系数 D_t，传动链单质块模型的微分方程可简化为：

$$2\left(H_t + H_r\right)\frac{d\omega_m}{dt} = T_t - T_e \tag{2-11}$$

不难发现，桨距角 β 对风轮的功率系数 C_p 值影响较大，当桨距角出现较小变化时，功率系数 C_p 会变化较大。因此，可以通过调节桨距角 β 来控制风轮捕获的风功率。通常情况下，在中低风速条件下风电机组工作在最大功率跟踪模式，此时桨距角 β 设为零以保证风轮捕获最大风功率。当风速较高使得风轮转速较高以及捕获风功率超出额定值时，需要调节桨距角以保证风轮转速、捕获风功率不超过其允许的最大值。

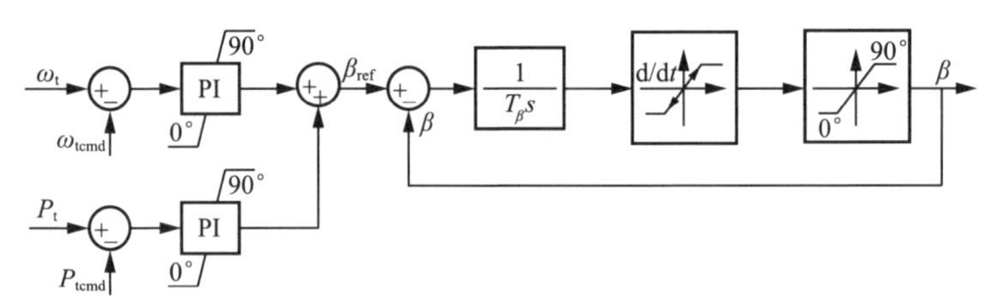

图 2-11　桨距角控制模型

图 2-11 给出了一种桨距角控制模型。图中，P_t 为风轮的实际功率，P_{tcmd} 为功率的设定值，$T\beta$ 为桨距角积分控制的时间常数，ω_t 为风轮转速实际值，ω_{tcmd} 为风轮转速设定值。风轮转速实际值 ω_t 与设定值 ω_{tcmd} 之差经过 PI 调节器，其输出与风轮功率的 PI 调节器输出之和作为桨距角参考值 β_{ref}。需要注意的是，图 2-11 中风轮转速调节器、功率调节器均设有限幅以使桨距角参考值 β_{ref} 不小于零。桨距角参考值 β_{ref} 与反馈值 β 之差，经过时间常数为 $T\beta$ 的积分器，再经过变化率限制环节和限幅环节后即为实际的桨距角 β。图 2-11 中变化率限制环节考虑了机械系统的实际响应速度，使桨距角控制模型更具有真实性。

2.2　直驱风机自同步电压源原理及设计

2.2.1　直驱风机自同步电压源控制原理

全功率风机采用的自同步电压源控制方法为“机侧惯量传递—网侧惯性同步”控制方法，在外特性上将网侧变流器等效为电压源，所述方法如图 2-12 所示。

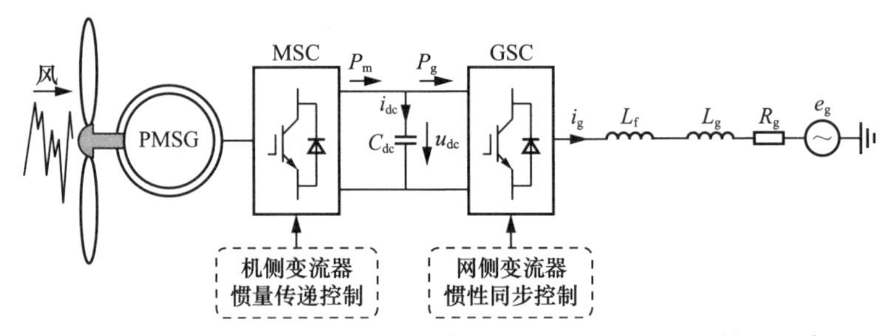

图 2-12　基于机侧惯量传递—网侧惯性同步的全功率机组控制示意图

图 2-12 中，变流器直流母线电压方程可表示为：

$$2H_{\mathrm{C}}\left(\bar{u}_{\mathrm{dc0}}\frac{\mathrm{d}\bar{u}_{\mathrm{dc}}}{\mathrm{d}t}\right)=\bar{P}_{\mathrm{m}}-\bar{P}_{\mathrm{g}} \tag{2-12}$$

式中：$\bar{P}_{\mathrm{m}}$ 为机侧变换器输出功率的标幺值；$\bar{P}_{\mathrm{g}}$ 为网侧变换器输出功率的标幺值；$\bar{u}_{\mathrm{dc}}$ 为直流电压的标幺值；$\bar{u}_{\mathrm{dc0}}$ 为稳态直流电压的标幺值，即 1.0；H_{C} 为直流侧电容的惯量时间常数。

直流电容惯量时间常数 H_{C} 的表达式为：

$$H_{\mathrm{C}}=\frac{CU_{\mathrm{dcn}}^{2}}{2S_{\mathrm{n}}} \tag{2-13}$$

式中：C 为直流电容容值；U_{dcn} 为直流电压的基准值；S_{n} 为风机的额定功率（基准值）。

忽略网侧变换器的功率损耗，其输出功率的标幺值 $\bar{P}_{\mathrm{g}}$ 为：

$$\overline{P_{\mathrm{g}}}=\frac{\bar{u}_{\mathrm{dc}}\overline{U}_{\mathrm{t}}\overline{E}_{\mathrm{g}}}{\bar{x}_{\mathrm{g}}}\sin\delta \tag{2-14}$$

式中：$\overline{U}_{\mathrm{t}}$ 为网侧变换器调制电压幅值的标幺值；$\overline{E}_{\mathrm{g}}$ 为电网电压幅值的标幺值；$\bar{x}_{\mathrm{g}}$ 为网侧变换器到电网同步发电机间电抗的标幺值；δ 为网侧变换器输出电压相量超前电网电压的相位。

同步发电机转子运动方程为：

$$2H_{\mathrm{J}}\left(\bar{\omega}_{\mathrm{m}}\frac{\mathrm{d}\bar{\omega}_{\mathrm{m}}}{\mathrm{d}t}\right)=\bar{P}_{\mathrm{M}}-\bar{P}_{\mathrm{e}} \tag{2-15}$$

式中：$\bar{P}_{\mathrm{M}}$ 为同步机输入原动力的标幺值；$\bar{P}_{\mathrm{e}}$ 为同步机输出电磁功率的标幺值；$\bar{\omega}_{\mathrm{m}}$ 为转子转速的标幺值；H_{J} 为转子的惯量时间常数。

电磁功率标幺值 $\bar{P}_{\mathrm{e}}$ 可表示为：

$$\overline{P_{\mathrm{e}}}=\frac{\overline{\psi}\,\overline{\omega}_{\mathrm{m}}\overline{E}_{\mathrm{g}}}{\bar{x}_{\mathrm{G}}}\sin\delta_{\mathrm{G}} \tag{2-16}$$

式中：$\bar{\psi}$ 为转子磁链标幺值；$\bar{x}_{\mathrm{G}}$ 为等效电抗标幺值；δ_{G} 为同步发电机功角。

对比式（2-12）和式（2-15）可以看出，直流侧电压 $\bar{u}_{\mathrm{dc}}$ 具有与同步发电机转速 $\overline{\omega}_{\mathrm{m}}$ 相似的动态特性。根据动力系统相似原理，式（2-12）中的调制电压幅值 $\bar{U}_{\mathrm{t}}$ 可类比为式（2-15）中的磁链 $\bar{\psi}$ 。此外，式（2-12）中的电容惯量

时间常数 H_C 可类比为式（2-15）中转子惯量时间常数 H_J。上述变量之间的关系如图 2-13 所示。

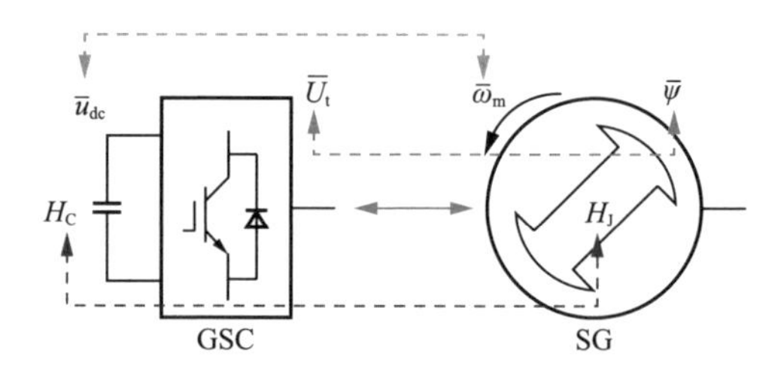

图 2-13　网侧变换器与同步发电机之间的类比关系

同步发电机功角 δ_G 关于转子转速 $\bar{\omega}_m$ 的关系为：

$$\frac{d\delta_G}{dt} = \omega_{Bg}(\bar{\omega}_m - \bar{\omega}_g) \tag{2-17}$$

式中：ω_{Bg} 为电网角频率的基准值，即 100πrad/s；$\bar{\omega}_g$ 为电网角频率的标幺值，对于理想电网，其额定角频率为 100πrad/s，即标幺值为 1.0。

网侧变换器直流侧电压可以类比为同步发电机转子转速，建立网侧变换器输出交流电压角频率 $\bar{\omega}_{GSC}$ 与直流侧电压 $\bar{u}_{dc}$ 之间的关系为：

$$\bar{\omega}_{GSC} = \bar{u}_{dc} \tag{2-18}$$

可见，网侧变换器对电网呈现出同步发电机的外特性。

基于式（2-18）给出的控制律，即网侧变换器输出角频率的标幺值等于直流侧电压的标幺值，当机侧变换器向直流电容送出的功率增大时，直流电压标幺值增大，根据式（2-15）所示的联系，网侧变换器输出电压的角频率增大，对应功角 δ 增大，从而使网侧变换器输出功率增大，维持直流侧电压恒定；反之亦然。这种方法建立了网侧变换器直流电压与输出电压角频率之间的实时联动。根据直流侧电容惯性实现对电网的自同步功能，这种同步方法称之为“惯性同步”（inertia synchronization control，ISynC）。

图 2-14 给出了基于全功率风电机组的自同步电压源控制结构框图，网侧变换器采用“惯性同步”控制，$\bar{L}_g$ 为等效电网电感，即传输线电感、变压器漏电感之和，$\bar{R}_g$ 是等效电网电阻。为了建立式（2-18）所示的联系，将图 2-14 中直流侧电压的标幺值 $\bar{u}_{dc}$ 输入到积分控制器，该控制器的输出作为网侧变换器输出电压 u_g 的相位 θ 用于脉冲宽度调制（PWM），从而使直流电压

的标幺值等于网侧变换器输出角频率的标幺值，可以通过调节调制电压幅值 $\overline{U}_t$ 来控制网侧变换器输出的无功功率 $\overline{Q}_g$。PWM 模块基于调制电压相位 θ 和幅值 $\overline{U}_t$ 生成三相开关信号 S_{abc}。

根据图 2-14 所示的控制框图及式（2-17）和式（2-18）的关系可知，由于全功率风电机组稳定运行时网侧变换器输出电压与电网电压间的相位差 δ 为一恒定值，且直流环节电容的惯量较小，在机电时间尺度中满足 $\overline{u}_{dc} \approx \overline{\omega}_g$，这意味着惯性同步控制能够将交流电网频率镜像到直流侧电压。这一特征可用于基于非通信的惯量响应，即通过测量本地的直流侧电压，机侧变换器可控制风力机实现惯量响应。

从式（2-12）可以看出，惯性同步控制提供的惯量是直流侧电容的物理惯量，通常来看直流电容的物理惯量很小。为了使网侧变换器呈现更大的惯量，可以利用存储在风轮和发电机中的动能。这一设想可以通过在机侧变换器有功功率控制环路的输入端引入惯量传递控制环路来实现，如图 2-14 所示。

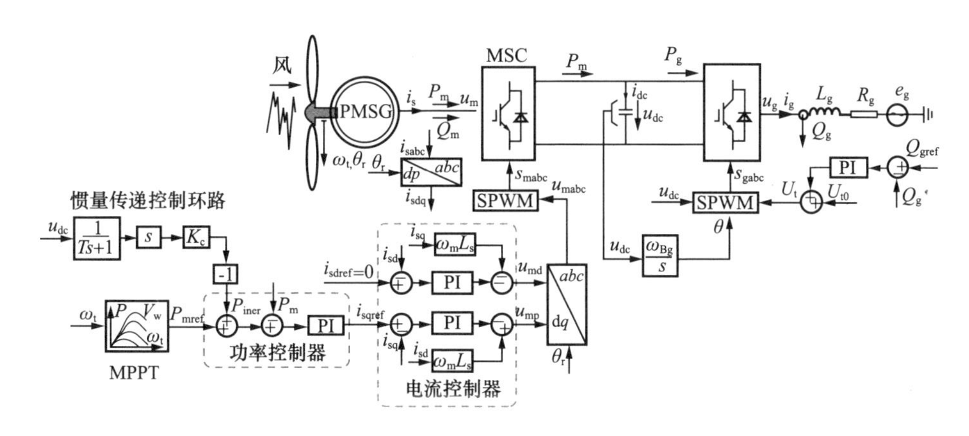

图 2-14　全功率风电机组的自同步电压源控制结构框图

在图 2-14 所示的惯量传递控制器框图中，惯量传递控制器通过检测直流电压的变化率，并将变化率乘以惯量传递系数 K_C，该结果乘以 −1 即为惯量传递控制器的输出值 $\overline{P}_{iner}$。$\overline{P}_{iner}$ 加上最大功率控制器的输出值 $\overline{P}_{opt}$ 作为有功功率参考值 $\overline{P}_{mref}$。由于直流电压包含的大量高频谐波，经过微分环节后将引入较大的干扰从而引发系统失稳，因此在惯量传递控制环路中增加了低通滤波器。由于惯量响应的时间尺度较大，在这一时间尺度下可忽略低通滤波器，惯量传递控制环的输出如式（2-19）：

$$\bar{P}_{\text{iner}} = -K_{\text{C}} \frac{\text{d}\bar{u}_{\text{dc}}}{\text{d}t} \tag{2-19}$$

忽略机侧变换器功率环的响应时间，机侧变换器输出功率 $\bar{P}_{\text{m}}$ 如式（2-20）：

$$\bar{P}_{\text{m}} = \bar{P}_{\text{opt}} - K_{\text{C}} \frac{\text{d}\bar{u}_{\text{dc}}}{\text{d}t} \tag{2-20}$$

将式（2-12）代入式（2-20）可得式（2-21）：

$$2\left(H_{\text{C}} + \frac{K_{\text{C}}}{2\bar{u}_{\text{dc0}}}\right)\left(\bar{u}_{\text{dc0}} \frac{\text{d}\bar{u}_{\text{dc}}}{\text{d}t}\right) = \bar{P}_{\text{opt}} - \bar{P}_{\text{g}} \tag{2-21}$$

根据式（2-21），可得加入惯量传递控制后的等效惯量时间常数 H_{VC}，如式（2-22）：

$$H_{\text{VC}} = H_{\text{C}} + \frac{K_{\text{C}}}{2\bar{u}_{\text{dc0}}} \tag{2-22}$$

由式（2-22）可知，增大惯量传递系数 K_{C}，能够增加风电机组对电网的惯量。因此，基于惯性同步控制的风电机组能够通过附加惯量传递控制提供较大的惯性响应。

图 2-15 给出了加入稳定及频率感知综合控制器前后电网电压幅值变化时的仿真波形，其中风电机组输出额定功率，电网短路比 k_{SCR} 为 2.5，风速为 11m/s，电网电压幅值 E_{g} 在 8s 后出现幅度波动，稳定及频率感知综合控制器的控制系数 k_{PSS} 在 10s 时由 0 增大为 3，即加入频率感知控制。从图 2-15 中可以看出，电网电压幅值波动时，直流电压 u_{dc}、输出功率 P_{g} 出现大幅度波动；加入频率感知控制后，直流电压 u_{dc}、输出功率 P_{g} 中的振荡消失，不随电网电

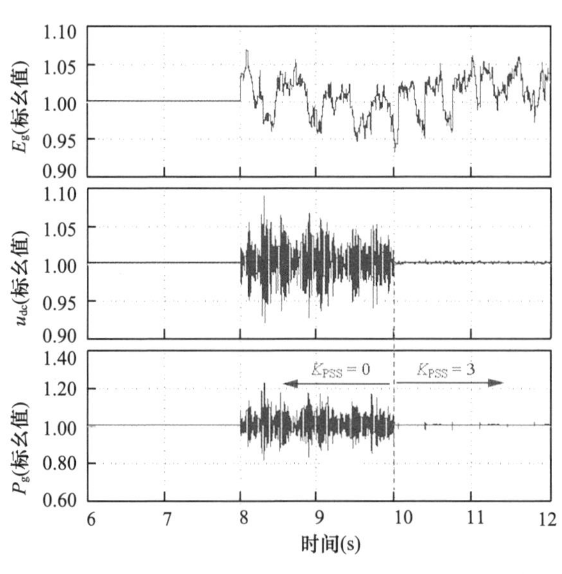

图 **2-15** 加入稳定及频率感知综合控制器前后电网电压幅值变化时的仿真波形

压幅值变化而变化。说明加入稳定及频率感知综合控制器后，直流电压对电网电压幅值的变化不敏感。

增大网侧变换器的致稳控制系数 k_{PSS} 能够增大该二阶系统的阻尼比，从而减小电网频率变化时直流电压响应过程中的振荡。加入综合控制器后，基于所提出的“惯性同步”，直流电压 u_{dc} 能够跟踪电网频率 E_g 的变化，起到“锁频环”的作用。

图 2-16 给出了加入稳定及频率感知综合控制器前后电网频率变化时的仿真波形，其中风电机组输出额定功率，电网短路比 k_{SCR} 为 2.5，风速为 11m/s。图中电网电压频率在 8s 时分别阶跃下降和上升，未加入稳定及频率感知综合控制器的控制系数 k_{PSS} 为 0，直流电压 u_{dc}、输出功率 P_g 跟随电网频率变化，但响应过程中振荡幅度较大；加入稳定及频率感知综合控制器的控制系数 k_{PSS} 为 3，直流电压 u_{dc}、输出功率 P_g 跟随电网频率变化，响应过程中的振荡得到抑制。

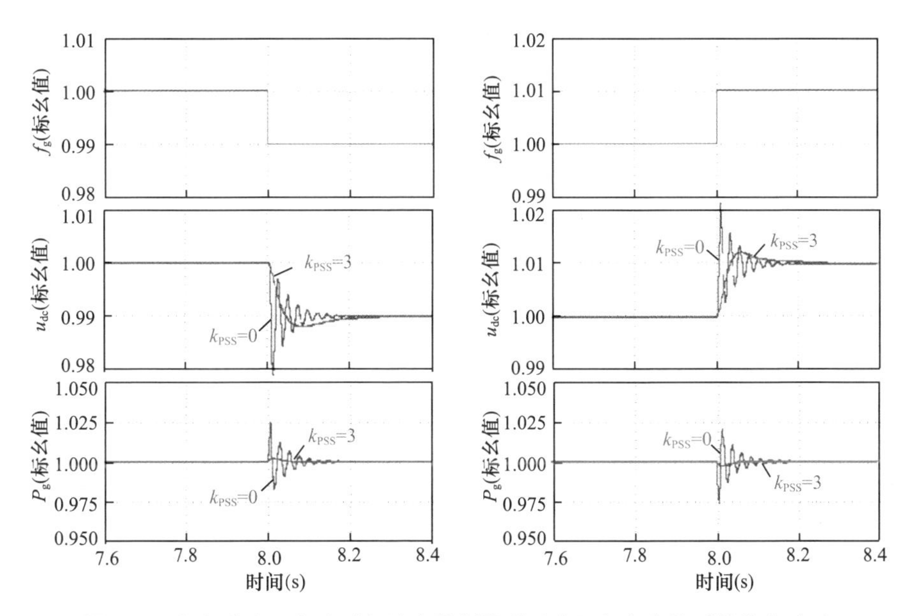

图 2-16　加入稳定及频率感知综合控制器前后电网频率变化时的仿真波形

仿真结果证明了稳定及频率感知综合控制器能够使风电机组直流电压仅感知电网频率变化，对电网电压幅值变化不敏感。

图 2-17 给出了附加惯量传递控制后的惯量响应波形，其中 k_C 为 0.33，k_{SCR} 为 2.5，风速为 11m/s。图 2-17（a）中，24s 时电网频率 f_g 由 1.00（标幺值）下降到 0.99（标幺值），直流电压 u 相应从 1.00（标幺值）下降到 0.99（标

幺值）；同时，网侧变换器输出功率 P_g 增大约 0.005（标幺值）而后恢复，风轮转速 ω_t 减小了大约 0.0006（标幺值）而后恢复。图 2-18（b）中，24s 时电网频率 f_g 由 1.00（标幺值）上升到 1.01（标幺值），直流电压 u_{dc} 相应地从 1.00（标幺值）上升到 1.01（标幺值）；同时，网侧变换器输出功率 P_g 减小约 0.005（标幺值）而后恢复，风轮转速 ω_t 上升了大约 0.0006（标幺值）而后恢复。

仿真结果证明了加入惯量传递控制后的全功率风电机组能够有效实现对电网的惯量响应。

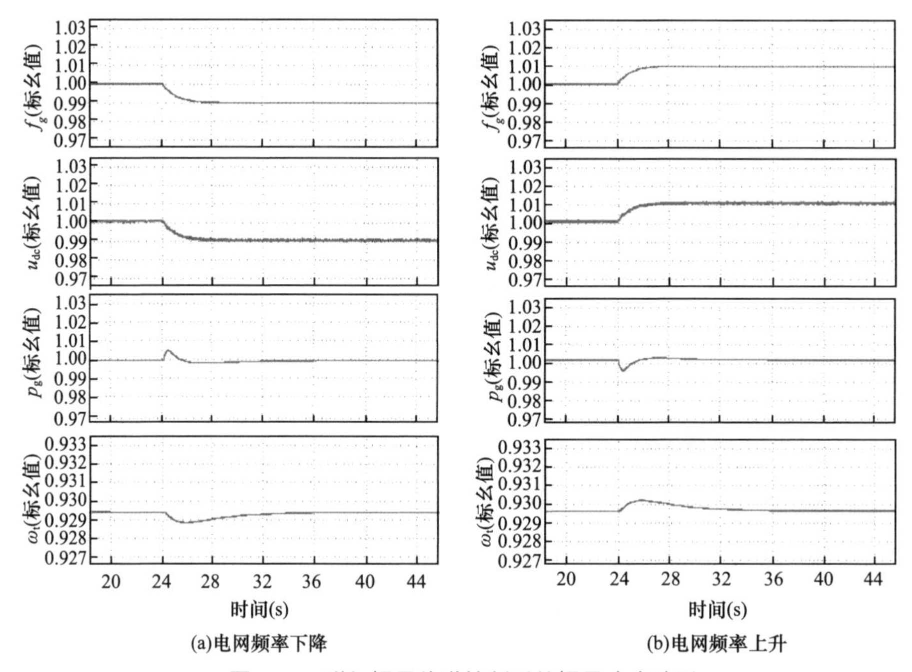

图 2-17　附加惯量传递控制后的惯量响应波形

对于系统频率调整（20s 以上），风力发电机组应根据电网要求的静态频率特性，持续调节风力机捕获的机械功率，完成一次调频。为实现惯性与一次调频的综合控制，风电机组需减载运行为频率调整提供必要的备用容量，并且减载后风电机组的运行特性还需适于采用虚拟惯性控制。

通过改进变速风力发电机组最大功率跟踪控制和切换功率跟踪曲线，能够实现可控的惯性响应，这里提出一种减载运行下的最大功率跟踪控制方案。根据不同风况，通过增加桨距角为一次调频预留合理的备用容量，并利用风力发电机特性，进一步确定减载后功率跟踪曲线比例系数，使机组仍追踪最大功率点轨迹，从而实现虚拟惯性控制。

为确定风力发电机组一次调频所需的有功备用，定义风力发电机组减载水平为 $d\%$，则减载后机组输出（$1-d\%$）的有功功率。结合常规发电机组静调差系数的定义，则风力发电机组的减载水平可设定为：

$$d\% = \frac{\Delta P_{\mathrm{G}}}{P_0} = \frac{\Delta f}{f_0 \sigma_{\mathrm{f}}} \tag{2-23}$$

式中：ΔP_{G} 为风力发电机组的减载功率；σ_{f} 为发电机组的静调差系数。

电力系统的频率跌落幅度一般不允许超过 0.5 Hz，风电场应在系统频率安全范围内充分利用储存的备用容量完成频率调整。通常汽轮发电机组的静调差系数整定为 3% ～ 5%，若风力发电机组具备与其相似的静态频率特性，由式（2-23）可得，机组的减载水平应为 20% ～ 33%。

风力发电机组通过改进传统桨距控制，适当增加桨距角以减小风能捕获，即可控制机组的减载水平，然而减载后使机组能够追踪最大功率点轨迹，还需进一步研究风力发电机运行特性。

变速风力发电机组由风力机捕获的机械功率 P_{m} 为：

$$P_{\mathrm{m}} = \frac{1}{2} \rho \pi C_{\mathrm{p}}(\lambda, \beta) R^2 v^3 \tag{2-24}$$

式中：ρ 为空气密度；$C_{\mathrm{p}}(\lambda，\beta)$ 为风力机的风能利用系数；λ 为叶尖速比，$\lambda=w_{\mathrm{r}}R/v$；$\beta$ 为桨距角；R 为风轮半径；v 为风速。其中 $C_{\mathrm{p}}(\lambda，\beta)$ 为：

$$C_{\mathrm{p}}(\lambda, \beta) = (0.44 - 0.0167\beta)\sin\left[\frac{\pi(\lambda-3)}{15-0.3\beta}\right] - 0.00184(\lambda-3)\beta \tag{2-25}$$

由式（2-24）可知，风速不变的情况下，风轮获得的功率取决于风能利用系数，与 λ 和 β 的取值有关。由式（2-25）得出的风力机 C_{p}-λ-β 特性曲线如图 2-18 所示。由图中的曲线簇可知 C_{p}（λ）曲线对桨距角的变化规律，即不同桨距角下均对应一组最优的 C_{p}–λ 使风力机实现最大风能捕获。因此，可针对风电机组的不同运行区域，利用 λ 和 β 的关系，改变风能利用系数，从而实现减载运行下的最大功率跟踪控制。

1）最大功率跟踪区，$\beta=0°$，调整风力机转速，保持最佳叶尖速比 λ_{opt} 不变，则 $C_{\mathrm{p}}=C_{\mathrm{pmax}}$，忽略风电机组损耗，其功率输出为：

$$P_{\mathrm{opt}}^* = \frac{1}{2} \rho \pi R^2 C_{\mathrm{pmax}} [(R/\lambda_{\mathrm{opt}})\omega_{\mathrm{r}}]^3 \tag{2-26}$$

由式（2-26）可得，$k_{opt}=\rho\pi R^2(R/\lambda_{opt})^3 C_{pmax}/2$。

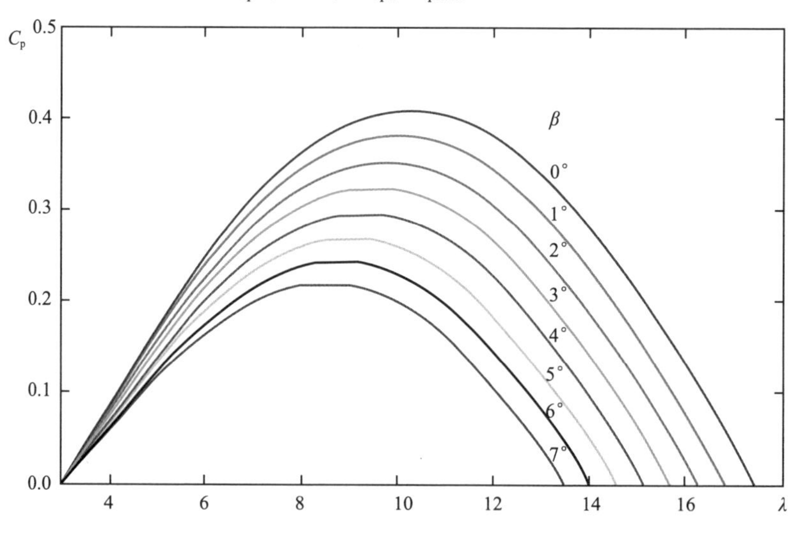

图 2-18　C_p-λ-β 特性曲线

由图 2-19 可知，风力机在不同桨距角下捕获最大风能时，所对应的最优 C_p–λ 应满足：

$$\partial C_p(\lambda,\beta)/\partial\lambda=0 \tag{2-27}$$

由式（2-27）可求出 λ 和 β 的关系，若用 β 表示 λ，则 C_p 仅由 b 大小决定。为简化计算，采用曲线拟合的方法，得到 λ–β 关系曲线图如图 2-19 所示。由图 2-19 可知，在一定范围内 λ 和 β 呈线性关系，即：

$$\lambda=k\beta+b \tag{2-28}$$

式中：k 为 −0.25；b 为 10.5。

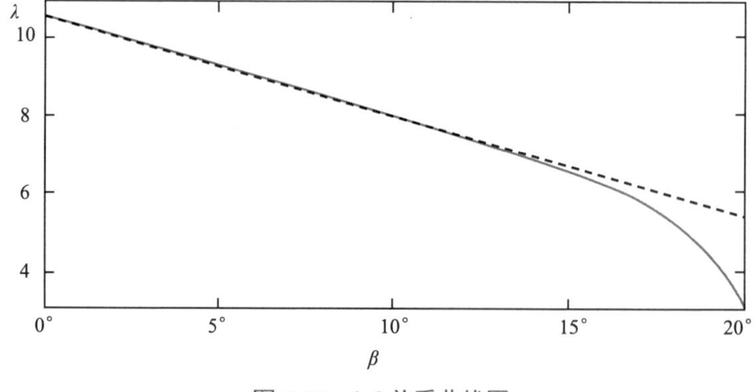

图 2-19　λ-β 关系曲线图

将式（2-28）代入式（2-25），则风能利用系数 C_p 为

$$C_p(\beta)=(0.44-0.0167\beta)\sin\left[\frac{\pi(k\beta+b-3)}{15-0.3\beta}\right]-0.00184(k\beta+b-3)\beta \tag{2-29}$$

在同风速下机组减载水平为 $d\%$ 时，C_{pL} 表示为：

$$\begin{aligned}C_{pL}&=(1-d\%)C_{pmax}\\&=(0.44-0.0167\beta)\sin\left[\frac{\pi(k\beta+b-3)}{15-0.3\beta}\right]-0.00184(k\beta+b-3)\beta\end{aligned} \tag{2-30}$$

由式（2-30）可求出，风力发电机组减载水平为 $d\%$ 时，追踪最大功率点轨迹所对应的桨距角。此时，功率跟踪曲线比例系数 k_{optL} 为：

$$k_{optL}=\frac{1}{2}\rho\pi R^2[R/\lambda_{pL}(\beta)]^3C_{pL}(\beta) \tag{2-31}$$

式中：$\lambda_{PL}(\beta)$ 为减载后对应的最佳叶尖速比。

2）转速恒定区，$w_r=w_{max}$，叶尖速比 $\lambda_c=w_{max}R/v$，$\beta=0^{\circ}$，风能利用系数 C_{pc} 表示为：

$$C_{pc}(\lambda_c,0)=0.44\sin\left[\frac{\pi(\lambda_c-3)}{15}\right] \tag{2-32}$$

在同风速下机组减载水平为 $d\%$ 时，C_{pL} 表示为：

$$\begin{aligned}C_{pL}&=(1-d\%)C_{pc}\\&=(0.44-0.0167\beta)\sin\left[\frac{\pi(\lambda_c-3)}{15-0.3\beta}\right]-0.00184(\lambda_c-3)\beta\end{aligned} \tag{2-33}$$

由式（2-33）可求出风力发电机组运行在转速恒定区、减载水平为 $d\%$ 时对应的桨距角。

实际运行中，风力发电机组根据风速判断当前运行状态，利用风力机 C_P–λ 特性，不仅可调节桨距角设置减载水平，而且能够实现减载运行下的最大功率跟踪，进而为虚拟惯性控制与一次调频控制的结合提供解决方案。

3）功率恒定区，计算风力发电机组减载水平为 $d\%$ 的情况下对应的桨距角，将该值赋予桨距角预留指令值 β_1*，从而风力发电机组运行在有功备用工作模式。在此基础上，将直流母线电压与给定值的偏差通过比例控制叠加至桨距角预留指令值上，用于在电网频率降低的情况下实现风机桨距角的调节，实

现机组功率的增发，实现的控制框图如图 2-20 所示。

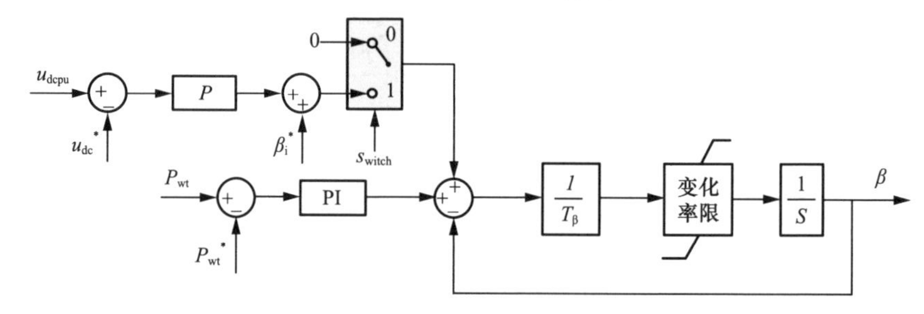

图 2-20　风电机组一次调频控制框图

2.2.2　风电自同步电压源 MPPT 稳定运行区间及特性

基于所提出的电压源控制理论，永磁同步发电机（permanent magnet synchronous generator，PMSG）的等效电动势 E_r^{eq} 和等效功率角 δ_{eq} 具有与传统同步发电机类似的特性。在电压源同步控制回路中，δ_{eq} 的微分方程为：

$$s\delta_{eq} = \frac{P_{ref} - P_e}{2H_{vsg}s + D_{vsg}} + \omega_0 - \omega_g \tag{2-34}$$

式中：ω_g 为电网频率；ω_0 为额定电网频率；P_{ref} 为根据 MPPT 曲线和下垂控制计算得到，因为直流链路电压与电网频率严格同步，可得 P_{ref} 和 P_e 的函数：

$$\begin{cases} P_{ref} = k_{opt}\omega_r^3 + k_{p\_vsg}k_{dc}(\omega_0 - \omega_g) \\ P_e = \dfrac{E_r^{eq}U_s}{X_{eq}}\sin\delta_{eq} = P_0\sin\delta_{eq} \end{cases} \tag{2-35}$$

式中：k_{opt} 定义为功率系数；k_{dc} 是电网频率和直流链路电压之间的比例系数；U_s 是 PMSG 端口电压；X_{eq} 是指 PMSG 和电网之间的等效电抗。值得一提的是，在功率参考值 P_{ref} 的计算中加入了一个特殊的下垂控制回路，以模拟 P–f 下垂控制。同时，当 PMSG 工作在稳态时，Pre−Syn 控制不包括在 δ_{eq} 微分方程中，δ_{eq} 保持恒定值，所以得到 PMSG 稳态下的有功功率 $P_0\sin\delta_{eq}$ 的函数：

$$P_0\sin\delta_{eq} = k_{opt}\omega_r^3 + k_{p\_vsg}k_{dc}(\omega_0 - \omega_g) + (\omega_0 - \omega_g)(2H_{vsg}s + D_{vsg}) \tag{2-36}$$

PMSG 转子运动方程的函数为：

$$2H_{PMSG}\frac{d\omega_r}{dt} = \frac{P_M}{\omega_r} - \frac{P_0\sin\delta_{eq}}{\omega_r} - D_{PMSG}\omega_r \tag{2-37}$$

式中：P_{M} 是 PMSG 的机械功率；H_{PMSG} 和 D_{PMSG} 是 PMSG 转子惯性时间常数和阻尼系数；ω_{r} 在稳态下没有变化，即 $\mathrm{d}\omega_{\mathrm{r}}/\mathrm{d}t=0$，所以得到另一个方程式来表示 PMSG 的输出功率：

$$P_0 \sin\delta_{\mathrm{eq}} = P_{\mathrm{M}} - D_{\mathrm{PMSG}}\omega_{\mathrm{r}}^2 \tag{2-38}$$

同时，式（2-37）和式（2-38）中的 P_{M} 表达式满足式（2-39）输出机械功率的方程式：

$$P_{\mathrm{M}} = \frac{1}{2}\cdot\rho\frac{C_{\mathrm{p}}}{\lambda^3}\pi R^5\omega_{\mathrm{r}}^3 \tag{2-39}$$

式中：ρ 为空气密度；C_{p} 为风机功率系数；R 为叶片半径；λ 为尖速比。当 PMSG 风力发电机组被控制在 MPPT 功率曲线下时，最佳风口速比 λ_{opt} 和最佳风机角速度 $\omega_{\mathrm{M}}^{\mathrm{opt}}$ 之间的关系为：

$$\lambda_{\mathrm{opt}} = \frac{\omega_{\mathrm{M}}^{\mathrm{opt}}R}{v_{\mathrm{w}}} \tag{2-40}$$

式中：v_{w} 是 PMSG 的风速。因此，可以通过将最佳风速比 λ_{opt} 和最佳风力发电机组功率系数 $C_{\mathrm{P}}^{\mathrm{opt}}$ 代入式（2-39）得到 P_{M} 的函数，得到：

$$P_{\mathrm{M}} = \frac{1}{2}\cdot\rho\frac{C_{\mathrm{P}}^{\mathrm{opt}}}{\lambda_3^{\mathrm{opt}}}\pi R^5\omega_{\mathrm{r}}^3 = k_{\mathrm{M}}\omega_{\mathrm{r}}^3 \tag{2-41}$$

将式（2-41）代入式（2-38）得到另一个 PMSG 输出功率的等效函数，得到：

$$P_0 \sin\delta_{\mathrm{eq}} = k_{\mathrm{M}}\omega_{\mathrm{r}}^3 - D_{\mathrm{PMSG}}\omega_{\mathrm{r}}^2 \tag{2-42}$$

注意式（2-36）和式（2-42）是 PMSG 输出功率的等效表达，所以当把式（2-36）和式（2-42）放在一个图中时，可以很容易地得出 PMSG 转子速度 ω_{r} 和电网频率 ω_{g} 之间的关系，转子速度 ω_{r} 被选为 x 轴，y 轴代表 PMSG 有功功率，如图 2-21 所示。黑色实线代表式（2-42）中的有功功率表达，红色虚线代表式（2-36）中的有功功率表达，黑色实线和红色虚线的交点是 PMSG 的平衡工作点。

PMSG 在 ISynC 控制策略下惯性响应的过程可以反映在图 2-22 中（即 $\omega_0-\Delta\omega_1$ 的虚线）。平衡运行点将经历一个向上—向下的瞬态过程，并从原来的 A 点移动到 B 点，这表明 PMSG 发电机将降低其速度值，向电网释放动能。然而，如果电网频率在允许的范围内下降较多，那么储存在 PMSG 风力发电机组中的动能将不足以提供频率支持。如图 2-22 所示，当频率下降到 $\varDelta\omega_3$ 时，实线和虚线之间将没有交点，在这种情况下，转子速度将持续下降，直到完全失控。可以推断，对于给定的风速，存在一个临界工作点 ω_{rc}，ω_{rc} 是实线与虚线相切的工作点。如果转子速度下降到低于 ω_{rc}，那么 ISynC 控制策略将失去稳定性。

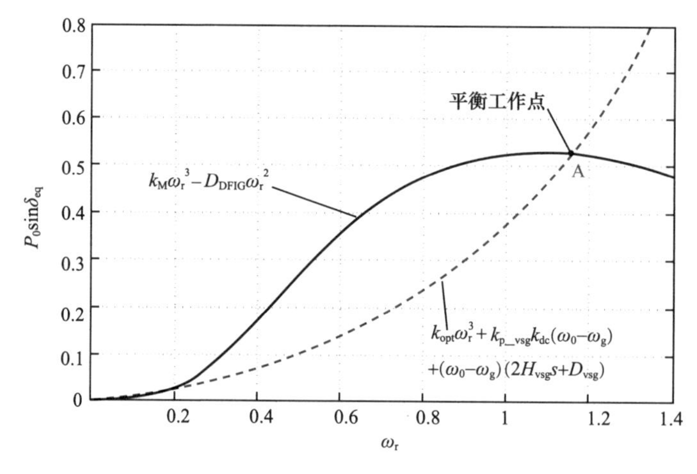

图 2-21　稳态平衡点的示意图

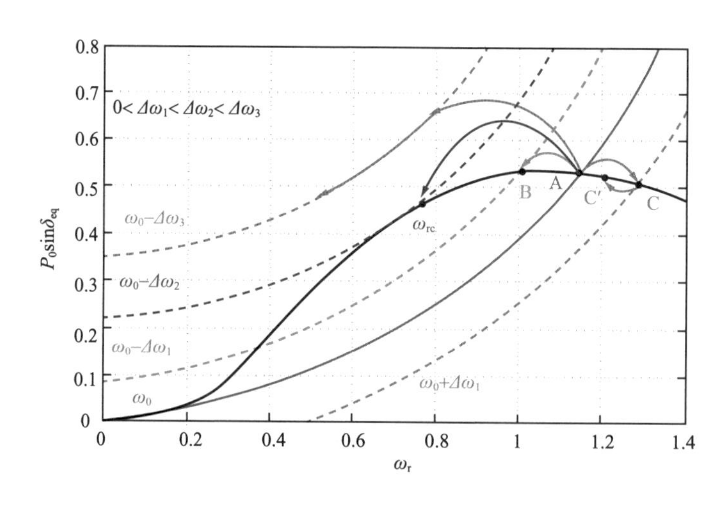

图 2-22　频率偏差下的平衡工作点示意图

同样，如果电网频率上升，平衡点将向与频率下降相反的方向移动，直到达到一个新的平衡点，此时转子速度 ω_r 明显增加以吸收有功功率，一旦转子速度增加到 1.0（标幺值）以上，PMSG 风力发电机组变桨角控制器将被激活以保持转子速度在 1.0（标幺值）不变。如图 2-23 所示，一旦电网频率上升，运行点将从 A 移到 C，但在 C 点时转子速度已经超过 1.0（标幺值），所以变桨角将相应增加，使转子速度降低到 1.0（标幺值）左右，PMSG 风力发电机组最终将运行在 C′ 而不是 C。

前面介绍了基于 $P_0\sin\delta_{eq}$–ω_r 图的 ISynC 稳定性分析原理，这种分析方法直观易懂。通过 $P_0\sin\delta_{eq}$–ω_r 图的交点数量可以很好地判断运行稳定性，为了完善这种稳定性分析理论，数学分析是必要的。

PMSG 风力发电机组的输出有功功率可以用两个独立的方程来描述，方程式（2-36）由 PMSG 的电压源控制策略得出，而方程式（2-42）由 PMSG 转子运动方程函数得出，当把这两个方程放在一起时，交点就是平衡运行点，这正是式（2-43）的解：

$$\begin{aligned}&k_M\omega_r^3 - D_{PMSG}\omega_r^2 = k_{opt}\omega_r^3 + k_{p\_vsg}k_{dc}(\omega_0-\omega_g)\\&+(\omega_0-\omega_g)(2H_{vsg}s+D_{vsg})\end{aligned} \tag{2-43}$$

简化式（2-43）可得：

$$\begin{aligned}&(k_{opt}-k_M)\omega_r^3 + D_{PMSG}\omega_r^2 + \\&(k_{p\_vsg}k_{dc}+D_{vsg})(\omega_0-\omega_g)+2H_{vsg}\left(\frac{d\omega_0}{dt}-\frac{d\omega_g}{dt}\right)=0\end{aligned} \tag{2-44}$$

在稳定状态下，有 $d\omega_0/dt = d\omega_g/dt = 0$，所以式（2-44）可以进一步简化为：

$$\omega_r^3 + \frac{D_{PMSG}}{k_{opt}-k_M}\omega_r^2 + \frac{(k_{p\_vsg}k_{dc}+D_{vsg})}{k_{opt}-k_M}(\omega_0-\omega_g)=0 \tag{2-45}$$

式（2-45）为 PMSG 风力发电机组在 $P_0\sin\delta_{eq}$–ω_r 图中的稳定性方程，是 PMSG 风力发电机组稳定性分析的数学基础和机制。下面继续对 PMSG 风力发电机组进行详细的稳定性分析。

给定一个特定的风速 v_w，如果频率下降足够严重，那么在 $P_0\sin\delta_{eq}$–ω_r 图中就观察不到交点，转子速度将继续下降，直到整个 PMSG 系统完全失控，这是所有惯性仿真控制策略包括 ISynC 策略的主要稳定性问题之一。

ISynC 控制策略的稳定性可以通过稳定性方程来分析，稳定性函数的判别函数Δ如式（2-46）：

$$\Delta=\left[\frac{D_{\mathrm{PMSG}}}{3(k_{\mathrm{opt}}-k_{\mathrm{M}})}\right]^3+\left[\frac{(k_{\mathrm{p\_vsg}}k_{\mathrm{dc}}+D_{\mathrm{vsg}})(\omega_0-\omega_{\mathrm{g}})}{2(k_{\mathrm{opt}}-k_{\mathrm{M}})}\right]^2 \tag{2-46}$$

判别函数的根判断理论是：

1）Δ>0，稳定函数有一个实根和一对共轭根。

2）Δ=0，稳定函数有三个根，其中两个是相同的。

3）Δ<0，稳定函数有三个不同的根。

值得一提的是，这里只显示了$P_0\sin\delta_{\mathrm{eq}}-\omega_{\mathrm{r}}$图的右半部分，事实上，稳定性函数有其解，是负的，但负的解对于稳定性分析没有意义，因为转子速度不可能是负的。将根判断理论$P_0\sin\delta_{\mathrm{eq}}-\omega_{\mathrm{r}}$图中的交叉点数量相比较，不难发现，稳定情况（$P_0\sin\delta_{\mathrm{eq}}-\omega_{\mathrm{r}}$图中的两个交叉点）代表根判断理论Δ<0，两个根位于x轴的右半部分，一个负根位于x轴的左半部分，在这种情况下，PMSG风力发电机组能够在频率波动后保持稳定。根的判断理论Δ=0表示实线与虚线相切的情况，在这种情况下两个正根变得相同，这也是PMSG风电机组的最大稳定边界，任何更深的频率下降都会导致不稳定。不稳定情况是指根判断理论中的$\varDelta>0$，一个负实根和一对共轭根。

2.2.3 网侧并网阻尼控制

忽略风轮转速$\bar{\omega}_{\mathrm{t}}$的波动，永磁直驱发电机可以等效为与同步电感$\bar{L}_{\mathrm{s}}$串联的理想电压源。在旋转的$dq$坐标系中，在稳态工作点将中机侧变换器的控制框图线性化，可得机侧变换器的小信号控制框图如图2-24所示。需要注意的是图中所示的这些小信号变量全部转换为了标幺值。图2-23中，一阶低通滤波器的输出量$\Delta\bar{x}_{\mathrm{dc}}$与输入量$\Delta\bar{u}_{\mathrm{dc}}$之间的关系为：

$$\frac{\mathrm{d}\Delta\bar{x}_{\mathrm{dc}}}{\mathrm{d}t}=\frac{1}{T}\Delta\bar{u}_{\mathrm{dc}}-\frac{1}{T}\Delta\bar{x}_{\mathrm{dc}} \tag{2-47}$$

式中：T为一阶低通滤波器的时间常数。

惯量传递控制环的输出$\Delta\bar{P}_{\mathrm{iner}}$可表示为：

$$\Delta\bar{P}_{\mathrm{iner}}=-\frac{K_{\mathrm{C}}}{T}\Delta\bar{u}_{\mathrm{dc}}+\frac{K_{\mathrm{C}}}{T}\Delta\bar{x}_{\mathrm{dc}} \tag{2-48}$$

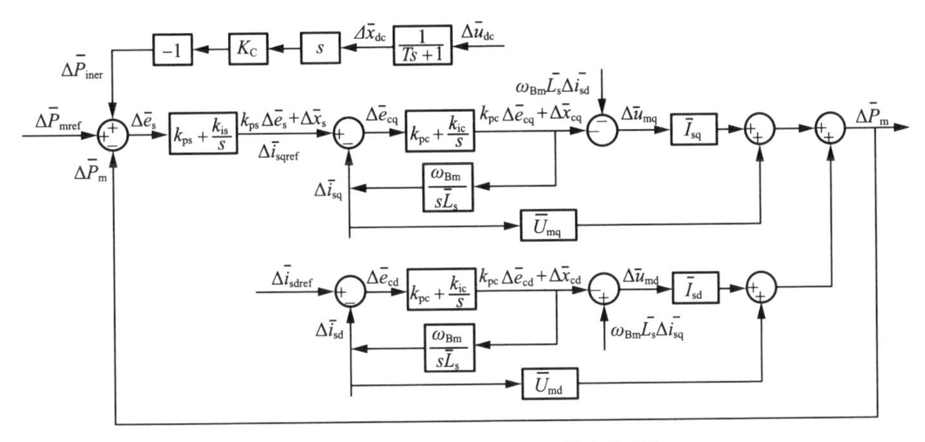

图 2-23 机侧变换器小信号控制框图

状态变量 $\Delta\bar{x}_s$ 是有功功率控制环路中积分调节器的输出。同理，$\Delta\bar{x}_{cd}$ 和 $\Delta\bar{x}_{cq}$ 分别是 d 轴和 q 轴电流控制环路中积分调节器的输出。忽略有功功率参考的变化，即小信号有功功率参考值 $\Delta\bar{P}_{mref}$ 为零，机侧变换器输出交流电压 q 轴分量 $\Delta\bar{u}_{mq}$ 可表示为：

$$\Delta\bar{u}_{mq}=k_{ps}k_{pc}\left(\Delta\bar{P}_m-\Delta\bar{P}_{iner}\right)-k_{pc}\Delta\bar{x}_s-\Delta\bar{x}_{cq}+k_{pc}\Delta\bar{i}_{sq}-\omega_{Bm}\bar{L}_s\Delta\bar{i}_{sd} \tag{2-49}$$

式中：ω_{Bm} 为转子角频率的基准值。

线性化后机侧变换器输出有功功率 $\Delta\bar{P}_m$：

$$\Delta\bar{P}_m=\bar{U}_{md}\Delta\bar{i}_{sd}+\bar{U}_{mq}\Delta\bar{i}_{sq}+\bar{I}_{sd}\Delta\bar{u}_{md}+\bar{I}_{sq}\Delta\bar{u}_{mq} \tag{2-50}$$

由于定子电流 d 轴分量稳态值 $\bar{I}_{sd}$ 为 0，将式（2-49）代入式（2-50）可得：

$$\Delta\bar{P}_m=\frac{1}{k_1}\begin{bmatrix}\left(\bar{U}_{md}-\bar{I}_{sq}\bar{L}_s\right)\Delta\bar{i}_{sd}+\left(\bar{U}_{mq}+k_{pc}\bar{I}_{sq}\right)\Delta\bar{i}_{sq}\\-\bar{I}_{sq}\Delta\bar{x}_{cq}-k_{pc}\bar{I}_{sq}\Delta\bar{x}_s-k_{ps}k_{pc}\bar{I}_{sq}\Delta\bar{P}_{iner}\end{bmatrix} \tag{2-51}$$

其中：

$$k_1=1-k_{ps}k_{pc}I_{sq} \tag{2-52}$$

q 轴电流参考值，即有功功率调节器的输出，可表示为：

$$\Delta\bar{i}_{sqref}=\Delta\bar{x}_s-k_{ps}\Delta\bar{P}_m+k_{ps}\Delta\bar{P}_{iner} \tag{2-53}$$

关于 $\Delta\bar{x}_s$、$\Delta\bar{x}_{cd}$ 与 $\Delta\bar{x}_{cq}$ 的状态方程，如式（2-54）～式（2-56）：

$$\frac{\mathrm{d}\Delta\bar{x}_{\mathrm{s}}}{\mathrm{d}t}=-k_{\mathrm{is}}\Delta\bar{P}_{\mathrm{m}}+k_{\mathrm{is}}\Delta\bar{P}_{\mathrm{iner}} \tag{2-54}$$

$$\frac{\mathrm{d}\Delta\bar{x}_{\mathrm{cd}}}{\mathrm{d}t}=-k_{\mathrm{ic}}\Delta\bar{i}_{\mathrm{sd}} \tag{2-55}$$

$$\frac{\mathrm{d}\Delta\bar{x}_{\mathrm{cq}}}{\mathrm{d}t}=-k_{\mathrm{ic}}\Delta\bar{i}_{\mathrm{sq}}+k_{\mathrm{ic}}\Delta\bar{i}_{\mathrm{sqref}} \tag{2-56}$$

考虑到电流控制器中交叉解耦项的存在，d 轴电流 $\Delta\bar{i}_{\mathrm{sd}}$ 的微分方程如式（2-57）：

$$\bar{L}_{\mathrm{s}}\frac{\mathrm{d}\Delta\bar{i}_{\mathrm{sd}}}{\mathrm{d}t}=k_{\mathrm{pc}}\omega_{\mathrm{Bm}}\Delta\bar{e}_{\mathrm{cd}}+\omega_{\mathrm{Bm}}\Delta\bar{x}_{\mathrm{cd}} \tag{2-57}$$

将式（2-57）简化，可得：

$$\frac{\mathrm{d}\Delta\bar{i}_{\mathrm{sd}}}{\mathrm{d}t}=-\frac{k_{\mathrm{pc}}\omega_{\mathrm{Bm}}}{\bar{L}_{\mathrm{s}}}\Delta\bar{i}_{\mathrm{sd}}+\frac{\omega_{\mathrm{Bm}}}{\bar{L}_{\mathrm{s}}}\Delta\bar{x}_{\mathrm{cd}} \tag{2-58}$$

同理，q 轴电流的状态方程可表示为：

$$\frac{\mathrm{d}\Delta\bar{i}_{\mathrm{sq}}}{\mathrm{d}t}=-\frac{k_{\mathrm{pc}}\omega_{\mathrm{Bm}}}{\bar{L}_{\mathrm{s}}}\Delta\bar{i}_{\mathrm{sq}}+\frac{\omega_{\mathrm{Bm}}}{\bar{L}_{s}}\Delta\bar{x}_{\mathrm{cq}}+\frac{k_{\mathrm{pc}}\omega_{\mathrm{Bm}}}{\bar{L}_{\mathrm{s}}}\Delta\bar{i}_{\mathrm{sqref}} \tag{2-59}$$

按照相同的方式，将图 2-24 中网侧变换器控制环路在其稳态工作点附近线性化，图 2-24 给出了网侧变换器的小信号控制图，需要注意的是这些小信号变量已全部转换为标幺值。

网侧变换器状态变量由静止坐标系到旋转 dq 坐标的相位，是图 2-24 中网侧变换器输出的相位 θ，这意味着网侧变换器输出电压 $\bar{u}_{\mathrm{g}}$ 与 d 轴重合。因此网侧变换器输出电压 d 轴分量、q 轴分量可分别表示为：

$$\bar{u}_{\mathrm{gd}}=\bar{u}_{\mathrm{td}}^{*}\bar{u}_{\mathrm{dc}} \tag{2-60}$$

$$\bar{u}_{\mathrm{gq}}=\bar{u}_{\mathrm{tq}}^{*}\bar{u}_{\mathrm{dc}} \tag{2-61}$$

式中：$\bar{u}_{\mathrm{td}}^{*}$、$\bar{u}_{\mathrm{tq}}^{*}$ 分别为网侧变换器调制电压标幺值的 d 轴分量与 q 轴分量。

对式（2-60）线性化，可得：

$$\Delta\bar{u}_{\mathrm{gd}}=\bar{u}_{\mathrm{dc0}}\Delta\bar{u}_{\mathrm{td}}^{*}+\bar{u}_{\mathrm{td0}}^{*}\Delta\bar{u}_{\mathrm{dc}} \tag{2-62}$$

式中：$\bar{u}_{dc0}$ 值为 1.0（标幺值）；$\bar{u}_{td0}^{*}$ 为网侧变换器 d 轴调制电压的稳态标幺值。

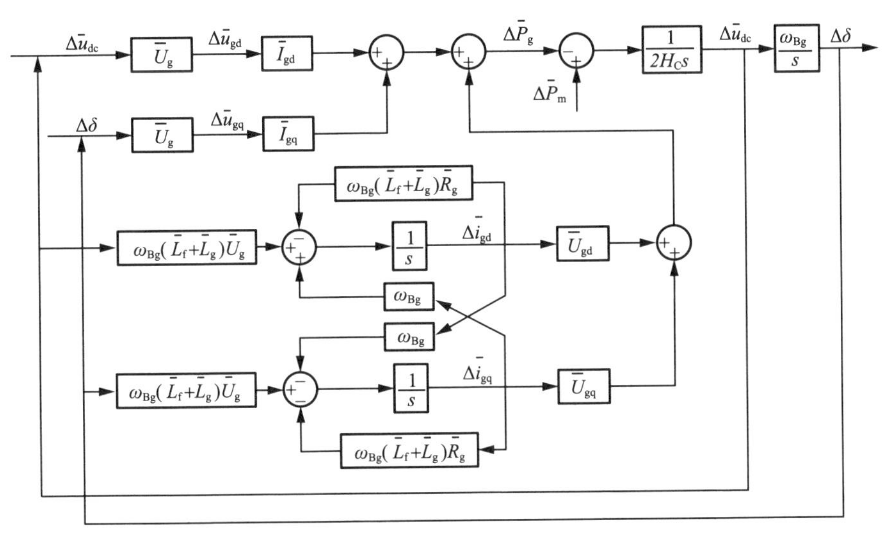

图 2-24　网侧变换器小信号控制框图

由于风力发电机组振荡频率远高于网侧变换器的无功环带宽，此处忽略无功功率环的动态，即网侧变换器调制电压的幅值 $\bar{U}_t$ 保持不变，可得：

$$\Delta\bar{u}_{td}^{*}=0 \tag{2-63}$$

$$\bar{u}_{td0}^{*}=\bar{U}_t=\bar{U}_g \tag{2-64}$$

式中：$\bar{U}_g$ 为网侧变换器输出电压的标幺值。

将式（2-63）、式（2-64）代入式（2-62），可得：

$$\Delta\bar{u}_{gd}=\bar{U}_g\Delta\bar{u}_{dc} \tag{2-65}$$

对式（2-65）线性化，则有：

$$\Delta\bar{u}_{gq}=\bar{u}_{dc0}\Delta\bar{u}_{tq}^{*}+\bar{u}_{tq0}^{*}\Delta\bar{u}_{dc} \tag{2-66}$$

式中：$\bar{u}_{tq0}^{*}$ 为网侧变换器 q 轴调制电压的稳态标幺值。

由于网侧变换器调制电压 $\bar{u}_t^{*}$ 与 d 轴重合，因此有：

$$\bar{u}_{tq0}^{*}=0 \tag{2-67}$$

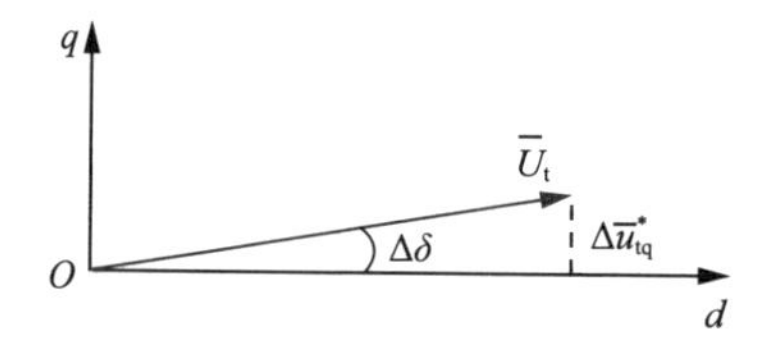

图 2-25　$\Delta\bar{u}_{tq}^*$ 与 $\bar{U}_t$ 之间的关系

图 2-25 给出了 $\Delta\bar{u}_{tq}^*$ 与 $\bar{U}_t$ 之间的关系，由于 $\Delta\delta$ 值较小，$\Delta\bar{u}_{tq}^*$ 可以表示为：

$$\Delta\bar{u}_{tq}^* = \bar{U}_t \sin\left(\Delta\delta\right) = \bar{U}_g \Delta\delta \tag{2-68}$$

将式（2-67）、式（2-68）代入式（2-66），可得：

$$\Delta\bar{u}_{gq} = \bar{U}_g \Delta\delta \tag{2-69}$$

对网侧变换器输出有功功率线性化，$\Delta\bar{P}_g$ 的表达式为：

$$\Delta\bar{P}_g = \bar{U}_{gd}\Delta\bar{i}_{gd} + \bar{U}_{gq}\Delta\bar{i}_{gq} + \bar{I}_{gd}\Delta\bar{u}_{gd} + \bar{I}_{gq}\Delta\bar{u}_{gq} \tag{2-70}$$

式中：$\bar{U}_{gd}$、$\bar{U}_{gq}$ 为网侧变换器在 d 轴和 q 轴上的稳态输出电压；$\bar{I}_{gd}$、$\bar{I}_{gq}$ 为网侧变换器在 d 轴和 q 轴上的稳态输出电流。

将式（2-70）代入式（2-65），可得直流电压 $\Delta\bar{u}_{dc}$ 的状态空间方程表达式：

$$\frac{\mathrm{d}\Delta\bar{u}_{dc}}{\mathrm{d}t} = -\frac{\bar{I}_{gd}\bar{U}_g}{2H_C}\Delta\bar{u}_{dc} - \frac{\bar{I}_{gq}\bar{U}_g}{2H_C}\Delta\delta - \frac{\bar{U}_g}{2H_C}\Delta\bar{i}_{gd} + \frac{1}{2H_C}\Delta\bar{P}_m \tag{2-71}$$

关于 $\Delta\delta$ 的状态方程为：

$$\frac{\mathrm{d}\delta}{\mathrm{d}t} = \omega_{Bg}\Delta\bar{u}_{dc} \tag{2-72}$$

网侧变换器输出电流 d 轴分量的微分方程为：

$$\left(\bar{L}_f + \bar{L}_g\right)\frac{\mathrm{d}\Delta\bar{i}_{gd}}{\mathrm{d}t} = \omega_{Bg}\bar{U}_g\Delta\bar{u}_{dc} - \omega_{Bg}\bar{R}_g\Delta\bar{i}_{gd} + \omega_{Bg}\left(\bar{L}_f + \bar{L}_g\right)\Delta\bar{i}_{gq} \tag{2-73}$$

式中：$\bar{L}_g$ 为电网电感的标幺值；$\bar{R}_g$ 为电网电阻的标幺值；$\bar{L}_f$ 为滤波电感的标幺值。

根据式（2-73），可得关于 $\Delta\bar{i}_{gd}$ 的状态空间方程为：

$$\frac{d\Delta\bar{i}_{gd}}{dt}=\frac{\omega_{Bg}\bar{U}_{g}}{\bar{L}_{f}+\bar{L}_{g}}\Delta\bar{u}_{dc}-\frac{\omega_{Bg}\bar{R}_{g}}{\bar{L}_{f}+\bar{L}_{g}}\Delta\bar{i}_{gd}+\omega_{Bg}\Delta\bar{i}_{gq} \tag{2-74}$$

同理，网侧变换器输出电流 q 轴分量 $\Delta\bar{i}_{gq}$ 的状态方程为：

$$\frac{d\Delta\bar{i}_{gq}}{dt}=\frac{\omega_{Bg}\bar{U}_{g}}{\bar{L}_{f}+\bar{L}_{g}}\Delta\delta-\frac{\omega_{Bg}\bar{R}_{g}}{\bar{L}_{f}+\bar{L}_{g}}\Delta\bar{i}_{gq}-\omega_{Bg}\Delta\bar{i}_{gd} \tag{2-75}$$

为建立基于电压源控制的全功率风力发电机组的状态空间模型，选取状态变量为：

$$\Delta x=\left[\Delta\bar{u}_{dc}\ \Delta\delta\ \Delta\bar{i}_{sd}\ \Delta\bar{i}_{sq}\ \Delta\bar{x}_{cd}\ \Delta\bar{x}_{cq}\ \Delta\bar{x}_{s}\ \Delta\bar{x}_{dc}\ \Delta\bar{i}_{gd}\ \Delta\bar{i}_{gq}\right]^{T} \tag{2-76}$$

根据式（2-47）、式（2-54）、式（2-55）、式（2-56）、式（2-58）、式（2-59）、式（2-71）、式（2-72）、式（2-74）和式（2-75），可得全功率风力发电机组的十阶状态空间方程，即：

$$\frac{d\Delta x}{dt}=A\Delta x+B\begin{bmatrix}\Delta\bar{P}_{m}\\ \Delta\bar{i}_{sqref}\\ \Delta\bar{P}_{iner}\end{bmatrix} \tag{2-77}$$

根据式（2-48）、式（2-51）和式（2-53），可得：

$$\begin{bmatrix}\Delta\bar{P}_{m}\\ \Delta\bar{i}_{sqref}\\ \Delta\bar{P}_{iner}\end{bmatrix}=C\Delta x \tag{2-78}$$

将式（2-78）代入式（2-77），可得：

$$\frac{d\Delta x}{dt}=\left(A+BC\right)\Delta x \tag{2-79}$$

根据式（2-79），风力发电机组的十阶特征矩阵 H 可表示为：

$$\boldsymbol{H}=\boldsymbol{A}+\boldsymbol{BC} \tag{2-80}$$

式中：矩阵 $\boldsymbol{A}$、$\boldsymbol{B}$ 和 $\boldsymbol{C}$ 的表达式分别为：

$$\boldsymbol{A}=\begin{bmatrix} \dfrac{-\bar{I}_{\mathrm{gd}}\bar{U}_{\mathrm{g}}}{2H_{\mathrm{C}}} & \dfrac{-\bar{I}_{\mathrm{gq}}\bar{U}_{\mathrm{g}}}{2H_{\mathrm{C}}} & 0 & 0 & 0 & 0 & 0 & 0 & \dfrac{-1}{2H_{\mathrm{C}}} & 0 \\ \omega_{\mathrm{Bg}} & 0 & 0 & 0 & 0 & 0 & 0 & 0 & 0 & 0 \\ 0 & 0 & \dfrac{-\omega_{\mathrm{Bm}}k_{\mathrm{pc}}}{\bar{L}_{\mathrm{s}}} & 0 & \dfrac{\omega_{\mathrm{Bm}}}{\bar{L}_{\mathrm{s}}} & 0 & 0 & 0 & 0 & 0 \\ 0 & 0 & 0 & \dfrac{-\omega_{\mathrm{Bm}}k_{\mathrm{pc}}}{\bar{L}_{\mathrm{s}}} & 0 & \dfrac{\omega_{\mathrm{Bm}}}{\bar{L}_{\mathrm{s}}} & 0 & 0 & 0 & 0 \\ 0 & 0 & -k_{\mathrm{ic}} & 0 & 0 & 0 & 0 & 0 & 0 & 0 \\ 0 & 0 & 0 & -k_{\mathrm{ic}} & 0 & 0 & 0 & 0 & 0 & 0 \\ 0 & 0 & 0 & 0 & 0 & 0 & 0 & 0 & 0 & 0 \\ \dfrac{1}{T} & 0 & 0 & 0 & 0 & 0 & 0 & \dfrac{-1}{T} & 0 & 0 \\ \dfrac{\bar{U}_{\mathrm{g}}\omega_{\mathrm{Bg}}}{\bar{L}_{\mathrm{f}}+\bar{L}_{\mathrm{g}}} & 0 & 0 & 0 & 0 & 0 & 0 & 0 & \dfrac{\bar{R}_{\mathrm{g}}\omega_{\mathrm{Bg}}}{\bar{L}_{\mathrm{f}}+\bar{L}_{\mathrm{g}}} & \omega_{Bg} \\ 0 & \dfrac{\bar{U}_{\mathrm{g}}\omega_{\mathrm{Bg}}}{\bar{L}_{\mathrm{f}}+\bar{L}_{\mathrm{g}}} & 0 & 0 & 0 & 0 & 0 & 0 & -\omega_{\mathrm{Bg}} & -\dfrac{\bar{R}_{\mathrm{g}}\omega_{\mathrm{Bg}}}{\bar{L}_{\mathrm{f}}+\bar{L}_{\mathrm{g}}} \end{bmatrix} \tag{2-81}$$

$$\boldsymbol{B}=\begin{bmatrix} \dfrac{1}{2H_{\mathrm{C}}} & 0 & 0 & 0 & 0 & 0 & -k_{\mathrm{is}} & 0 & 0 & 0 \\ 0 & 0 & 0 & \dfrac{\omega_{\mathrm{Bm}}k_{\mathrm{pc}}}{L_{\mathrm{s}}} & 0 & k_{\mathrm{ic}} & 0 & 0 & 0 & 0 \\ 0 & 0 & 0 & 0 & 0 & 0 & k_{\mathrm{is}} & 0 & 0 & 0 \end{bmatrix}^{\mathrm{T}} \tag{2-82}$$

$$\boldsymbol{C}=\begin{bmatrix} \dfrac{k_{\mathrm{ps}}k_{\mathrm{pc}}K_{\mathrm{C}}\bar{I}_{\mathrm{sq}}}{k_1T} & 0 & \dfrac{\bar{U}_{\mathrm{md}}-\bar{I}_{\mathrm{sq}}\bar{L}_{\mathrm{s}}}{k_1} & \dfrac{\bar{U}_{\mathrm{mq}}+k_{\mathrm{pc}}\bar{I}_{\mathrm{sq}}}{k_1} & 0 & \dfrac{-\bar{I}_{\mathrm{sq}}}{k_1} & \dfrac{-k_{\mathrm{pc}}\bar{I}_{\mathrm{sq}}}{k_1} & \dfrac{-k_{\mathrm{ps}}k_{\mathrm{pc}}K_{\mathrm{C}}\bar{I}_{\mathrm{sq}}}{k_1T} & 0 & 0 \\ \dfrac{-\left(k_{\mathrm{ps}}^2\bar{I}_{\mathrm{sq}}+k_1\right)k_{\mathrm{pc}}K_{\mathrm{C}}}{k_1T} & 0 & \dfrac{k_{\mathrm{ps}}\left(\bar{I}_{\mathrm{sq}}\bar{L}_{\mathrm{s}}-\bar{U}_{\mathrm{md}}\right)}{k_1} & \dfrac{-k_{\mathrm{ps}}\left(\bar{U}_{\mathrm{mq}}+k_{\mathrm{pc}}\bar{I}_{\mathrm{sq}}\right)}{k_1} & 0 & \dfrac{k_{\mathrm{ps}}\bar{I}_{\mathrm{sq}}}{k_1} & \dfrac{k_1+k_{\mathrm{ps}}k_{\mathrm{pc}}\bar{I}_{\mathrm{sq}}}{k_1} & \dfrac{-\left(k_{\mathrm{ps}}^2\bar{I}_{\mathrm{sq}}+k_1\right)k_{\mathrm{pc}}K_{\mathrm{C}}}{k_1T} & 0 & 0 \\ \dfrac{-K_{\mathrm{C}}}{T} & 0 & 0 & 0 & 0 & 0 & 0 & \dfrac{K_{\mathrm{C}}}{T} & 0 & 0 \end{bmatrix} \tag{2-83}$$

1．基于状态空间的特征值分析法

当分析风力发电机组弱电网运行稳定性时，需要根据状态空间方程求系统特征根。基于惯性同步控制的全功率风力发电机组的特征根可通过求解下述方程得到：

$$\det\left(\lambda\boldsymbol{I}-\boldsymbol{H}\right)=0 \tag{2-84}$$

式中：$\boldsymbol{I}$ 为 10×10 的单位矩阵。

短路比 k_{SCR} 与电网电感标幺值 $\bar{L}_{\mathrm{g}}$ 之间为倒数关系。根据式（2-84）求出全功率风力发电机组的特征根 λ_i（i 的范围是 1 ～ 10），那么，系统最弱特征根

的阻尼比 ζ 可表示为：

$$\zeta = \min\left[-\frac{\text{real}(\lambda_i)}{|\lambda_i|}\right] \tag{2-85}$$

图2-26给出了系统特征根轨迹随短路比 k_{SCR} 变化时的曲线，其中 T 为0.1s，惯量传递系数 K_C 为 0。图 2-26 中，随着 k_{SCR} 从 20 减少到 2，1 ～ 4 号、9 号和 10 号特征根轨迹保持不变，5、6 号特征根轨迹向实轴移动；7、8 号特征根轨迹向虚轴移动并返回。总的来看，系统所有极点都位于左半平面。图 2-27 中所示的特征根轨迹分析结果表明：当机侧变换器不施加惯量传递控制时，基于网侧变换器惯性同步控制的全功风力发电机组可在短路比 k_{SCR} 减少至 2 的弱电网下稳定运行。

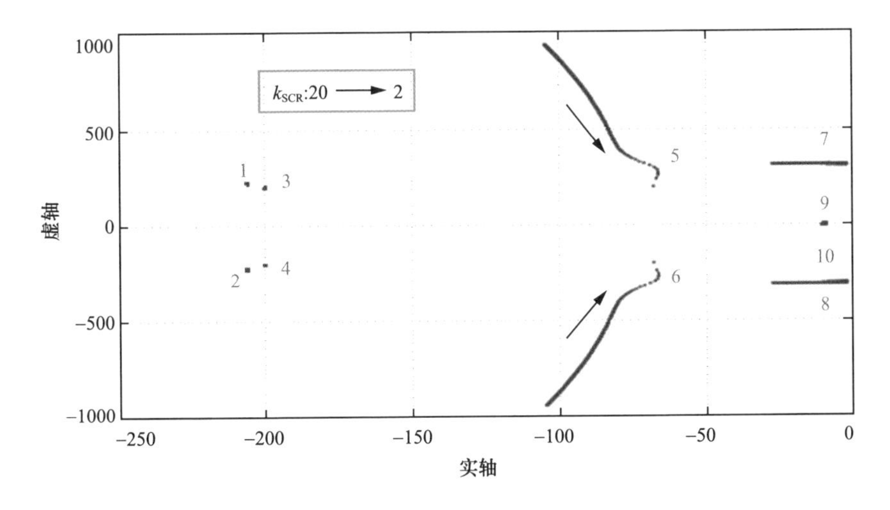

图 2-26　k_{SCR} 由 20 减少到 2 时系统的特征根轨迹

图 2-27 给出了未加入惯量传递控制时系统的最弱特征根阻尼比曲线，其中 T 为 0.1，惯量传递系数 K_C 为 0。从图 2-27 中可以看出，随着 k_{SCR} 从 20 减少到 2，系统最弱特征根阻尼比 ζ 始终大于零，说明了系统可以稳定运行。

图 2-28 给出了系统最弱特征根阻尼比随惯量传递系数 K_C 变化的曲线，其中 k_{SCR} 为 2，T 为 0.1。从图 2-28 中可看出，随着 K_C 增大，阻尼比 ζ 逐渐减小；当 $K_C \geqslant 0.4$ 时，ζ 小于 0，对应系统失稳。根据式（2-84），求得 K_C=0.4 时对应 ζ 小于 0 的两个特征根为 0.164 ± j305，此时系统振荡发散，振荡频率为 305 rad/s（48.5Hz）。

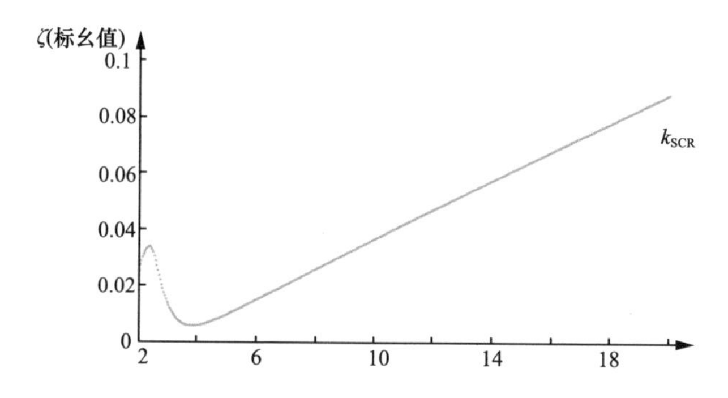

图 2-27　未加入惯量传递控制时系统的最弱特征根阻尼比曲线

图 2-28 中分析结果表明，加入惯量传递控制，全功率风力发电机组参与电网惯量响应能力增强，但在弱电网条件下的运行稳定性下降。进一步，图 2-29 给出系统最弱特征根阻尼比 ζ 随 K_C、k_{SCR} 变化的三维图，其中 T 为 0.1s。从图 2-29 中不难看出，无论在弱电网还是强电网条件下，增大惯量传递系数 K_C，对应的系统最弱特征根阻尼比 ζ 都会下降，这意味着加入的惯量传递控制会降低全功率风力发电机组弱电网运行的稳定性。

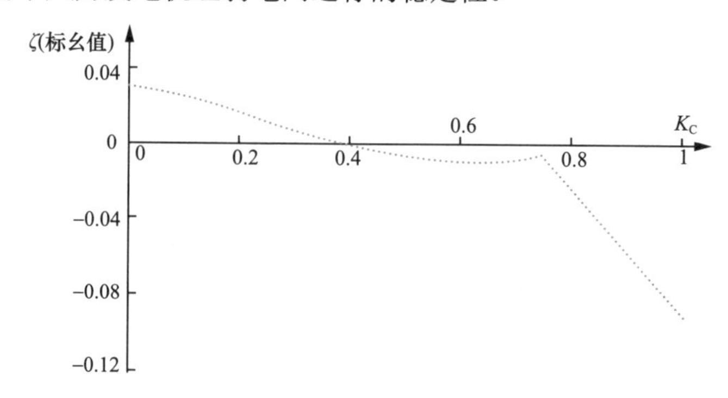

图 2-28　系统最弱特征根阻尼比 ζ 随惯量传递系数 K_C 变化的曲线

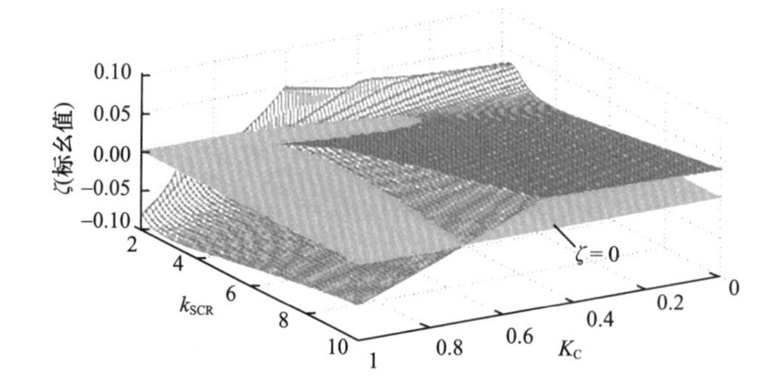

图 2-29　系统最弱特征根阻尼比 ζ 随 K_C、k_{SCR} 变化的三维图

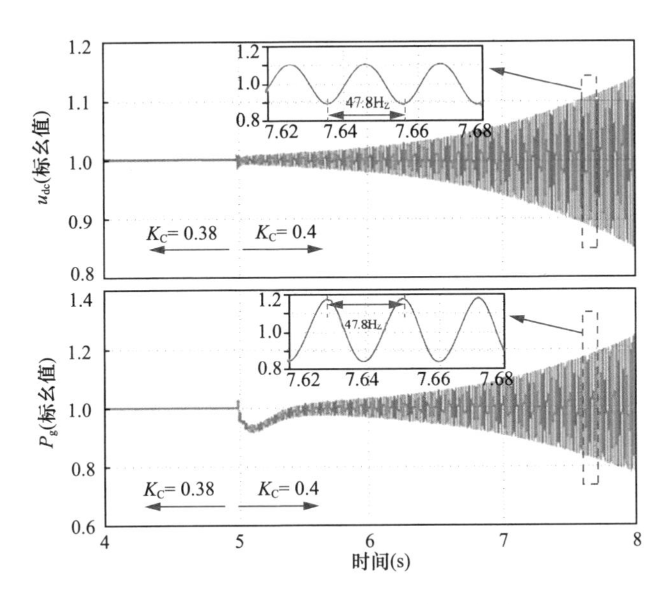

图 2-30　惯性同步控制的风电机组在惯量传递系数增大时的仿真波形

在 PSCAD/EMTDC 环境中搭建仿真模型，以验证本节基于状态空间模型的分析结果的正确性。图 2-30 给出了惯性同步控制的风力发电机组在惯量传递系数 K_C 增大时的仿真波形，其中短路比 k_{SCR} 为 2，T 为 0.1。当惯量传递系数 K_C 由 0.38 增大到 0.4 时，直流侧电压 u_{dc}、网侧变换器输出功率 P_g 振荡发散，振荡频率为 47.8 Hz。特征根分析结果表明 K_C=0.4 时对应 ζ 小于 0 的两个特征根为 0.164±j305，振荡频率为 305 rad/s（48.5Hz），该振荡频率与图 2-30 中的振荡频率接近，验证了理论分析的正确性。

2．基于复数功率系数法的分析法

基于状态空间的特征值分析结果表明：当不加惯量传递控制时，惯性同步控制的全功率风力发电机组可在短路比为 2 的弱电网下稳定运行；加入惯量传递控制后，风力发电机组参与电网惯量响应的能力增强，但在弱电网条件下的运行稳定性下降。然而，基于状态空间的特征值分析难以找出引入惯量传递控制后的失稳机理，不利于指导致稳控制策略的制定。因此，考虑采用复数功率系数法分析引入惯量传递控制后的失稳机理。

对图 2-23、图 2-24 中的小信号传递函数框图加以化简，可得直流电压 $\Delta\bar{u}_{dc}$ 到机侧变换器输出功率 $\Delta\bar{P}_m$ 的传递函数框图如图 2-31 所示，其中 G_s、G_c

分别为功率环与电流环调节器的传递函数，此处为 PI 调节器。

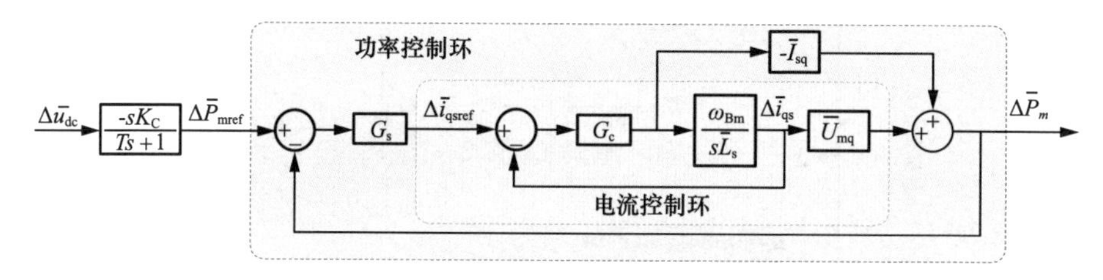

图 2-31　$\Delta\bar{u}_{dc}$ 到 $\Delta\bar{P}_m$ 的传递函数框图

根据图 2-31 求得机侧变换器功率控制环的闭环传递函数 ϕ_s 为：

$$\phi_s = \frac{G_s\left(G_C\omega_{Bm}\bar{U}_{mq} - sG_C\bar{L}_s\bar{I}_{sq}\right)}{G_s\left(G_C\omega_{Bm}\bar{U}_{mq} - sG_C\bar{L}_s\bar{I}_{sq}\right) + s\bar{L}_s + G_C\omega_{Bm}} \tag{2-86}$$

图 2-32 给出了 ϕ_s 的频率特性曲线，其中机侧变换器功率环控制带宽为 20 Hz，电流环控制带宽为 200 Hz。从图 2-32 中可以看出，功率环闭环传递函数 ϕ_s 的相位在频率大于 10 Hz 时小于 −90°。由图 2-33 可知，在 k_{SCR}=2，K_C=0.4 时，全功率风力发电机组存在 48.5Hz 的振荡，该振荡频率对应图 2-33 中 ϕ_s 的相位介于 −90° 与 −180° 之间。

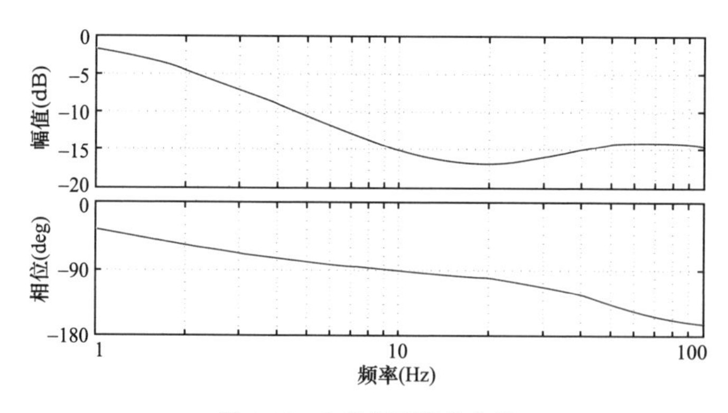

图 2-32　ϕ_s 的频率特性曲线

机侧变换器输出功率 $\Delta\bar{P}_m$ 关于直流电压 $\Delta\bar{u}_{dc}$ 的传递函数为：

$$\Delta\bar{P}_m = \frac{-sK_C}{Ts+1}\phi_s\Delta\bar{u}_{dc} \tag{2-87}$$

由于 $\Delta\bar{u}_{dc}$ 与 $\Delta\delta$ 之间满足如下关系：

$$\Delta\bar{u}_{dc}=\frac{s}{\omega_{Bg}}\Delta\delta \tag{2-88}$$

将式（2-88）代入式（2-87）可得：

$$-\Delta\bar{P}_m=\frac{K_C}{\omega_{Bg}}\frac{s}{Ts+1}\phi_s s\Delta\delta \tag{2-89}$$

$\Delta\delta$ 与 $\Delta\bar{P}_m$、$\Delta\bar{P}_g$ 满足如下关系：

$$\frac{2H_C}{\omega_{Bg}}s^2\Delta\delta+\Delta\bar{P}_g-\Delta\bar{P}_m=0 \tag{2-90}$$

网侧变换器的输出功率 $\Delta\bar{P}_g$ 又可以表示为：

$$\bar{P}_g=\frac{\bar{u}_{dc}\bar{U}_t\bar{E}_g}{\bar{L}_f+\bar{L}_g}\sin\delta \tag{2-91}$$

全功率风力发电机组稳定运行时网侧变换器调制电压 $\bar{U}_t$ 恒定，对式（2-91）线性化可得：

$$\begin{aligned}\Delta\bar{P}_g&=\frac{\bar{u}_{dc0}\bar{U}_{t0}\bar{E}_g}{\bar{L}_f+\bar{L}_g}\cos\delta\Delta\delta+\frac{\bar{U}_t\bar{E}_g}{\omega_{Bg}\left(\bar{L}_f+\bar{L}_g\right)}\sin\delta s\Delta\delta\\&=K_g\Delta\delta+D_g s\Delta\delta\end{aligned} \tag{2-92}$$

式中：$K_g>0$，$D_g>0$，$K_g\Delta\delta$ 与 $\Delta\delta$ 同相位，$D_g s\Delta\delta$ 与 $s\Delta\delta$ 同相位。称 K_g 为网侧变换器的同步功率系数，D_g 为网侧变换器的阻尼功率系数。

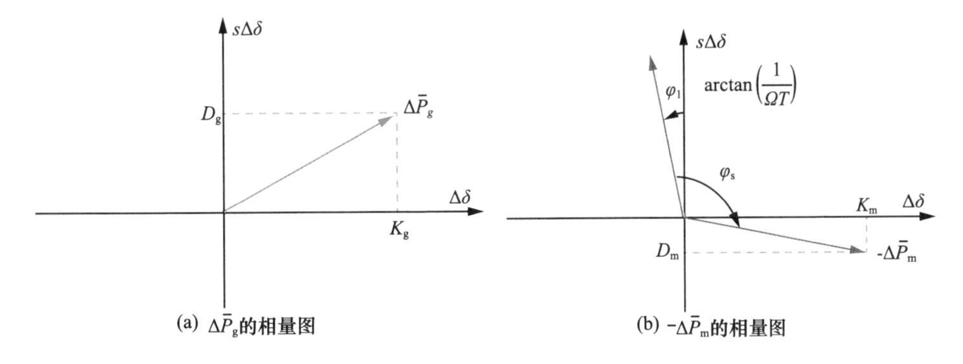

图 2-33　$\Delta\bar{P}_g$ 和 $-\Delta\bar{P}_m$ 的相量图

根据式（2-92）和式（2-89），在以 $\Delta\delta$ 为横轴、$s\Delta\delta$ 为纵轴的复平面上分

别作 $\Delta\bar{P}_{g}$、$-\Delta\bar{P}_{m}$ 的相量图如图 2-33 所示。图 2-33（a）中网侧变换器的复数功率 $\Delta\bar{P}_{g}$ 分解为网侧同步功率和阻尼功率。图 2-33（b）中 φ_1 为 $\dfrac{K_{C}}{\omega_{Bg}}\dfrac{s}{Ts+1}$ 的相位，其值为：

$$\varphi_1=\arctan\left(\frac{1}{\Omega T}\right) \tag{2-93}$$

式中：Ω 为振荡角频率。

由图 2-33 知，Ω 值在 305 rad/s 附近，滤波时间常数 T 为 0.1 s，代入式（2-93）求得 φ_1 小于 5°。根据 φ_1、φ_s 的范围可知，图 2-34（b）中相量 $-\Delta\bar{P}_{m}$ 处在第四象限，其幅值为：

$$\left|-\Delta\bar{P}_{m}\right|=\frac{K_{C}\Omega}{\omega_{Bg}\sqrt{1+\Omega^2T^2}}\left|\varphi_s\right| \tag{2-94}$$

同理，复数功率 $-\Delta\bar{P}_{m}$ 可分解为机侧同步功率和机侧阻尼功率，即：

$$-\Delta\bar{P}_{m}=K_{m}\Delta\delta+D_{m}s\Delta\delta \tag{2-95}$$

式中：K_m 为机侧变换器的同步功率系数；D_m 为机侧变换器的阻尼功率系数。由于 $-\Delta\bar{P}_{m}$ 处在第四象限，因此，$K_m>0$，$D_m<0$。

将式（2-92）、式（2-95）代入式（2-90），可得全功率风力发电机组并网系统的特征方程为：

$$\frac{2H_{C}}{\omega_{Bg}}s^2\Delta\delta+\left(D_g+D_m\right)s\Delta\delta+\left(K_g+K_m\right)\Delta\delta=0 \tag{2-96}$$

从式（2-96）可以看出，全功率风力发电机组并网系统的特征方程阶数为二阶，K_g+K_m 影响振荡频率，D_g+D_m 影响系统阻尼。当 $D_g+D_m>0$ 时，阻尼为正，系统稳定；当 $D_g+D_m<0$ 时，阻尼为负，系统振荡发散。由式（2-93）和式（2-94）可知，$-\Delta\bar{P}_{m}$ 的相位与 K_C 无关，$-\Delta\bar{P}_{m}$ 的幅值与 K_C 成正比，增大 K_C，对应 K_m 增大，系统振荡频率增大，D_m 值减小且其值为负，当 K_C 增大到使 $D_g+D_m<0$ 时，出现振荡发散，系统失稳。上述机理分析结果与基于状态空间模型的分析结果一致。

为抑制电力系统的低频振荡，可在同步发电机的励磁系统中加入电力系统稳定器（power system stabilizer，PSS），通常取同步发电机的旋转角频率为输入信号，其输出叠加到励磁信号中，以增大同步发电机的电气阻尼、抑制低频振荡。网侧变换器惯性同步控制策略中调制电压的幅值 $\bar{U}_{\mathrm{t}}$ 可类比为同步发电机的磁链 $\bar{\psi}$，因此提出基于直流侧电压反馈改变网侧变换器调制电压的阻尼方法，网侧变换器的致稳控制如图 2-34 所示。

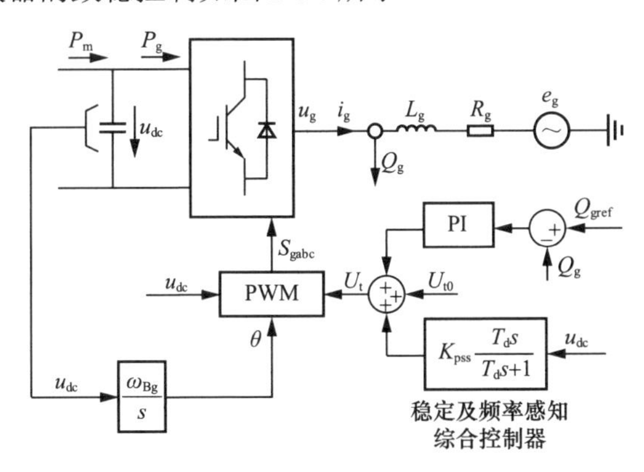

图 2-34　网侧变换器的致稳控制框图

图 2-34 中，直流电压 $\bar{u}_{\mathrm{dc}}$ 经过高通滤波器，再经过增益为 K_{PSS} 的放大环节作为附加的调制电压，叠加到原有的电压幅值上用于正弦脉冲宽度调制。由于高通滤波器的存在，图 2-34 给出的致稳控制方法只在动态过程起作用，不影响系统的稳态运行。图 2-34 给出的附加控制建立了网侧变换器调制电压幅值 $\bar{U}_{\mathrm{t}}$ 与直流电压 $\bar{u}_{\mathrm{dc}}$ 之间的联系，因此对式（2-91）重新线性化可得：

$$\begin{aligned}\Delta\bar{P}_{\mathrm{g}} &= K_{\mathrm{g}}\Delta\delta + D_{\mathrm{g}}s\Delta\delta + \frac{\bar{u}_{\mathrm{dc0}}\bar{E}_{\mathrm{g}}}{\bar{L}_{\mathrm{f}}+\bar{L}_{\mathrm{g}}}\sin\delta\Delta\bar{U}_{\mathrm{t}} \\ &= K_{\mathrm{g}}\Delta\delta + \left(D_{\mathrm{g}} + D_{\mathrm{PSS}}\right)s\Delta\delta\end{aligned} \tag{2-97}$$

其中：

$$D_{\mathrm{PSS}} = \frac{K_{\mathrm{PSS}}\bar{u}_{\mathrm{dc0}}\bar{E}_{\mathrm{g}}}{\omega_{\mathrm{Bg}}\left(\bar{L}_{\mathrm{f}}+\bar{L}_{\mathrm{g}}\right)}\sin\delta \tag{2-98}$$

从式（2-97）不难看出，由于 D_{PSS} 值大于零，引入的直流电压 $\bar{u}_{\mathrm{dc}}$ 到网侧变换器调制电压的附加控制，增大了网侧变换器的阻尼功率系数，有助于提高风力发电机组弱电网条件下运行的稳定性。

2.2.4　机侧致稳控制

提出在机侧增大系统最弱特征根阻尼比的方法，其控制框图如图 2-35

所示。

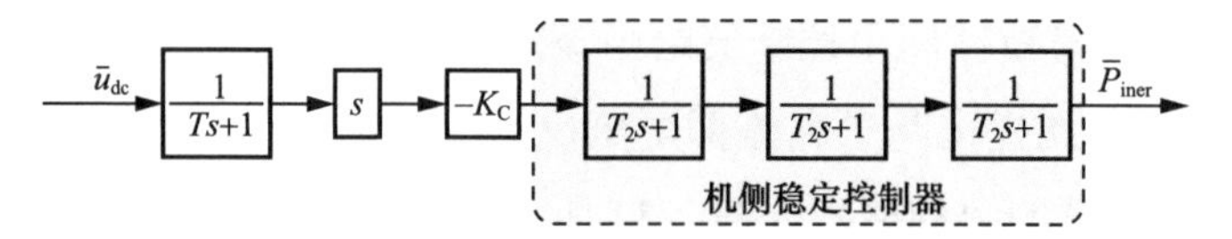

图 2-35　机侧致稳控制方法框图

从图中可以看出，这种致稳控制方法在原有机侧变换器的惯量传递控制环路中加入三级时间常数为 T_2 的一阶低通滤波器。加入的三级低通滤波器在不同的时间尺度具有不同作用，一方面在较小时间尺度可以调节 $-\Delta\bar{P}_m$ 的相位，使其对应的机侧变换器阻尼功率系数 D_m 大于 0，提高系统稳定性；另一方面，在较大时间尺度上，可以较好地通过电网频率变化信号，实现风电机组对电网的惯量响应功能。

加入致稳控制后，机侧复数功率 $-\Delta\bar{P}_{m2}$ 与未加致稳控制的机侧复数功率 $-\Delta\bar{P}_m$ 之间关系为：

$$-\Delta\bar{P}_{m2}=\frac{1}{\left(T_2s+1\right)^3}\left(-\Delta\bar{P}_m\right)=K_{m2}\Delta\delta+D_{m2}s\Delta\delta \tag{2-99}$$

针对增大 K_C 到 0.4 时出现的 305 rad/s 振荡，在这一振荡频率处，时间常数 T_2 为 0.1s 的低通滤波器滞后的相位 φ_2 接近 90°。根据式（2-99），图 2-36 给出了机侧加入致稳控制后 $-\Delta\bar{P}_{m2}$ 的相量图。从图 2-37 可看出，所加的机侧致稳控制器调节第四象限的 $-\Delta\bar{P}_m$ 为第一象限的 $-\Delta\bar{P}_{m2}$，对应机侧变换器的同步功率系数 $K_{m2}>0$，机侧变换器的阻尼功率系数 $D_{m2}>0$，从而增大系统特征方程的阻尼，提高稳定性。

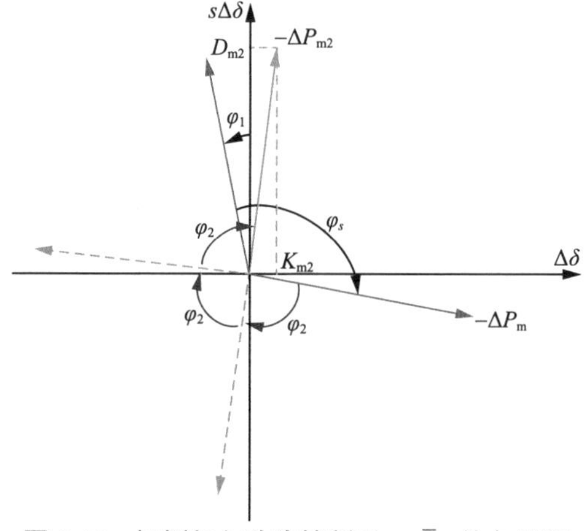

图 2-36　机侧加入致稳控制后 $-\Delta\bar{P}_{m2}$ 的向量图

2.2.5　仿真验证

在 PSCAD/EMTDC 环境中搭建仿真模型，以验证本节理论分析的正确性以及所提致稳控制方法的有效性。

图 2-37 给出了加入网侧致稳控制的风力发电机组在惯量传递系数增大时的仿真波形，其中短路比 k_{SCR} 为 2，滤波时间常数 T_{dc} 为 0.1s，T_2 为 0.1s，K_{PSS} 为 1.57。从图 2-37 中可以看出，当 K_C 由 3.28 增大到 3.30 时，u_{dc} 和 P_g 振荡发散，振荡频率为 136Hz。经过计算可得 K_C=3.30、K_{PSS}=1.57 时 ζ 小于 0 的两个特征根为 1.26 ± j847.2，对应振荡频率为 847.2 rad/s（134.9Hz）。图 2-37 中的振荡频率与特征根分析结果一致，验证了理论分析的正确性。对比图 2-37 中的仿真结果说明了加入网侧致稳控制能够扩大系统稳定运行时 K_C 的范围。

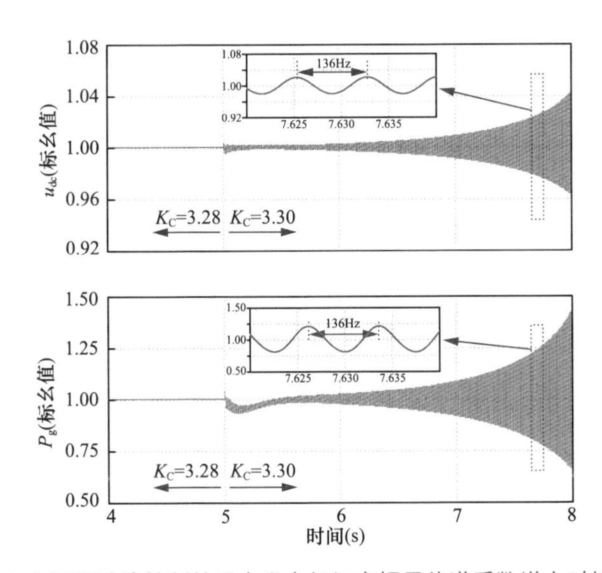

图 2-37　加入网侧致稳控制的风力发电机组在惯量传递系数增大时的仿真波形

图 2-38 给出了同时加入机侧、网侧致稳控制的风力发电机组在惯量传递系数增大时的仿真波形，其中短路比 k_{SCR} 为 2，滤波时间常数 T_{dc} 为 0.1s，T_2 为 0.1s，K_{PSS} 为 1.57。从图 2-38 中可以看出，当 K_C 由 60 增大到 60.02 时，$\bar{u}_{dc}$ 和 $\bar{P}_g$ 先减小后恢复，未发生振荡失稳，该仿真结果与图 2-38 中的理论分析结果一致，验证了所提机侧致稳方法和网侧致稳方法的有效性。

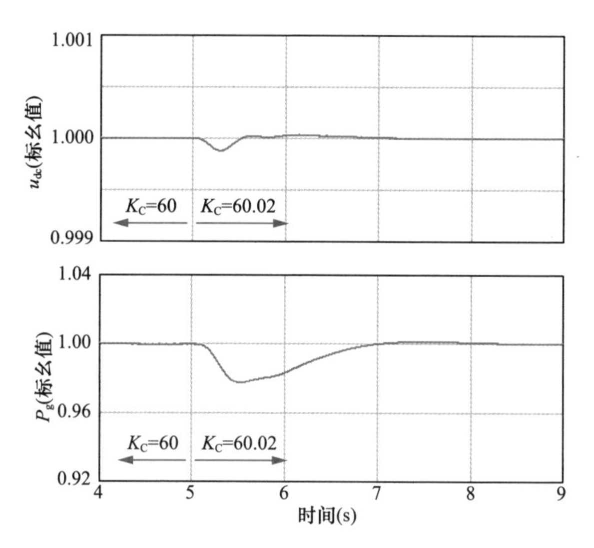

图 2-38 同时加入机侧、网侧致稳控制的风力发电机组在惯量传递系数增大时仿真波形

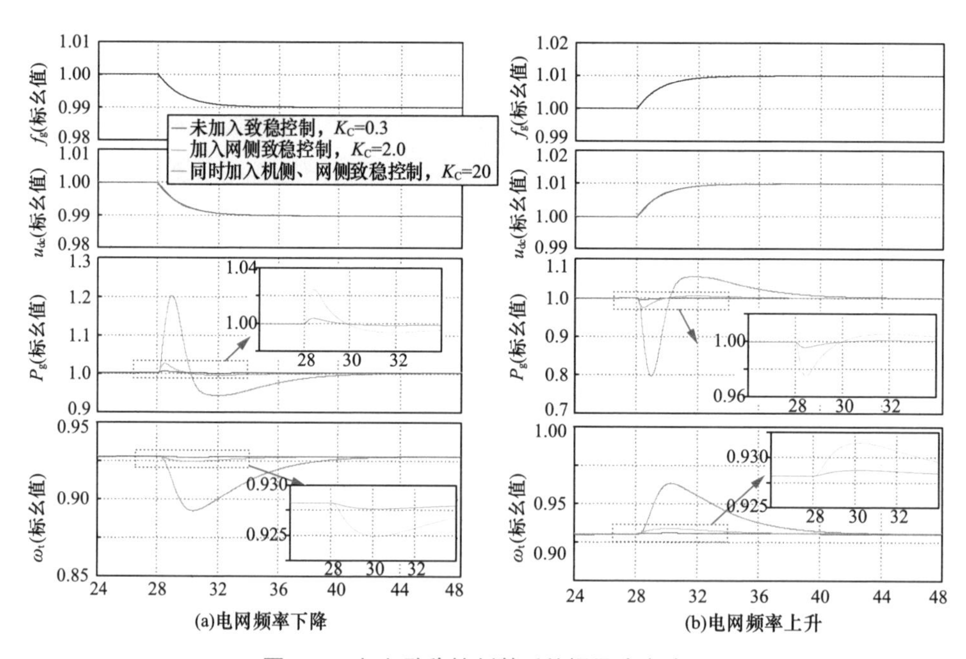

图 2-39 加入致稳控制前后的惯量响应波形

图 2-39 给出了加入致稳控制前后的惯量响应对比波形，其中短路比 k_{SCR} 为 2，滤波时间常数 T_{dc} 为 0.1 s，T_2 为 0.1 s，K_{PSS} 为 1.57。在图 2-39 中，电网在 28 s 时减小 0.01（标幺值），在无附加致稳控制 $K_C = 0.3$ 时，网侧变换器输出有功功率 $\bar{P}_g$ 在 28s 增大 0.004（标幺值）而后恢复，风轮转速 $\bar{\omega}_t$ 降低 0.0006

（标幺值）而后恢复，此时风力发电机组的惯量响应能力较差。在附加网侧致稳控制时，$K_{PSS}=1.57$，$K_C=2$，$\bar{P}_g$ 在 28s 增大 0.025（标幺值）而后恢复，$\bar{\omega}_t$ 降低 0.0035（标幺值）而后恢复，此时风力发电机组的惯量响应能力有所提高。在同时附加网侧、机侧致稳控制时，$K_{PSS}=1.57$，$K_C=20$，$\bar{P}_g$ 在 28s 增大 0.2（标幺值）而后恢复，$\bar{\omega}_t$ 降低 0.032（标幺值）而后恢复，此时风电机组能够提供可观的惯量响应。

在图 2-39（b）中，电网在 28s 时增大 0.01（标幺值），在无附加致稳控制 $K_C=0.3$ 时，网侧变换器输出有功功率 $\bar{P}_g$ 在 28s 减小 0.004（标幺值）而后恢复，风轮转速 $\bar{\omega}_t$ 增大 0.0006（标幺值）而后恢复，此时风电机组的惯量响应能力较差。在附加网侧致稳控制时，$K_{PSS}=1.57$，$K_C=2$，$\bar{P}_g$ 在 28s 减小 0.025（标幺值）而后恢复，$\bar{\omega}_t$ 增大 0.0035（标幺值）而后恢复，此时风电机组的惯量响应能力有所提高。同时附加网侧、机侧致稳控制时，$K_{PSS}=1.57$，$K_C=20$，$\bar{P}_g$ 在 28 s 减小 0.2（标幺值）而后恢复，$\bar{\omega}_t$ 增大 0.032（标幺值）而后恢复，此时风电机组可提供可观的惯量响应。

2.3 双馈风机自同步电压源控制

2.3.1 双馈风机自同步电压源控制原理

双馈异步发电机的控制结构如图 2-40 所示，采用背靠背双 PWM 变换器进行交流励磁。本文采用转子侧惯量传递 – 网侧惯性同步控制。惯量传递控制在电网频率变化时实现对风力机惯量的有效提取和传递，惯性同步控制通过将直流侧电容电压的动态方程类比于发电机（synchronous generator, SG）的转子运动方程，实现 GSC 的无锁相环同步控制。

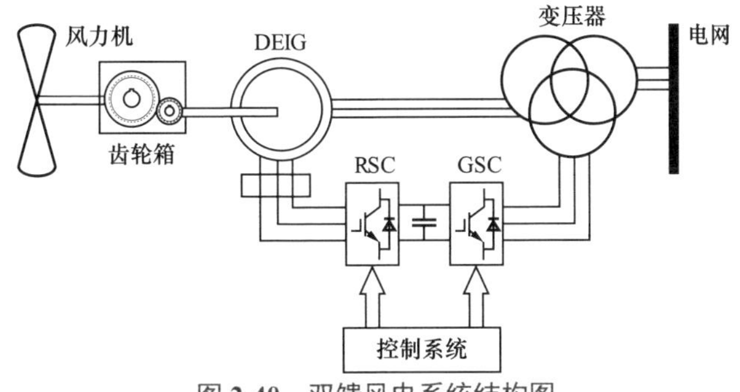

图 2-40　双馈风电系统结构图

1. 转子侧变换器控制

转子侧变换器采用定子电压定向的矢量控制，DFIG 在同步旋转 dq 坐标系中的转子电压方程为[1]：

$$\begin{cases} u_{rd} = R_r i_{rd} + \sigma \dfrac{X_r}{\omega_1} \dfrac{d i_{rd}}{dt} - S\left(-\dfrac{X_m}{X_s} U_s + \sigma X_r i_{rq} \right) \\ u_{rq} = R_r i_{rq} + \sigma \dfrac{X_r}{\omega_1} \dfrac{d i_{rq}}{dt} + S\sigma X_r i_{rd} \end{cases} \tag{2-100}$$

式中：u_{rd}、u_{rq} 分别为转子电压 dq 轴分量；R_r 为转子电阻；i_{rd}、i_{rq} 分别为转子电流 dq 轴分量；X_m、X_s、X_r 分别为 dq 坐标系中定转子互感感抗，定子自感感抗和转子互感感抗；$\sigma=1-X_m^2/(X_sX_r)$ 为漏磁系数；ω_1 为 DFIG 同步电角速度；U_s 为定子电压矢量的幅值。定、转子绕组均采用电动机惯例。

RSC 的电流内环控制方程为：

$$\begin{cases} U_{rd}^* = (k_{p2} + \dfrac{k_{i2}}{s})(I_{rd}^* - I_{rd}) + S\dfrac{X_m}{X_s} U_s - S\sigma X_r I_{rq} \\ U_{rq}^* = (k_{p4} + \dfrac{k_{i4}}{s})(I_{rq}^* - I_{rq}) + S\sigma X_r I_{rd} \end{cases} \tag{2-101}$$

式中：U_{rd}^*、U_{rq}^* 分别为转子电压 dq 轴分量指令值；I_{rd}^*、I_{rq}^* 分别为转子电流 dq 轴分量指令值；k_{p2}、k_{i2}、k_{p4}、k_{i4} 分别为转子 dq 轴电流内环比例和积分系数。

忽略定子磁链的暂态过程，可得 DFIG 定子输出的有功、无功功率与转子 dq 轴电流的关系为：

$$\begin{cases} P_s = \dfrac{X_m}{X_s} U_s i_{rd} \\ Q_s = -\dfrac{U_s^2}{X_s} - \dfrac{X_m}{X_s} U_s i_{rq} \end{cases} \tag{2-102}$$

式中：Q_s 为定子输出无功。

RSC 的功率外环控制方程为：

$$\begin{cases} I_{rd}^* = (k_{p1} + \dfrac{k_{i1}}{s})(P_s^* - P_s) \\ I_{rq}^* = -(k_{p3} + \dfrac{k_{i3}}{s})(Q_s^* - Q_s) \end{cases} \tag{2-103}$$

[1] 文中若无特殊说明，所有变量均采用标幺制，省略上标“*”号。

式中：k_{p1}、k_{i1} 分别为有功外环比例和积分系数；k_{p3}、k_{i3} 分别为无功外环比例和积分系数；P_s^* 为最大功率跟踪指令值；Q_s^* 为无功指令值，通常为 0。

惯性同步控制下变流器直流母线电压可实时反映电网频率的变化，可将直流母线电压的变化率以附加功率的形式附加到有功指令值中实现机组的自主惯量响应。惯量响应传递的功率可表示为：

$$P_f^* = -\frac{K_c T_c s}{T_c s + 1} U_{dc} \tag{2-104}$$

式中：P_f^* 为附加功率指令值；K_c 为惯量传递系数；T_c 为惯量控制时间常数。

经过上述分析，可得 RSC 的控制框图，如图 2-41 所示。

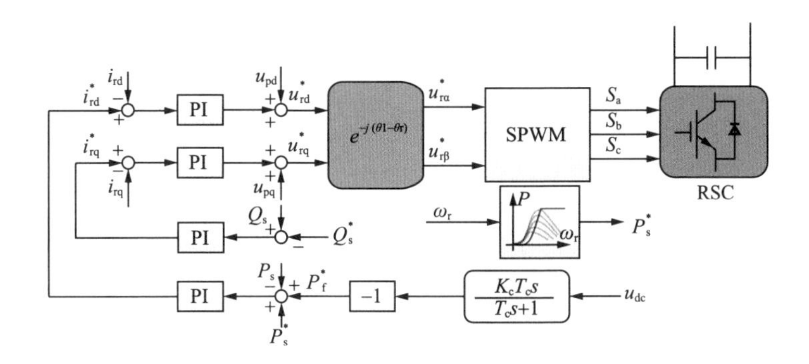

图 2-41　转子侧变换器控制框图

2．网侧变换器控制

由图 2-42 可知，直流侧电容的一阶微分方程为：

$$2H_C\left(U_{dcn}\frac{du_{dc}}{dt}\right) = P_{rm} - P_{rg} = (1-s)P_s - P_g \tag{2-105}$$

式中：P_{rm} 为 RSC 输出功率；P_{rg} 为 GSC 输出功率；P_g 为风力发电机组向电网输出的总有功功率；U_{dcn} 为直流侧电压额定值；u_{dc} 为直流侧电压瞬时值；$H_C = CU_{dcn}^2/(2S_n)$ 为电容的惯性时间常数；S_n 为风机的额定容量；P_s 为定子输出有功功率；s 为转差率。

GSC 的出口电压矢量幅值与调制电压矢量幅值之间的关系为：

$$U_G = u_{dc}U \tag{2-106}$$

式中：U_G 为 GSC 的出口电压矢量幅值；U 为 GSC 的调制电压矢量的幅值。

忽略变换器损耗，双馈风力发电机组对电网输出功率可表示为：

$$P_{g}=\frac{u_{dc}U_{g}}{X_{g}}\sin\delta \tag{2-107}$$

式中：X_g 为 GSC 输出端与电网之间的总电抗；δ 为 GSC 输出电压矢量与电网电压矢量的相位差；U_g 为电网电压矢量的幅值。

直流侧电容与 DFIG 的转子电角速度具有相似的动态特性，由此可得 GSC 输出电压矢量与电网电压矢量的相位差 δ 和直流母线电压间的关系为：

$$\frac{d\delta}{dt}=\omega_{1}(u_{dc}-\omega_{g}) \tag{2-108}$$

式中：ω_g 为电网同步电角速度。

在惯性同步控制中，将直流母线电压经过高通滤波器叠加到原有的调制电压幅值上以增加系统的阻尼。附加的调制电压幅值 U_{fn} 与直流电压 U_{dc} 之间的关系为：

$$U_{fn}=K_{PSS}\frac{T_{P}s}{T_{P}s+1}U_{dc} \tag{2-109}$$

式中：K_{PSS} 和 T_P 分别为致稳控制环节的比例放大系数和时间常数。

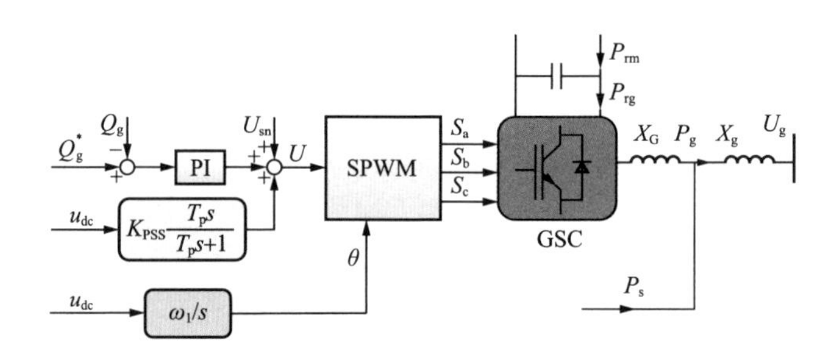

图 2-42　网侧变换器控制框图

经过上述分析，可得 GSC 的控制框图，如图 2-42 所示。图中，U_{sn} 为定子电压矢量额定值，θ 为 GSC 输出电压矢量旋转角。GSC 输出电压的 dq 分量可表示为：

$$\begin{cases}u_{gd}=u_{d}u_{dc}\\u_{gq}=u_{q}u_{dc}\end{cases} \tag{2-110}$$

式中：u_{gd}、u_{gq} 分别为 GSC 输出电压的 dq 轴分量；u_d、u_q 分别为 GSC 调制电压的 dq 轴分量。

2.3.2　双馈风电机组的建模及稳定性分析

1．状态空间建模

（1）转子侧变换器的状态空间模型。

在旋转 dq 坐标系中，将图 2-41 转子侧变换器的控制环路在稳态工作点附近线性化，从而建立其小信号模型。在选择的工作点处，可认为风力机捕获的功率是常数，此时可忽略最大功率跟踪指令值的变化，由此可得：

$$\Delta P_s^*=0 \tag{2-111}$$

定子电压定向控制下，U_s 为常数，由式（2-102）可得：

$$\begin{cases}\Delta P_s=\dfrac{X_m}{X_s}U_s\Delta i_{rd}\\ \Delta Q_s=-\dfrac{X_m}{X_s}U_s\Delta i_{rq}\end{cases} \tag{2-112}$$

根据图 2-42 可知，RSC 的控制环路中共有 5 个积分环节，因此可引入 5 个中间变量如下：

$$\begin{cases}\dfrac{d\Delta x_1}{dt}=k_{i1}(\Delta P_s^*-\Delta P_s+\Delta P_f^*)\\ \dfrac{d\Delta x_2}{dt}=k_{i2}(\Delta i_{rd}^*-\Delta i_{rd})\\ \dfrac{d\Delta x_3}{dt}=-k_{i3}(\Delta Q_s^*-\Delta Q_s)\\ \dfrac{d\Delta x_4}{dt}=k_{i4}(\Delta i_{rq}^*-\Delta i_{rq})\\ \dfrac{d\Delta x_5}{dt}=\dfrac{1}{T_c}\Delta u_{dc}-\dfrac{1}{T_c}\Delta x_5\end{cases} \tag{2-113}$$

式中：x_1 和 x_3 为有功和无功功率控制环路中积分器的输出；x_2 和 x_4 为 d 轴和 q 轴电流控制环路中积分器的输出；x_5 为虚拟惯量控制环节中积分器输出。

根据式（2-104）可得：

$$\Delta P_f^*=-K_c\Delta u_{dc}+K_c\Delta x_5 \tag{2-114}$$

引入变量 u_{pd} 和 u_{pq} 进行前馈补偿后，可以分别得到简化后的 d 轴和 q 轴电流控制环路，如图 2-43 和图 2-44 所示。

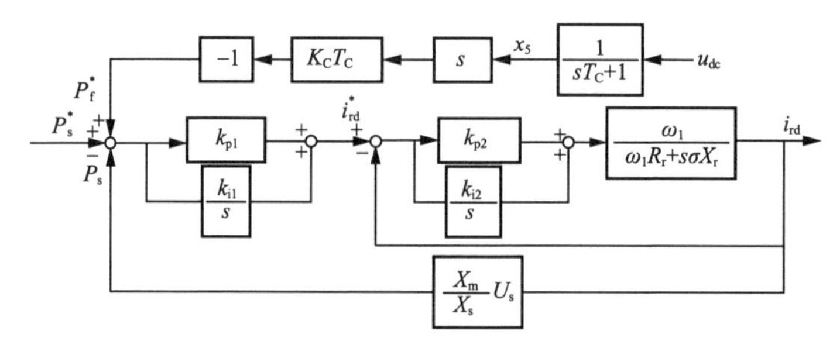

图 2-43　有功控制环路简化框图

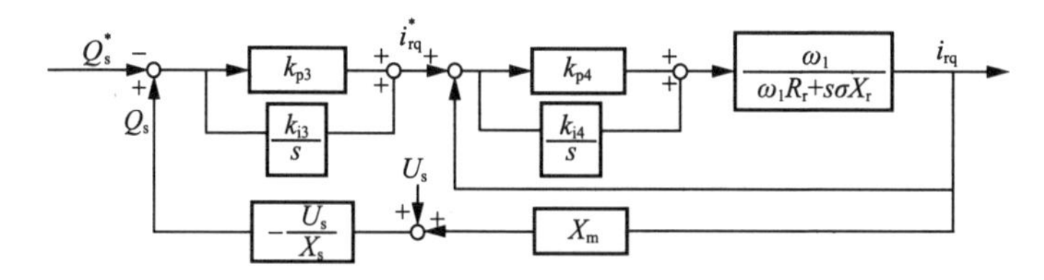

图 2-44　无功控制环路简化框图

简化后，d 轴和 q 轴电流对应的方程如下：

$$\begin{cases}\omega_1\cdot\left(k_{p2}+\dfrac{k_{i2}}{s}\right)\cdot(I_{rd}^*-I_{rd})=\omega_1R_rI_{rd}+\sigma X_r sI_{rd}\\ \omega_1\cdot\left(k_{p4}+\dfrac{k_{i4}}{s}\right)\cdot(I_{rq}^*-I_{rq})=\omega_1R_rI_{rq}+\sigma X_r sI_{rq}\end{cases}\tag{2-115}$$

由式（2-115）可得转子电流 d 轴和 q 轴分量的状态方程为：

$$\begin{cases}\dfrac{d\Delta i_{rd}}{dt}=\dfrac{\omega_1k_{p2}}{\sigma X_r}(\Delta i_{rd}^*-\Delta i_{rd})+\dfrac{\omega_1}{\sigma X_r}\Delta x_2-\dfrac{\omega_1R_r}{\sigma X_r}\Delta i_{rd}\\ \dfrac{d\Delta i_{rq}}{dt}=\dfrac{\omega_1k_{p4}}{\sigma X_r}(\Delta i_{rq}^*-\Delta i_{rq})+\dfrac{\omega_1}{\sigma X_r}\Delta x_4-\dfrac{\omega_1R_r}{\sigma X_r}\Delta i_{rq}\end{cases}\tag{2-116}$$

（2）网侧变换器的状态空间模型。将图 2-42 中网侧变换器的控制回路在其稳态工作点附近线性化，忽略 GSC 无功控制外环的动态特性。在惯性同步控制下，稳态时 GSC 输出电压与 d 轴重合，则有：

$$\begin{cases}u_d^{(0)}=U\\ u_q^{(0)}=0\end{cases}\tag{2-117}$$

式中：$u_{\mathrm{d}}^{(0)}$、$u_{\mathrm{q}}^{(0)}$分别为 GSC 调制电压 d 轴和 q 轴分量的稳态值[1]。

当系统受到小扰动时，会产生两个旋转 dq 坐标系。一个称为系统坐标系（$dq1$），另一个称为控制器坐标系（$dq2$），两个坐标系的夹角为 $\Delta\delta$，其关系如图 2-45 所示。

由图 2-45 可得扰动作用下调制电压的变化量可表示为：

$$\begin{cases}\Delta u_{\mathrm{d}} = U - U\cos(\Delta\delta) \approx 0 \\ \Delta u_{\mathrm{q}} = U\sin(\Delta\delta) \approx U\Delta\delta\end{cases} \tag{2-118}$$

将式（2-118）代入式（2-110）可得：

$$\begin{cases}\Delta u_{\mathrm{gd}} = u_{\mathrm{d}}^{(0)}\Delta u_{\mathrm{dc}} = U\Delta u_{\mathrm{dc}} \\ \Delta u_{\mathrm{gq}} = u_{\mathrm{dc}}^{(0)}\Delta u_{\mathrm{q}} = U\Delta\delta\end{cases} \tag{2-119}$$

根据式（2-107）可得：

$$\Delta P_{\mathrm{g}} = K_1\Delta\delta + D_1 s\Delta\delta \tag{2-120}$$

其中：

$$\begin{cases}K_1 = k_{\mathrm{SCR}}u_{\mathrm{dc}}^{(0)}U^{(0)}U_{\mathrm{g}}\cos\delta^{(0)} \\ D_1 = \dfrac{k_{\mathrm{SCR}}U^{(0)}U_{\mathrm{g}}\sin\delta^{(0)}}{\omega_1}\end{cases} \tag{2-121}$$

式中：$k_{\mathrm{SCR}}=1/Z_{\mathrm{g}}$ 为电网的短路比；Z_{g} 为 GSC 输出端与电网之间的总阻抗。

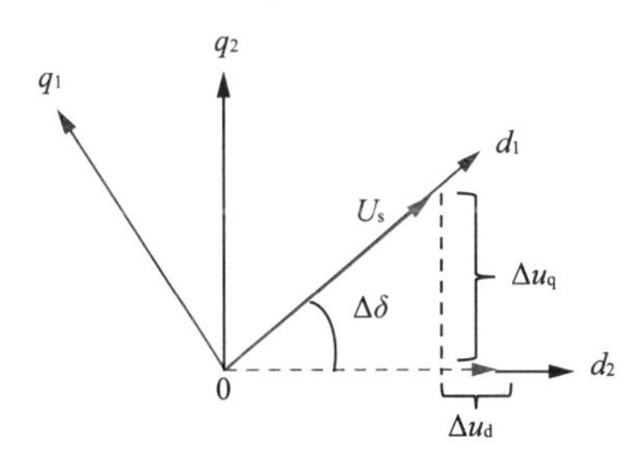

图 2-45　系统坐标系与控制器坐标系关系图

当致稳控制环节起作用时，只需在 P_{g} 的小扰动量中引入一个附加分量，则式（2-120）可修正为：

$$\Delta P_{\mathrm{g}} = K_1\Delta\delta + (D_1 + D_{\mathrm{P}})s\Delta\delta \tag{2-122}$$

[1] 文中稳态值均由上标“(0)”表示。

其中：

$$D_{\mathrm{P}}=\frac{K_{\mathrm{PSS}}k_{\mathrm{SCR}}U^{(0)}U_{\mathrm{g}}\sin\delta^{(0)}}{\omega_1} \tag{2-123}$$

将式（2-122）代入式（2-105）可以得到直流侧电压的状态方程为：

$$\frac{\mathrm{d}\Delta u_{\mathrm{dc}}}{\mathrm{d}t}=-\frac{K_1}{2H_{\mathrm{C}}}\Delta\delta-\frac{(D_1+D_{\mathrm{P}})}{2H_{\mathrm{C}}}\frac{\mathrm{d}\Delta\delta}{\mathrm{d}t}+\frac{1-S^{(0)}}{2H_{\mathrm{C}}}\Delta P_{\mathrm{s}}-\frac{P_{\mathrm{s}}^{(0)}}{2H_{\mathrm{C}}}\Delta S \tag{2-124}$$

根据式（2-124）可得：

$$\frac{\mathrm{d}\Delta\delta}{\mathrm{d}t}=\omega_1\Delta u_{\mathrm{dc}} \tag{2-125}$$

根据网侧变换器在旋转 dq 坐标系下的数学模型可以推导出 GSC 输出电流的 d 轴和 q 轴分量所对应的状态方程为：

$$\begin{cases}\dfrac{\mathrm{d}\Delta i_{\mathrm{gd}}}{\mathrm{d}t}=k_{\mathrm{SCR}}\omega_1 U\Delta u_{\mathrm{dc}}-k_{\mathrm{SCR}}\omega_1 R_{\mathrm{g}}\Delta i_{\mathrm{gd}}+\omega_1\Delta i_{\mathrm{gq}}\\ \dfrac{\mathrm{d}\Delta i_{\mathrm{gq}}}{\mathrm{d}t}=k_{\mathrm{SCR}}\omega_1 U\Delta\delta-k_{\mathrm{SCR}}\omega_1 R_{\mathrm{g}}\Delta i_{\mathrm{gq}}-\omega_1\Delta i_{\mathrm{gd}}\end{cases} \tag{2-126}$$

式中：i_{gd}、i_{gq} 分别为 GSC 输出电流的 d 轴和 q 轴分量；R_{g} 为 GSC 输出端的电阻。

通过发电机的转子运动方程可以推导出转差率的微分方程。DFIG 的转子运动方程为：

$$2H\frac{\mathrm{d}(1-s)}{\mathrm{d}t}=P_{\mathrm{m}}-(1-s)P_{\mathrm{s}} \tag{2-127}$$

式中：H 为发电机的惯性时间常数；P_{m} 为发电机的机械功率。

将式（2112）代入式（2-127）可以得到转差率的状态空间方程为：

$$\frac{\mathrm{d}\Delta S}{\mathrm{d}t}=-\frac{P_{\mathrm{s}}^{(0)}}{2H}\Delta S+\frac{(1-s^{(0)})}{2H}\frac{X_{\mathrm{m}}}{X_{\mathrm{s}}}\Delta i_{\mathrm{rd}} \tag{2-128}$$

由上述分析可得到网侧变换器的小信号控制原理图如图 2-46 所示。

综上所述，可以得到双馈风电系统的 12 阶状态空间方程为：

$$\frac{\mathrm{d}\Delta\boldsymbol{x}}{\mathrm{d}t}=\boldsymbol{A}\Delta\boldsymbol{x} \tag{2-129}$$

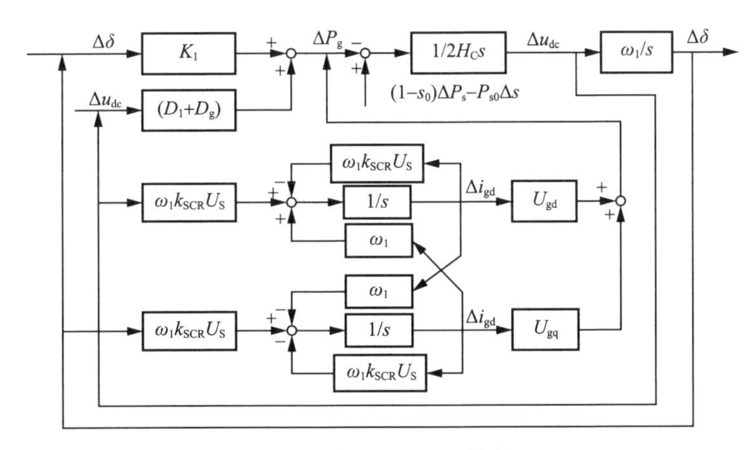

图 2-46　网侧变换器小信号控制原理图

矩阵 $\boldsymbol{A}$ 的表达式为：

$\boldsymbol{A}=$

$$
\begin{bmatrix}
-\frac{(D_1+D_P)\omega_1}{2H_C} & -\frac{K_1}{2H_C} & \frac{1-S^{(0)}}{2H_C}\frac{X_m}{X_s} & 0 & 0 & 0 & 0 & 0 & 0 & 0 & -\frac{P_s^{(0)}}{2H_C} & 0 \\
\omega_1 & 0 & 0 & 0 & 0 & 0 & 0 & 0 & 0 & 0 & 0 & 0 \\
-k_{i1}K_c & 0 & -\frac{k_{p2}\omega_1}{\sigma X_r}\left(\frac{k_{p1}X_m}{X_s}+1\right)-\frac{R_r\omega_1}{\sigma X_r} & 0 & \frac{\omega_1 k_{p2}}{\sigma X_r} & \frac{\omega_1}{\sigma X_r} & 0 & 0 & 0 & 0 & 0 & \frac{k_{i1}K_c}{T_c} \\
0 & 0 & 0 & -\frac{k_{p4}\omega_1}{\sigma X_r}\left(\frac{k_{p3}X_m}{X_s}+1\right)-\frac{R_r\omega_1}{\sigma X_r} & 0 & 0 & \frac{\omega_1 k_{p4}}{\sigma X_r} & \frac{\omega_1}{\sigma X_r} & 0 & 0 & 0 & 0 \\
-\frac{\omega_1 k_{p2}}{\sigma X_r}k_{p1}K_c & 0 & -\frac{k_{i1}X_m}{X_s} & 0 & 0 & 0 & 0 & 0 & 0 & 0 & 0 & \frac{\omega_1 k_{p2}}{\sigma X_r}\frac{k_{p1}K_c}{T_c} \\
-k_{ip2}k_{p1}K_c & 0 & -k_{i2}\left(\frac{k_{p1}X_m}{X_s}+1\right) & 0 & k_{i2} & 0 & 0 & 0 & 0 & 0 & 0 & \frac{k_{ip2}k_{p1}K_c}{T_c} \\
0 & 0 & 0 & -\frac{k_{i3}X_m}{X_s} & 0 & 0 & 0 & 0 & 0 & 0 & 0 & 0 \\
0 & 0 & 0 & -k_{i2}\left(\frac{k_{p3}X_m}{X_s}+1\right) & 0 & 0 & k_{i4} & 0 & 0 & 0 & 0 & 0 \\
k_{SCR}\omega_1 U & 0 & 0 & 0 & 0 & 0 & 0 & 0 & -k_{SCR}\omega_1 U & \omega_1 & 0 & 0 \\
0 & k_{SCR}\omega_1 U & 0 & 0 & 0 & 0 & 0 & 0 & -\omega_1 & -k_{SCR}\omega_1 U & 0 & 0 \\
0 & 0 & \frac{1-S^{(0)}}{2H}\frac{X_m}{X_s} & 0 & 0 & 0 & 0 & 0 & 0 & 0 & -\frac{P_s^{(0)}}{2H} & 0 \\
\frac{1}{T_c} & 0 & 0 & 0 & 0 & 0 & 0 & 0 & 0 & 0 & 0 & -\frac{1}{T_c}
\end{bmatrix}
$$

状态变量 Δx 为：

$$
\Delta\boldsymbol{x}=\left[\Delta u_{dc}\ \Delta\delta\ \Delta i_{rd}\ \Delta i_{rq}\ \Delta x_1\ \Delta x_2\ \Delta x_3\ \Delta x_4\ \Delta i_{gd}\ \Delta i_{gq}\ \Delta S\ \Delta x_5\right]^{\mathrm{T}}
$$

求解式（2-130）可以求出基于惯量传递 - 惯性同步控制策略的双馈风力发电系统的特征值。

$$
\det(\lambda\boldsymbol{I}-\boldsymbol{A})=0 \tag{2-130}
$$

式中：$\boldsymbol{I}$ 为 12×12 的单位矩阵；λ 为特征值；det 为求矩阵行列式函数。

双馈风力发电系统的稳定性可通过判断式（2-130）是否存在复平面右半

平面的特征值来确定。

2. 并网稳定性分析

本节重点探讨控制参数对双馈机组并网稳定性的影响，分别针对虚拟惯量控制参数和致稳控制参数展开研究。

（1）惯量传递系数 K_c 与惯量控制时间常数 T_c 的影响。为了说明惯量传递系数 K_c 和惯量控制时间常数 T_c 对双馈机组并网稳定性的作用规律，选取如下两个案例开展研究。

表 2-1　主要电路参数表

符号	符号含义	设定值
U_{sB}	额定定子电压 L-L（kV）	0.69
U_g	电网电压（kV）	35
TR	定转子匝比	0.33
S_B	额定功率（MW）	2
f_N	额定频率（Hz）	50
C	直流母线电容（mF）	5.88
L_s	定子电抗（标幺值）	0.171
L_r	转子电抗（标幺值）	0.156
L_m	互感电抗（标幺值）	3.94
R_g	电网电阻（标幺值）	0.005
H_s	系统惯性时间常数（s）	3
H_w	风机惯性时间常数（s）	0.5
R_r	转子电阻（标幺值）	0.009

表 2-2　主要控制参数表

符号	符号含义	设定值
k_p	电流内环比例放大系数	1
k_i	电流内环积分常数	10
T_p	PSS 时间常数	0.1

案例 1：双馈机组的系统参数如表 2-1 所示，k_{SCR} 取 2，T_c 取 0.4s，K_{PSS} 取 4，其他控制参数如表 2-2 所示，当 K_c 从 0 增到 4.12 变化时双馈风电系统的特征根轨迹如图 2-47 所示。

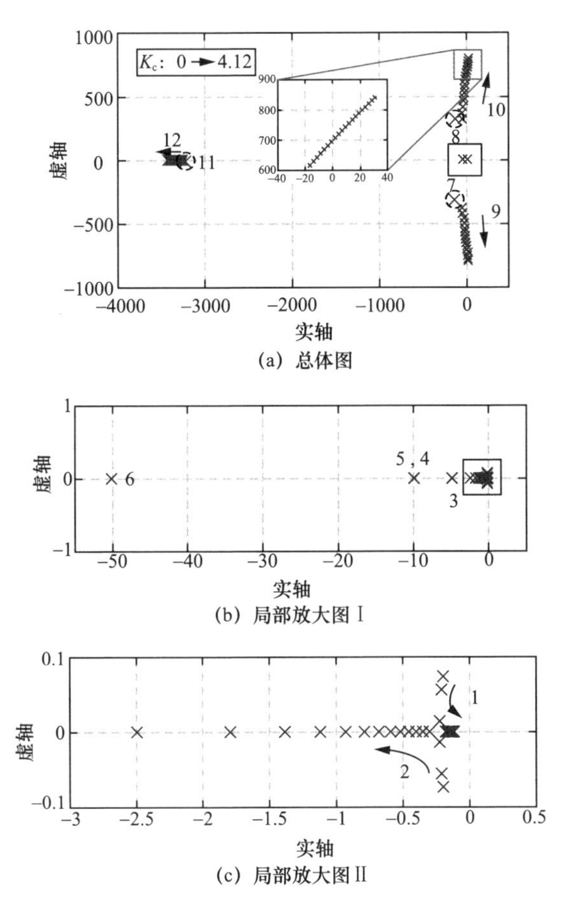

图 2-47　K_c 从 0 增到 4.12 变化时双馈风电系统特征值轨迹

案例 2：保持系统其他参数不变，T_c 分别取 0.1、0.4、1s 和 2s 时，K_c 从 0 ～ 4.12 变化时双馈风电系统的特征根轨迹如图 2-48 所示。

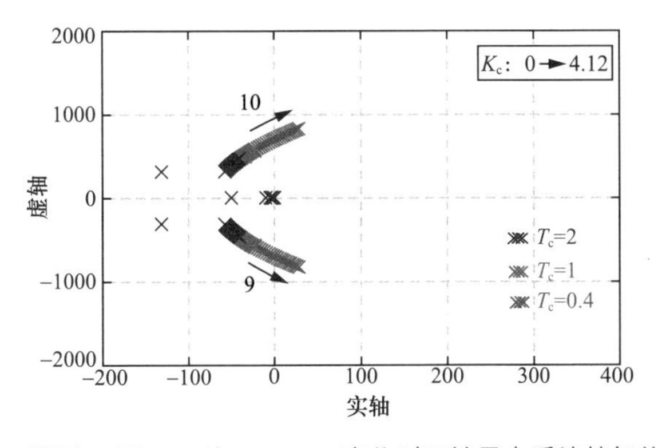

图 2-48　不同 T_c 下，K_c 从 0 ～ 4.12 变化时双馈风电系统特征值根轨迹

分析图 2-47 和图 2-48，可得到如下结论：

1）系统的最弱特征根由第 9 条和 10 条根轨迹决定，后续分析中可主要关注这两条根轨迹。

2）随惯量传递系数 K_c 的增大系统的特征根逐渐向右半平面靠近，系统的稳定裕度逐渐减小存在失稳风险，在给定的 k_{SCR}=2，T_c=0.4 s，K_{PSS}=4 下，当 $K_c \geqslant 4.12$ 时系统失稳。

3）随惯量控制时间常数 T_c 的减小，系统的特征根逐渐进入 s 的右半平面，在上述参数下，当 $T_c \leqslant 0.4$ s 时系统失稳。

4）当 $K_c<4.12$，$T_c>0.4$ s 时，可在 $k_{SCR} \geqslant 2.0$ 情况下保证机组运行稳定。

下面对自同步电压源双馈风力发电机组振荡失稳机理加以分析。由图 2-49 可知，当 $K_c \geqslant 4.12$ 时，存在两个右半平面极点，系统失稳。经计算可得，K_c=4.12 时对应实部大于 0 的两个特征根分别为 $\lambda_{9,10} = 30.32 \pm \text{j}839.11$，对应的振荡频率为 839.11 rad/s（133.54Hz）。这表明，控制参数选择不当易使自同步电压源双馈风电机组在弱电网下产生由模式 9、模式 10 引起的中高频振荡。

（2）致稳控制参数 K_{PSS} 的影响。为了说明致稳控制参数 K_{PSS} 对双馈风力发电机组并网稳定性的作用规律，选取如下两个案例开展研究。

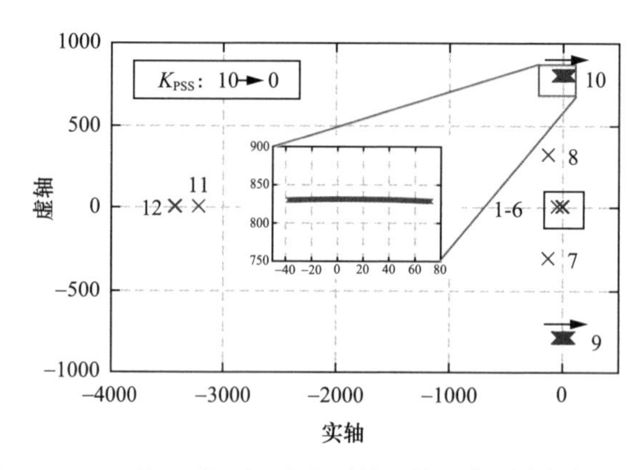

图 2-49 K_{PSS} 从 10 降到 0 变化时的双馈风电系统特征值轨迹

案例 1：k_{SCR} 取 2，K_c 取 4.12，T_c 取 0.4s。当 K_{PSS} 从 10 降到 0 变化时双馈风电系统的特征根轨迹如图 2-49 所示。

案例 2：保持系统其他参数不变，K_c 取 4.12，T_c 取 0.4 s，K_{PSS} 取 4，当 k_{SCR} 从 10 降到 1 变化时，双馈风力发电系统的特征根轨迹如图 2-50 所示。

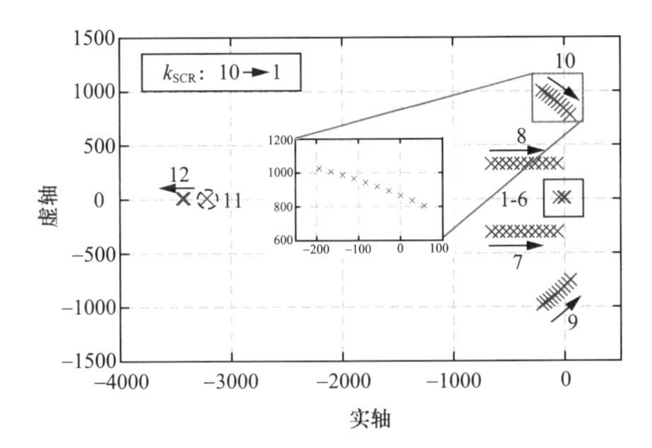

图 2-50　k_{SCR} 从 10 降到 1 变化时的双馈风力发电系统特征值轨迹

分析图 2-49 和图 2-50，可得到如下结论：

1）随着致稳控制参数 K_{PSS} 减小，系统的特征根逐渐向右半平面靠近，系统的稳定裕度逐渐减小，系统存在失稳风险，当 $K_{PSS}\leqslant 4$ 时，系统失稳。

2）随着短路比系数 k_{SCR} 减小，系统的特征根逐渐向右半平面靠近，系统的稳定裕度逐渐减小，系统存在失稳风险，当 $k_{SCR}<2$ 时，系统失稳。

3）当 $K_{PSS}>4$ 时，可在 $k_{SCR}\geqslant 2.0$ 情况下保证机组运行稳定。

（3）惯量传递系数 K_c 的参数稳定域分析。根据上述讨论，为兼顾系统的稳定性与快速性，本文中选取 $K_{PSS}=8$。当 T_c 分别取 0.4s 和 0.5s 时，给出不同 SCR 下 K_c 的参数稳定区域如图 2-51 所示，图中曲线下方的阴影区域即为参数 K_c 的稳定域。从图 2-51 中可知，随着 SCR 的减小，K_c 的稳定域有所减少；增加 T_c 的取值能够增大 K_c 的稳定域。虽然随着电网强度减弱，K_c 的稳定域有所减小，但依然具有较大的参数可调范围。

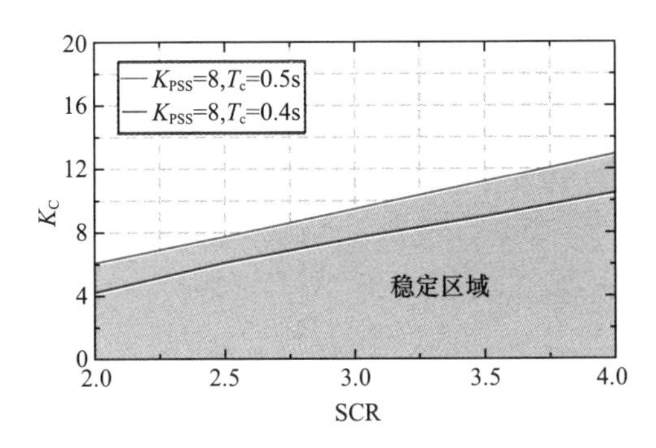

图 2-51　惯量传递控制参数 K_c 的参数稳定域

3．控制参数设计

（1）特征值对参数的灵敏度。为得到状态矩阵 $\boldsymbol{A}$ 对系统参数（如 α）的灵敏度，设状态矩阵 $\boldsymbol{A}$ 是 α 的函数，则

$$\boldsymbol{A}(\alpha)\boldsymbol{u}_i = \lambda_i \boldsymbol{u}_i \tag{2-131}$$

式中：λ_i 为第 i 个特征根；$\boldsymbol{u}_i$ 为特征根 λ_i 对应的右特征相量。

将式（2-131）两边同时对 α 求偏导，有

$$\frac{\partial \boldsymbol{A}(\alpha)}{\partial \alpha}\boldsymbol{u}_i + \boldsymbol{A}(\alpha)\frac{\partial \boldsymbol{u}_i}{\partial \alpha} = \frac{\partial \lambda_i}{\partial \alpha}\boldsymbol{u}_i + \lambda_i \frac{\partial \boldsymbol{u}_i}{\partial \alpha} \tag{2-132}$$

对式（2-132）两边同时左乘 λ_i 对应的左特征相量的转置 v_i^{T}，整理可得

$$\frac{\partial \lambda_i}{\partial \alpha} = \frac{\boldsymbol{v}_i^{\mathrm{T}} \dfrac{\partial \boldsymbol{A}(\alpha)}{\partial \alpha}\boldsymbol{u}_i}{\boldsymbol{v}_i^{\mathrm{T}}\boldsymbol{u}_i} \tag{2-133}$$

根据式（2-133）可以得到系统稳态工况下（K_{PSS}=8，T_{c}=0.4 s，K_{c}=4.12），状态矩阵 $\boldsymbol{A}$ 的各主要特征值（$\lambda_1 \sim \lambda_{10}$）对惯量传递控制参数 T_{c}、K_{c} 及致稳控制系数 K_{PSS} 的灵敏度，如表 2-3 所示。

表 2-3　　状态矩阵 $\boldsymbol{A}$ 特征值对各参数灵敏度

特征值	T_{c} / s	K_{c}	K_{PSS}
$\lambda_{1,2}$	−0.40 ± j0.58	0.11 ± j0.16	0
$\lambda_{3,4}$	11.45 , -0.01	0	0
$\lambda_{5,6}$	0	0	0,
$\lambda_{7,8}$	0	0	0
$\lambda_{9,10}$	−188.08 ± j803.86	49.50 ± j214.58	−11.03 ± 0.42j

从表 2-3 中可以看出，在此稳定状态下，惯量传递控制参数对 $\lambda_{1,2}$、$\lambda_{3,4}$ 和 $\lambda_{9,10}$ 有较大影响，对其余特征值基本无影响；致稳控制系数只对 $\lambda_{9,10}$ 有较大影响。

（2）惯量传递控制参数的设计。

1）惯量控制时间常数 T_{c} 的设计。惯量控制器时间常数 T_{c} 设计时除了考虑对并网稳定性的影响外，还应该考虑机组惯量响应的频率死区要求。式（2-110）中采用高通滤波器代替纯微分器来检测 u_{dc} 的变化率，对应高通滤波器的表达

式为：

$$G_{\mathrm{HPF}}(s)=\frac{T_{\mathrm{c}}s}{T_{\mathrm{c}}s+1} \tag{2-134}$$

式（2-110）中高通滤波器的截止频率为：

$$f_{\mathrm{c}}=\frac{1}{2\pi T_{\mathrm{c}}} \tag{2-135}$$

GB/T 36994—2018《风力发电机组电网适应性测试规程》规定当电网频率的变化率超过最小值 $\gamma_{\min}$ 时（推荐 0.3Hz/s），风力发电机组应能响应系统的频率变化率，即自同步电压源风力发电机组的虚拟惯量控制器应能滤除变化率小于 $\gamma_{\min}$ 的频率信号。

设高通滤波器对频率为 $\gamma_{\min}$ 的频率信号的增益小于 a，可得惯量控制器时间常数 T_{c} 的设计公式为：

$$T_{\mathrm{c}}\leqslant\sqrt{1-\frac{a^2}{1+a^2}}\cdot\frac{1}{2\pi\gamma_{\min}} \tag{2-136}$$

2）惯量传递系数 K_{c} 的设计。K_{c} 表征机组惯量传递的能力，与系统期望的惯性时间常数有关，因此 K_{c} 不宜过小；但是受到双馈机组自身机械和电气允许条件的限制，K_{c} 也存在上限。可以参考同等容量的同步发电机确定机组的惯量传递系数。

惯性同步双馈机组的惯性时间常数为：

$$H_{\mathrm{WT}}=K_{\mathrm{c}}+\frac{H_{\mathrm{C}}}{2}=K_{\mathrm{c}}+\frac{CU_{\mathrm{dcn}}^2}{2S_{\mathrm{n}}} \tag{2-137}$$

惯性同步双馈机组的惯性时间常数不应小于机组旋转部件的当前时间常数，其表达式为：

$$H_{\mathrm{S}}=\frac{J_{\mathrm{WT}}\omega_{\mathrm{WT}}^2+J_{\mathrm{M}}\omega_{\mathrm{m}}^2}{2P_{\mathrm{s}}}=H+H_{\mathrm{W}} \tag{2-138}$$

式中：J_{WT} 表示风轮的转动惯量；ω_{WT} 表示风轮的额定转速；J_{M} 表示发电机的转动惯量；ω_{m} 表示发电机的额定转速；H_{W} 表示风机的惯性时间常数。则可得惯量传递控制参数 K_{c} 的设计条件为：

$$K_{\mathrm{c}} \geqslant H_{\mathrm{s}} - \frac{CU_{\mathrm{dcn}}^{2}}{2S_{\mathrm{n}}} \tag{2-139}$$

（3）致稳控制参数的设计。K_{PSS} 的物理意义是直流电压实时映射电网频率的阻尼系数，K_{PSS} 较大可以抑制电网频率变化时直流电压响应过程中的振荡，但也会影响直流电压对电网频率的跟踪性能，增加惯量响应的响应时间。

直流侧电压变化量 Δu_{dc} 与电网电压频率变化量 $\Delta \omega_{1}$ 之间的关系为：

$$\Delta u_{\mathrm{dc}} = \frac{\dfrac{u_{\mathrm{dc}}^{(0)} U^{(0)} U_{\mathrm{s}}^{(0)} \omega_{1} \cos\delta}{2x_{\mathrm{g}} H_{\mathrm{C}}}}{G(s)} \Delta \omega_{1} \tag{2-140}$$

其中：

$$G(s) = s^{2} + \frac{(K_{\mathrm{PSS}} u_{\mathrm{dc}}^{(0)} U_{\mathrm{s}}^{(0)} \sin\delta + U^{(0)} U_{\mathrm{s}}^{(0)} \sin\delta)}{2x_{\mathrm{g}} H_{\mathrm{C}}} s + \frac{u_{\mathrm{dc}}^{(0)} U^{(0)} U_{\mathrm{s}}^{(0)} \omega_{1} \cos\delta}{2x_{\mathrm{g}} H_{\mathrm{C}}} \tag{2-141}$$

式中：x_{g} 为 GSC 输出端与电网之间的总感抗；$U^{(0)}$ 为稳态时调制电压幅值。

由式（2-141）可以看出，增大 GSC 的致稳控制系数 K_{PSS} 能够增大该 2 阶系统的阻尼比，从而减小电网频率变化时直流电压响应过程中的振荡，但增大阻尼比会使系统响应的起始部分趋于缓慢。由于直流电压标幺值变化量较小（仅为 0.01），所以调节时间可忽略不计，考虑将系统的上升时间限制在 30 ms。2 阶系统上升时间的近似公式为：

$$t_{\mathrm{r}} = \frac{1 - 0.4167\xi + 2.917\xi^{2}}{\omega_{\mathrm{n}}} \tag{2-142}$$

式中：t_{r} 为有功上升时间；ξ 为 2 阶系统阻尼比；ω_{n} 为 2 阶系统无阻尼自然角频率。

2.3.3 仿真验证

利用 PSCAD/EMTDC 仿真软件搭建了 2MW 双馈风电系统的仿真模型，通过仿真对本文中自同步电压源双馈风电系统弱电网运行稳定性分析以及控制参数设计方法进行验证，仿真参数如表 2-1 所示。

1．弱电网运行稳定性仿真

选取如下 3 个仿真工况，验证控制参数的改变对双馈风力发电机组弱网运行稳定性的影响：

（1）考虑系统短路比为 2.0，取 T_c=0.4s，K_{PSS}=4，惯量传递控制比例系数 K_c 初始值为 3，在 20s 时增大为 4.12。机组的仿真运行波形如图 2-52 所示。

（2）考虑系统短路比为 2.0，取 K_c=4.12，K_{PSS}=4，惯量传递控制时间常数 T_c 初始值为 0.5s，在 20s 时减小为 0.4 s。机组的仿真运行波形如图 2-53 所示。

（3）考虑系统短路比为 2.0，取 K_c=4.12，T_c=0.4 s，致稳控制系数 K_{PSS} 初始值为 8，在 20 s 时减小为 4。机组的仿真运行波形如图 2-54 所示。

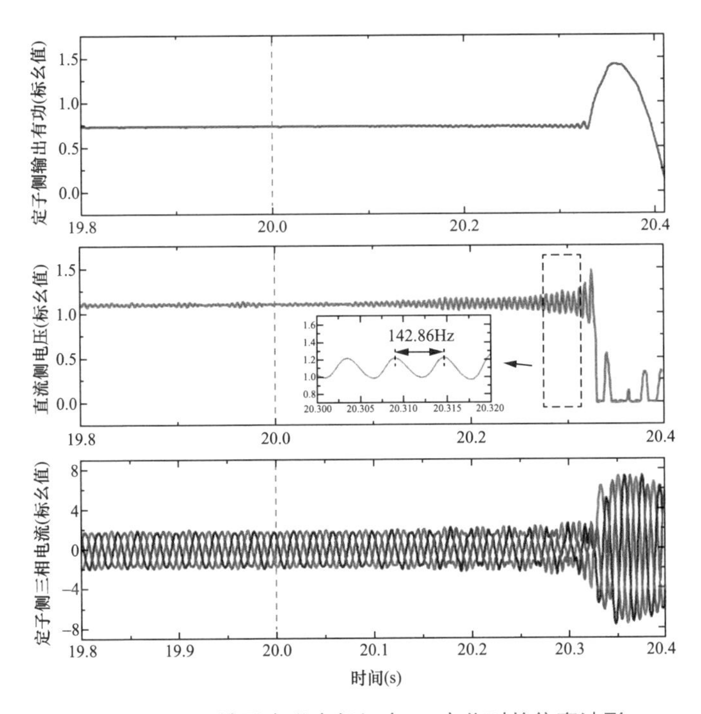

图 2-52　双馈风力发电机组在 K_c 变化时的仿真波形

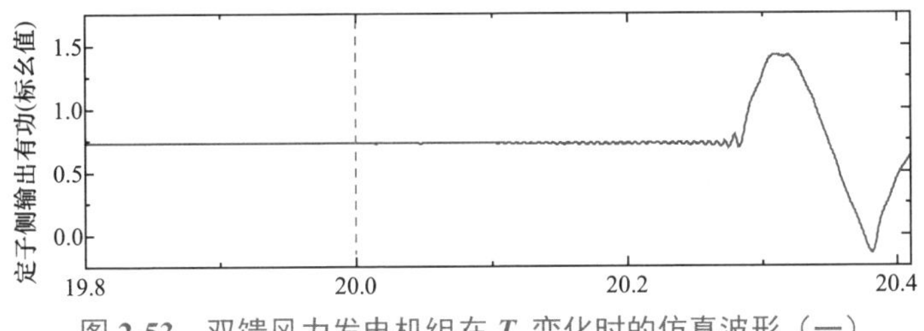

图 2-53　双馈风力发电机组在 T_c 变化时的仿真波形（一）

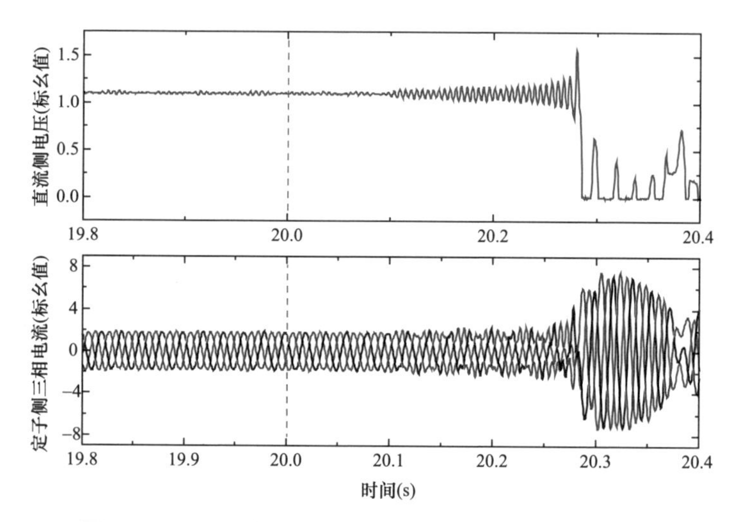

图 2-53　双馈风力发电机组在 T_c 变化时的仿真波形（二）

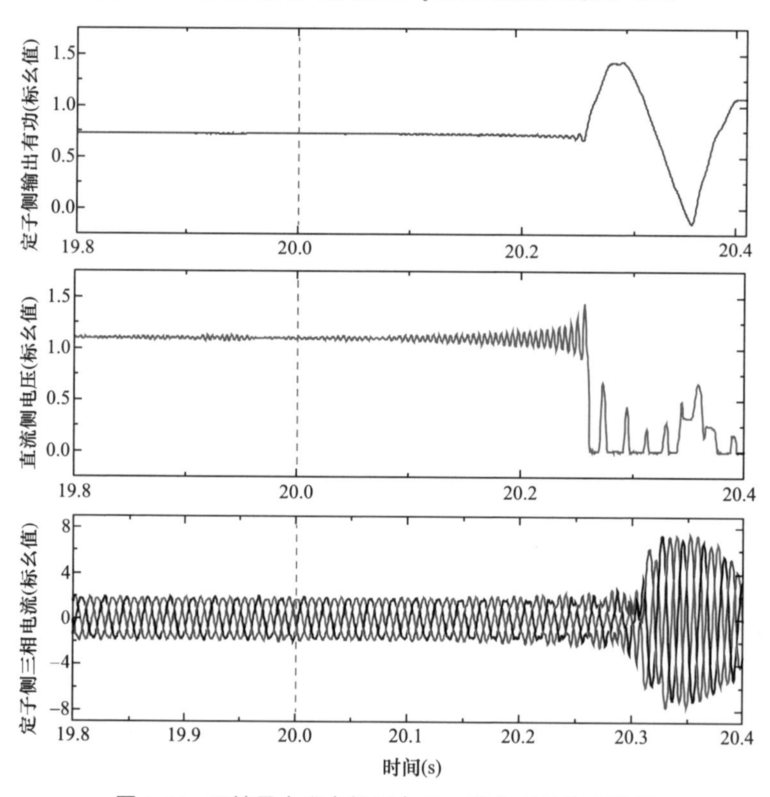

图 2-54　双馈风力发电机组在 K_{PSS} 变化时的仿真波形

分析图 2-52～图 2-54，可得到如下结论：

1）电网短路比为 2，T_c 为 0.4s，K_{PSS} 为 4 时，K_c≥4.12 则系统不稳定，表

明惯量传递控制比例系数过大时会导致系统运行失稳。

2）电网短路比为 2，K_c 为 4.12，K_{PSS} 为 4 时，$T_c \leqslant 0.4s$ 则系统不稳定，表明惯量传递控制时间常数过小会导致系统运行失稳。

3）电网短路比为 2，K_c 为 4.12，T_c 为 0.4s 时，$K_{PSS} \leqslant 4$ 则系统不稳定，表明过小的致稳控制系数会导致系统运行失稳。

4）系统的振荡频率为 897.61 rad/s（142.86Hz），仿真波形验证了控制参数对自同步电压源双馈机组弱电网运行稳定性理论分析的正确性。

2．控制参数特性分析

选取如下 3 个仿真工况验证控制参数设计的合理性。

（1）惯量传递控制时间常数。考虑系统短路比为 2.0，取 T_c=0.53s，K_c=4.12，K_{PSS}=8，电网频率的初始值为 50Hz，在 20 s 时分别以 0.5、0.3、0.1Hz/s 的变化率由 50Hz 下降到 49.5Hz。不同电网频率变化率下双馈机组的惯量响应波形如图 2-55 所示。

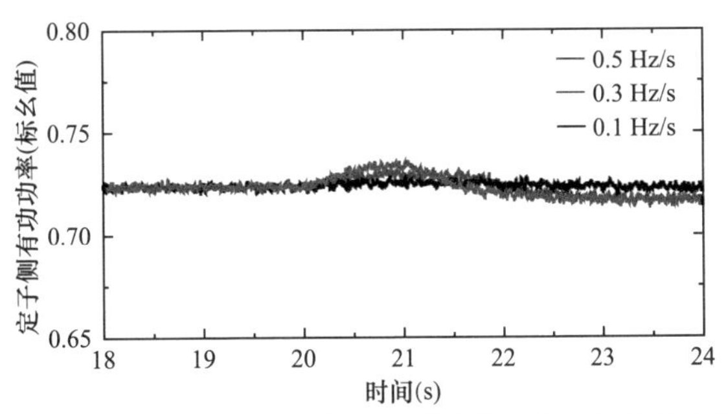

图 2-55 不同电网频率变化率下双馈机组的惯量响应波形

（2）惯量传递控制比例系数。考虑系统短路比为 2.0，取 T_c=0.4s，K_{PSS}=8，惯量传递控制比例系数 K_c 分别取 0.25 和 4.12。不同 K_c 下双馈风力发电机组的惯量响应波形如图 2-56 所示。

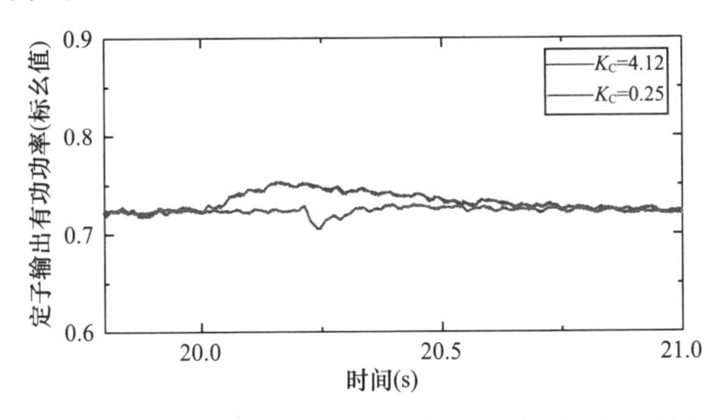

图 2-56 不同 K_c 下双馈风力发电机组的惯量响应波形

（3）致稳控制系数。考虑系统短路比为 2.0，取 K_c=4.12，T_c=0.4s，电网频率的初始值为 50Hz，在 18s 时由 50Hz 阶跃上升到 50.5Hz，致稳控制系数 K_{PSS} 分别取 8、10 及 22。不同 K_{PSS} 下双馈风力发电机组的直流母线电压波形如图 2-57 所示。

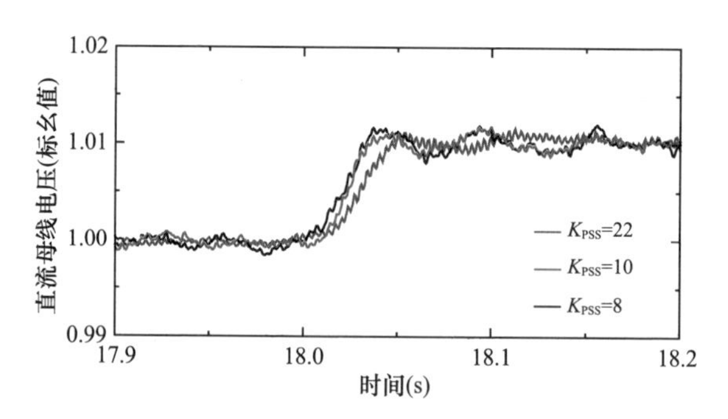

图 2-57　不同 K_{PSS} 下双馈风力发电机组直流母线电压波形

分析图 2-55～图 2-57，可得出如下结论：

1）当 0.4 s≤T_c≤0.53s 时，机组对 0.1Hz/s 的频率事件不响应，而对频率变化率≥0.3 Hz/s 的频率事件可准确进行惯量响应。

2）在系统稳定运行范围内（2.99≤K_c＜4.12），随 K_c 的增大，机组的惯性时间常数增大，机组释放功率的持续时间长且幅度大。

3）当 4＜K_{PSS}≤21.86 时，若电网频率标幺值阶跃上升 0.01，直流母线电压能够实时跟踪频率变化且上升时间均≤30ms。直流母线电压上升时间随 K_{PSS} 的增大而增加。

4）仿真波形验证了控制参数设计方法的正确性，但双馈风力发电机组的弱电网稳定运行和惯量响应性能之间存在矛盾。只有选择适当的控制参数，才能使机组在这两方面兼具较好的性能。

3．稳态运行仿真

图 2-58 给出双馈风力发电机组在轻载（10%）、半载和满载 3 个不同工作点下的仿真运行波形。考虑系统短路比为 2.0，取 T_c=0.3 s，K_c=3.0，K_{PSS}=21.0。由图 2-58 可知，设计的控制参数可保证双馈风力发电机组在亚同步、超同步及同步 3 种工作状态下均具有良好的稳定运行能力，仿真波形验证了控制参数设计方法的正确性。

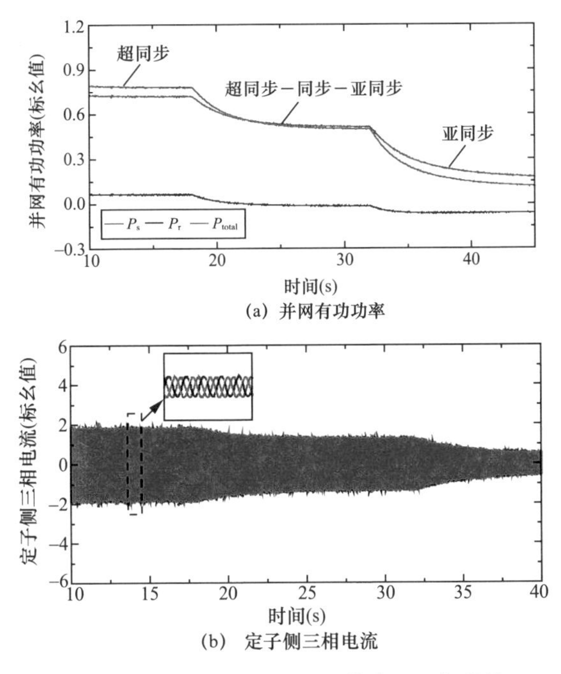

图 2-58　双馈机组在不同工作点下运行曲线

本 章 小 结

本章对风力发电机组的基础知识以及其自同步电压源运行原理与运行特性进行了介绍分析，包括风资源特性及发电基本原理、有功备用式直驱风力发电机组的自同步电压源控制、风电自同步电压源 MPPT 稳定运行区间及特性、网侧并网阻尼控制技术、机侧致稳控制技术和直驱风力发电自同步电压源运行特性仿真分析。

自同步电压源风力发电机组的变换器直流侧电压具有与同步发电机转速类似的动态特性。同理，网侧变换器的调制电压可类比为同步发电机的转子磁链，直流电容的惯量时间常数可类比为同步发电机转子的惯量时间常数。

提出了电压源风力发电机组利用有功备用实现一次调频的控制方法。采用一种减载运行下的最大功率跟踪控制方案，该控制方案根据不同风况，通过增加桨距角为一次调频预留合理的备用容量，并利用风力机特性，进一步确定减载后功率跟踪曲线比例系数，使机组仍追踪最大功率点轨迹。

通过在网侧变换器加入的稳定及频率感知综合控制器，一方面能够增大直流电压对电网电压幅值的二阶响应函数的阻尼，减小因电网电压幅值变化引起的直流电压波动；另一方面，也能够提高直流电压应对电网频率变化时的响应速度，从而使直流电压仅感知电网频率变化，对电网电压幅值变化不敏感。通过在机侧变换器控制环路中加入的惯量传递控制，提高了风力发电机组直流侧的等效惯量，使风力发电机组有效地实现了对电网的惯量响应功能。

仿真结果验证了自同步电压源风力发电机组可实现无锁相环自主同步电网，其直流电压可实时映射电网频率波动，模拟了同步机的运动方程，具有阻尼电网频率波动的惯量响应能力。通过在机侧变换器引入惯量传递环节，可有效提取机组的转动惯量，提升机组的惯量响应能力。

第3章 光伏与储能自同步电压源

随着电力电子接口渗透率快速提升，大规模传统新能源发电的接入给电网运行控制与安全稳定问题带来了巨大的挑战。主要体现在：①系统同步旋转惯量的大幅下降。同步旋转惯量越大，系统频率受发电出力和负荷的变化速率就越小，频率抗扰动能力就越强。然而大规模传统新能源发电的接入，使得不具备旋转惯量的新能源在电网中的占比大大提高。以甘肃电网为例，传统新能源接入占比已经超过61%。此外，具备同步旋转惯量的常规水火电机组常处于计划性停机状态，使得电网中的旋转惯量进一步降低；②电网的一次调频能力逐渐削弱。按照电网调度要求，运行的常规水火电机组需保留6%～8%的一次调频备用容量。不具备一次调频能力的新能源占比的提升，使得系统的一次调频备用容量将无法满足系统要求；③系统电压稳定水平受到新能源接入的严峻挑战。电压稳定水平是新能源安全可靠接入的前提，新能源发电事故的暂态过程中对系统电压稳定具有重大的影响。

同步发电机具有对电网天然友好的优势，若利用电力电子系统控制灵活的特点，使得并网逆变器具有同步发电机的外特性，必然能实现含有电力电子并网装置的新能源发电系统的友好接入，并提高电力系统稳定性。目前，VSG技术已经在分布式发电和微电网领域得到国内外学者的广泛关注。但在这些领域中，VSG输入直流侧电源主要以储能电池为主，即假设直流侧模拟的虚拟原动机为一类“电压恒定、容量无限的动力源”，故在一定程度上忽略了直流侧动态特性的影响。对于新能源光伏发电而言，光伏电源出力易受外界环境因素影响，具有较强的随机性和波动性。因此，传统VSG无论从系统拓扑架构还是控制策略本身均难适用于新能源光伏储能发电领域。本章节所提光伏储能自同步电压源，充分考虑了直流侧控制，并具备可向交流侧电网提供必要的频率及电压支撑能力。

3.1 光资源特性及光伏电池建模

3.1.1 光资源特性及发电基本原理

光伏效应是吸光材料吸收光子，释放电荷，将光能直接转化为电能的过程。人们利用这一效应可以实现发电，并将最基本的发电单元称为光伏电池（photo voltaic cells）。

1．辐照度和太阳辐射

辐照度是表征单位面积上瞬时接收的太阳辐射入射通量的物理量，单位用 kW/m^2 表示。太阳在外大气层的辐照度为 $1.373kW/m^2$，但是地球表面能接收的最大辐照度仅为 $1kW/m^2$。太阳光在给定时间向特定区域辐射的能量用辐射量来衡量，是辐照度在时间上的积分。参考标准辐照度 $1000W/m^2$，日照时间通常以小时计算。图 3-1 给出了辐照度和日照时间之间的关系。

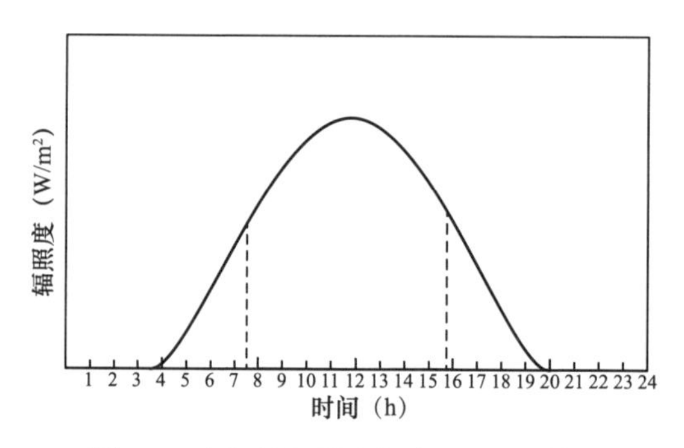

图 3-1　太阳的辐照度与太阳日照时间

太阳光辐射的能量由光子自身携带的能量 E_{ph} 组成。E_{ph} 满足下式：

$$E_{ph} = h\frac{c}{\lambda} \tag{3-1}$$

式中：h 为普朗克常数；c 为光速；λ 为入射光的波长。

全辐射主要由 3 部分组成：①直接太阳辐射，直接来自太阳的被接收的太阳辐射；②被大气层或云层散射的散射辐射；③由于地面反射产生的反射辐射。

太阳的辐照度可以用日射强度计测量总辐射或者使用日温计测量直接辐射，在一段时间内辐照度的积分就是太阳辐射。

2. 发电基本原理

太阳能是一种辐射能，它必须借助于能量转换器才能直接转换为电能。这种把光能转换成电能的能量转换器，就是光伏电池。光伏电池是以光生伏打效应为基础，可以把光能直接转换成电能。所谓的光生伏打效应是指某种材料在吸收了光能之后产生电动势的效应。在气体、液体和固体中均可产生这种效应。在固体，特别是半导体材料中，光能转换为电能的效率相对较高。光生伏打效应如图 3-2 所示。

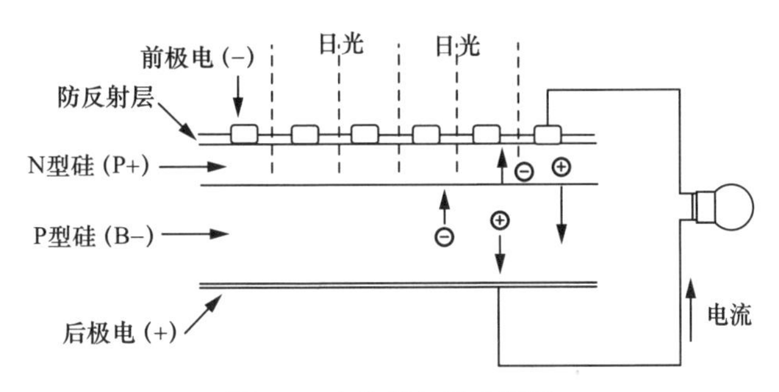

图 3-2 光生伏打效应简图

光伏电池本质上是一个 PN 结。通常，用于光伏电池的半导体材料是一种介于导体和绝缘体之间的特殊物质。和任何物质的原子一样，半导体的原子也是由带正电的原子核和带负电的电子组成，半导体硅原子的外层有 4 个电子，按固定轨道围绕原子核转动。当受到外来能量的作用时，这些电子就会脱离轨道而成为自由电子，并在原来的位置上留下一个“空穴”，在纯净的硅晶体中，自由电子和空穴的数目是相等的。如果在硅晶体中掺入硼等元素，由于这些元素能够俘获电子，它就成了空穴型半导体，通常用符号 P 表示；如果掺入能够释放电子的磷、砷等元素，它就成了电子型半导体，以符号 N 表示。若把这两种半导体结合，交界面便形成一个 PN 结。光伏电池的奥妙就在这个“结”上，PN 结就像一堵墙，阻碍着电子和空穴的移动。如图 3-2 所示，当光伏电池受到阳光照射时，电子接收光能，向 N 型区移动，使 N 型区带负电，同时空穴向 P 型区移动，使 P 型区带正电。这样，在 PN 结两端便产生了电动势，也就是通常所说的电压。这种现象就是上面所说的“光生伏打效应”。如果这时分别在 P 型层和 N 型层焊上金属导线，接通负载，则外电路便有电流通过，如此形成的一个个电池元件，把它们串联、并联起来，就能产生一定的电压和电流，并输出功率。

制造光伏电池的半导体材料已知的有十几种，因此光伏电池的种类也很多。目前，技术最成熟，并具有商业价值的光伏电池要算硅光伏电池。

3.1.2 光伏电池阵列及数学模型

为了在光伏发电系统的设计中，更好的分析光伏阵列的电性能，更好的使其与光伏控制系统匹配，达到最佳的发电效果，则有必要为光伏电池建立起数学模型。通过这些数学关系，来反映出光伏电池各项参数的变化规律。

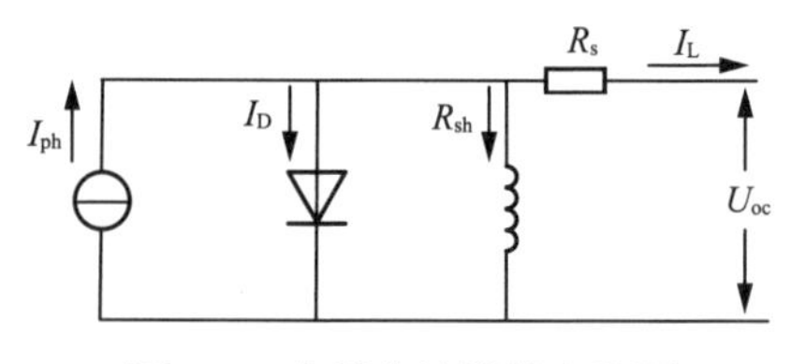

图 3-3 光伏电池等效电路图

光伏电池之等效电路如图 3-3 所示。由图 3-3 中各物理量的关系，可得光伏电池的输出特性方程：

$$I_L = I_{ph} - I_D - \frac{U_D}{R_{sh}} = I_{ph} - I_o\left[\exp\left(\frac{U_{oc} + I_L R_s}{AkT}\right)\right] - \frac{U_D}{R_{sh}} \tag{3-2}$$

其中：

$$I_o = I_{or}\left(\frac{T}{T_r}\right)\exp\left[\frac{qE_G}{Bk}\left(\frac{1}{T_r} - \frac{1}{T}\right)\right] \tag{3-3}$$

$$I_{ph} = [I_{SC} - K_t(T - 298)] \cdot \frac{G}{1000} \tag{3-4}$$

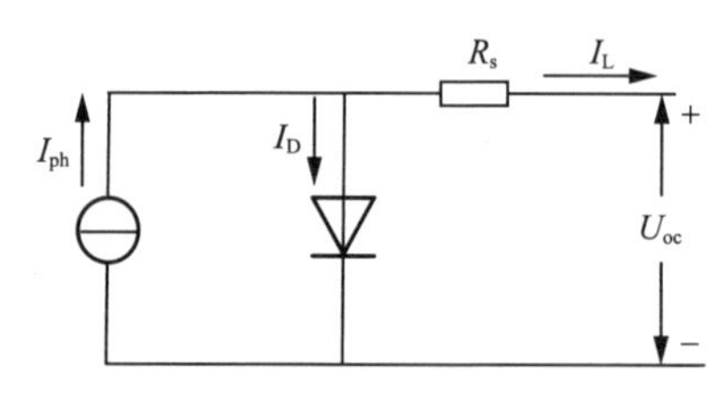

图 3-4 光伏电池等效简化电路

一般讨论实际等效电路时，可忽略 R_s 或 R_{sh}。对光伏电池等效电路进行分析可以发现：串联电阻 R_s 越大，则短路电流会越小，但不会对开路电压造成大影响；并联电阻 R_{sh} 越大，则开路电压会变小，但不会影响到短路电流。由于 R_{sh} 为数千欧姆，因此，在下面的讨论中将忽略 R_{sh}，得到光伏电池的简化等效电路如图 3-4 所示，并且得到简化的光伏电池输出特性方程为：

$$I_L = I_{ph} - I_o\left[\exp\frac{q(U_{oc}+I_L R_s)}{AkT} - 1\right] \tag{3-5}$$

在外部负载短路的情况下，即 U_{oc}=0，此时光伏电流 I_{ph} 全部流向外部的短路负载，短路电流 I_{SC} 几乎等于光电流，有 $I_{SC}=I_{ph}$；在处于开路状态时，I=0，光电流全部流经二极管 VD，此时开路电压为：

$$U_{oc} = \frac{AkT}{q}\ln\left(\frac{I_{ph}}{I_o}+1\right) \tag{3-6}$$

从式（3-4）以看出，光伏电池的输出电流和电压受到外界因素，如温度、日照强度等的影响。在不同的温度、日照强度下有不同的短路电流 I_{SC}，并且与日照强度成正比，与温度成一定的线性关系。同时，开路电压也与二者有密切的关系，即：

$$U_{oc} = U_{ocs} - K_T(T-298) \tag{3-7}$$

式中：U_{ocs} 为标准测试条件（光伏电池温度为 25℃，日照强度为 1000W/m^2，称之为标准测试条件）下的开路电压；K_T 为开路电压的温度系数。

表 3-1　　　　单个光伏电池等效电路参数表

参数名	描述	类型
I_L	光伏电池输出电流	变量
U_{oc}	光伏电池输出电压	变量
I_o	光伏电池反向饱和电流	常量
T	光伏电池温度	常量
k	玻尔兹曼常数	常量 1.38×10^{-23}J/K
G	日照强度变量	日照强度变量
I_{ph}	光生电流变量	光生电流变量
q	电子电量	常量 1.6×10^{-19}C
I_{or}	二极管反向饱和电流	常量
T_r	参考温度	301.18K
E_G	半导体材料禁带宽度	常量
K_t	短路电流温度系数	常量
A、B	理想因子	介于 1 ～ 2 之间
I_{sc}	标准测试条件下短路电流	常量

光伏阵列是由许多小单位的光伏电池并联或串联组合所组成的。光伏电池串联组合可以提高太阳能发电系统的最高输出直流电压；光伏电池并联组合可以提高太阳能发电系统的最高输出直流电流。因此，通过对光伏电池串、并联交替组合可以得到期望的直流电压或电流。据此可以得到光伏电池模组的输出特性方程为：

$$I_{\mathrm{L}}=n_{\mathrm{p}}I_{\mathrm{ph}}-n_{\mathrm{p}}I_{\mathrm{o}}\left[\exp\frac{q(U_{\mathrm{oc}}+I_{\mathrm{L}}R_{\mathrm{s}})}{AkT}-1\right] \tag{3-8}$$

式中：n_{p}、n_{s} 分别为模组中光伏电池的并联、串联个数。

3.2 光伏自同步电压源控制原理

为提升新能源光伏发电并网适应性以及在极弱电网工况下的频率电压支撑能力，借鉴同步发电机的原理及其对电网频率和电压支撑能力，并留有一定的有功备用容量，最终形成有功备用式光伏自同步电压源（PV-SVI）。PV-SVI 从控制算法。在不依靠传统发电系统和储能的情况下能够显著增强光伏并网系统稳定性：在并网方面，通过控制策略模拟同步机的运行特性，在 SCR 极低的情况下也可实现与电网相位的可靠快速同步；在对电网的频率电压支撑方面，通过引入阻尼和有功下垂控制环实现对电网的惯性调频和一次调频功能；通过引入无功控制环实现对电网的一次调压功能。该光伏自同步电压源可在电网发生故障时，具备独立建压并向负载供电的构网能力。

3.2.1 光伏自同步电压源控制

3.2.1.1 光伏自同步电压源交流侧控制策略

1．光伏自同步电压源系统架构

光伏自同步电压源 PV-SVI 模拟传统同步发电机特性，需要提供额外的有功功率自主响应电网频率变化，参与系统惯量调频与一次调频。通常情况下，当光伏电池板的内部特性已知时，光伏板的输出功率与辐照度、环境温度等外界条件呈非线性函数关系，不同外界条件下光伏板存在不同且唯一的最大功率点。为了最大限度提高发电量，传统光伏发电系统一般采用 MPPT 工作模式使光伏系统运行在最大功率点 $P_{\max}$，此时在电网频率事件中光伏几乎不具备频率电压支撑能力，无法再提供额外的有功出力。故在光伏自同步电压源系统架构中可以通过配置一定比例的储能及相应的能量变换装置、或在无储能设备情况下采用有功备用控制策略实现其对电网频率的支撑。

PV-SVI 系统拓扑结构如图 3-5 所示，其主电路由光伏电池阵列、直流支撑电容、DC-AC 逆变桥、*LC* 滤波器、负载、开关和电网等组成；其中光伏电池阵列作为电源，根据辐射度和环境温度，将光能转换为直流电压、电流输入到逆变器直流端口；直流电容的容量一般足够大，用于缓冲前后级能量变化，同时实现了前后级控制上的解耦作用；三相逆变桥通过 PWM 开关触发，将直流电压电流信号转换为交流信号，从而实现功率的传递；LC 滤波器主要用于抑制交流电压电流谐波；经过滤波后的电压电流通过并网开关并网。

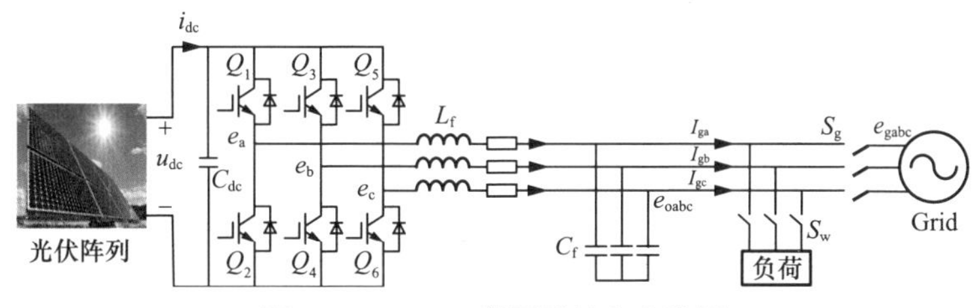

图 3-5　PV-SVI 并网系统主电路图

2. 交流侧系统控制策略

从 PV-SVI 交流侧控制部分主电路与同步发电机电气部分等效的角度来看，可以认为逆变器三相桥臂中点电压 e_{abc} 的基波模拟同步发电机的内电动势，逆变器侧电感 L_f 模拟同步发电机的同步电抗，逆变器输出电压（电容电压）e_{oabc} 模拟同步发电机的端电压，输出电感电流模拟同步发电机输出电流。

光伏自同步电压源通过有功功率控制环，模拟并实现了光伏发电系统的惯量调频与一次调频功能（频率 – 有功功率下垂功能）。有功功率控制中，总的有功功率指令 P_m 由电网频率稳态时的有功功率参考 P_{ref} 和电网频率波动时的下垂有功功率 P_{Dp} 构成。其中，稳态有功功率参考 P_{ref} 可等效视为光伏电池输出功率，对应电网额定角频率 ω_n（该值通常由上一层调度给出）；下垂有功功率 P_{Dp} 指当电网测量频率 ω_g 与额定频率 ω_n 不同时，频率偏差通过下垂控制 D_p 得到的调节功率，从而改变光伏逆变器的输出功率。光伏逆变器的输出功率与电网电压角频率关系式如下：

$$P_m = P_{ref} + P_{Dp} \tag{3-9}$$

$$P_{\mathrm{Dp}} = D_{\mathrm{p}}(\omega_{\mathrm{n}} - \omega_{\mathrm{g}}) \tag{3-10}$$

式中：P_{m} 为光伏逆变器输出总的有功功率；P_{ref} 为电网频率稳态下光伏电池板输出有功功率；P_{Dp} 为电网频率波动时由储能设备额外释放的有功功率或由光伏电池板释放的备用有功功率。D_{p} 为频率－有功功率下垂系数；ω_{n} 为电网额定角频率；ω_{g} 为电网实时测量角频率。

考虑阻尼绕组的影响，光伏自同步电压源转子的机械运动方程表达式为：

$$P_{\mathrm{m}} - K_{\mathrm{d}}(\omega - \omega_{\mathrm{g}}) - P_{\mathrm{e}} = J\omega\frac{\mathrm{d}\omega}{\mathrm{d}t} \approx J\omega_n\frac{\mathrm{d}\omega}{\mathrm{d}t} \tag{3-11}$$

式中：P_{e} 为同步发电机的电磁功率；J 为同步发电机的转动惯量；K_{d} 为机械阻尼系数。

联立式（3-9）～式（3-11），可以得到考虑调速器作用后 PV-SVI 的交流侧有功环路方程：

$$P_{\mathrm{ref}} + D_{\mathrm{p}}(\omega_{\mathrm{n}} - \omega_{\mathrm{g}}) - K_{\mathrm{d}}(\omega - \omega_{\mathrm{g}}) - P_{\mathrm{e}} \approx J\omega_{\mathrm{n}}\frac{\mathrm{d}\omega}{\mathrm{d}t} \tag{3-12}$$

由式（3-12）可以看出，PV-SVI 的交流侧有功环路很好地模拟了同步发电机的惯性、阻尼及一次调频特性。PV-SVI 有功调节控制环如图 3-6 所示。

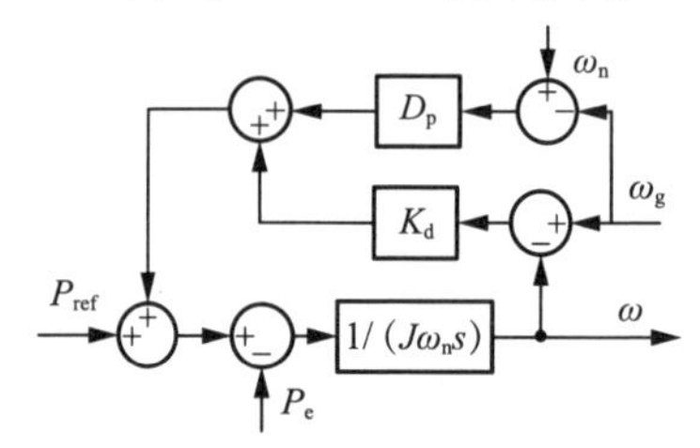

图 3-6　**PV-SVI** 有功调节控制环

在模拟同步发电机励磁控制器与一次调压性能时，为了维持光伏自同步电压源输出电压的恒定，控制系统中模拟的励磁控制器的闭环控制方程如下：

$$i_{\mathrm{f}} = G_{\mathrm{e}}(s)(U_{\mathrm{ref}} - U_{\mathrm{o}}) \tag{3-13}$$

式中：U_{ref} 为参考电压幅值；U_{o} 为光伏自同步电压源输出电压幅值；$G_{\mathrm{e}}(s)$ 为励磁控制器的调节器传递函数。为了保证输出电压能够无静差地跟踪参考电压，$G_{\mathrm{e}}(s)$ 中必须含有积分环节，可选择积分调节器或 PI 调节器等。

为了实现光伏自同步电压源一次调压功能（电压—无功功率下垂功能），其参考电压的幅值会随着其输出的无功功率变化而变化，变化规律为：

$$U_{\mathrm{ref}} = U_{\mathrm{n}} + \frac{1}{D_{\mathrm{q}}}(Q_{\mathrm{ref}} - Q_{\mathrm{e}}) \tag{3-14}$$

式中：U_n 为额定电压幅值；Q_{ref} 为无功功率给定（对应于额定电压 U_n），该值通常由上一层调度给出；Q_e 为 PV-SVI 实际输出无功功率；D_q 为电压－无功功率下垂系数。

联立式（3-14）和式（3-15），可以得到考虑一次调压作用后励磁控制器的闭环控制方程：

$$i_f = \frac{G_e(s)}{D_q}[D_q(U_n - U_o) + (Q_{ref} - Q_e)] \tag{3-15}$$

当取 $G_e(s)$ 为积分调节器时，令 $G_e(s)/D_q=1/K{\cdot}s$，则式（3-15）可以改写为：

$$i_f = \frac{1}{K\cdot s}[D_q(U_n - U_o) + (Q_{ref} - Q_e)] \tag{3-16}$$

式（3-16）描述了 PV-SVI 交流侧励磁控制器的闭环控制方程。由于励磁调节器通过控制机端电压变化来间接控制光伏自同步电压源无功功率输出，而对于以高频电力电子开关控制的逆变器来说，调制波在低频段与桥臂输出电压（等效为逆变器机端电压）可近似视为比例关系。因此，可令式（3-16）励磁调节器的输出直接为 PV-SVI 调制波电压的幅值，则式（3-16）可以改写为：

$$E_m = \frac{1}{K\cdot s}[D_q(U_n - U_o) + (Q_{ref} - Q_e)] \tag{3-17}$$

由式（3-17）可以看出，PV-SVI 交流侧的无功环路模拟了同步发电机的一次调压特性。PV-SVI 无功调节控制环如图 3-7 所示。

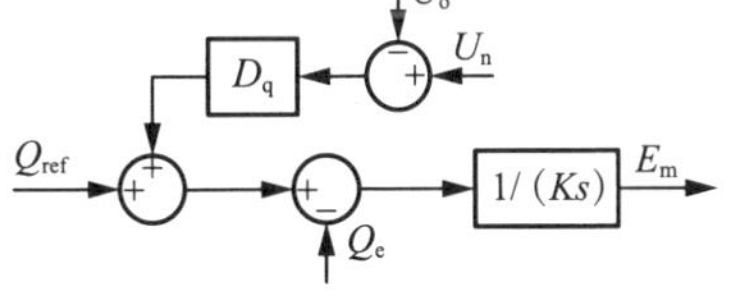

图 3-7　PV-SVI 无功调节控制环

PV-SVI 有功控制环和无功控制环分别模拟了同步发电机的惯量阻尼及自动调频调压特性。其中，有功控制环的输出作为逆变器桥臂电压指令的频率和相位，无功控制环的输出作为逆变器桥臂电压的幅值，则三相调制波 e_{ma}、e_{mb} 和 e_{mc} 的表达式为：

$$\begin{cases} e_{ma} = E_m \sin\theta \\ e_{mb} = E_m \sin(\theta - 120°) \\ e_{mc} = E_m \sin(\theta + 120°) \end{cases} \tag{3-18}$$

至此，引入虚拟阻抗以获得 PV-SVI 交流侧电流内环指令在三相静止坐标系下的参考：

$$i_{\text{Lrefabc}} = (e_{\text{mabc}} - e_{\text{gabc}})\frac{1}{sL_{\text{f}} + r_{\text{f}}} \tag{3-19}$$

式中：L_{f}、r_{f} 分别为所构建的虚拟阻抗电感与其寄生电阻；e_{gabc} 为三相电网电压。

将所获得的电流内环指令参考与采样所获得的三相电感电流反馈信号 i_{Labc} 进行坐标变换，并在两相旋转坐标系下构建电流内环控制器从而实现对逆变器输出电感电流的闭环控制，从而有电流内环控制方程：

$$\begin{cases} M_{\text{Vd}} = (i_{\text{dref}} - i_{\text{Ld}})(K_{\text{p}} + \dfrac{K_{\text{i}}}{s}) - \omega L_{\text{f}} i_{\text{Lq}} + E_{\text{gd}} \\ M_{\text{Vq}} = (i_{\text{qref}} - i_{\text{Lq}})(K_{\text{p}} + \dfrac{K_{\text{i}}}{s}) + \omega L_{\text{f}} i_{\text{Ld}} + E_{\text{gq}} \end{cases} \tag{3-20}$$

式中：i_{dqref}、i_{Ldq}、E_{gdq} 分别为电感电流参考信号，三相电感电流反馈信号以及电网电压在两项旋转坐标系下 dq 轴的分量；K_{p}、K_{i} 分别为电流内环调节器的比例系数和积分系数。

将 dq 轴坐标系下的电流内环输出信号 M_{Vdq} 经过 Park 反变换后，进一步获得两相静止坐标系下调制信号 $M_{\text{V}\alpha\beta}$，并最终经过空间矢量调制（SVM）生成控制 PV-SVI DC/AC 部分的占空比信号。

结合 PV-SVI 有功调节控制环、无功调节控制环和图 3-8 所示虚拟阻抗及电流内环调制控制环路，可得 PV-SVI 交流侧整体控制框图如图 3-9 所示，需要指出的是，PV-SVI 在拓扑结构上和储能逆变器近乎相同，因此图 3-9 所示的 PV-SVI 交流侧控制框图同样可以沿用到储能逆变器上并构成储能自同步电压源。

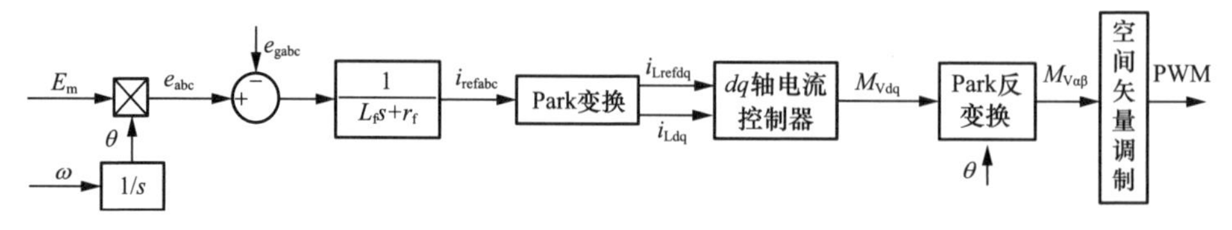

图 3-8　PV-SVI 虚拟阻抗及电流内环调制部分

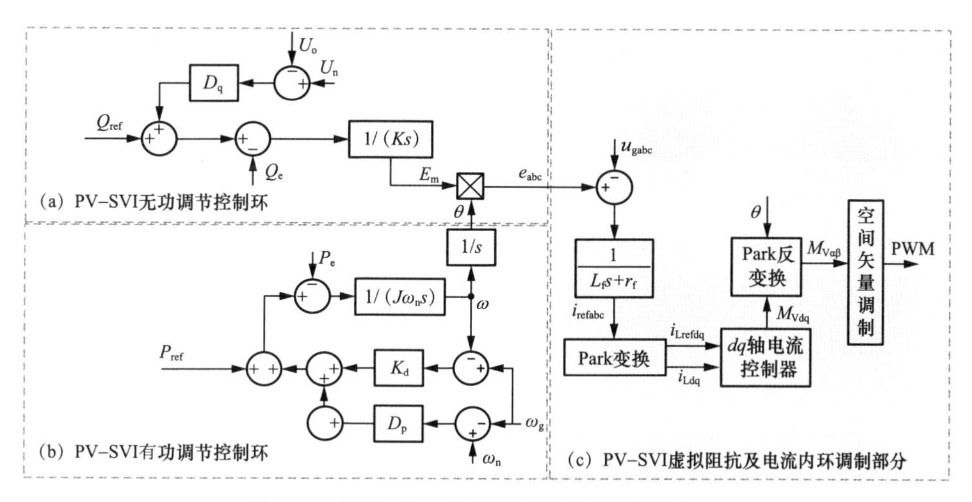

图 3-9 光伏自同步电压源系统交流侧控制框图

3.2.1.2 光伏自同步电压源直流侧控制策略

受辐照度、环境温度和负载等影响，光伏电池板输出特性具有非线性特征。在一定的辐照度和环境温度下，光伏阵列存在唯一的最大功率点（maximum power point，MPP）。因此，在光伏发电系统中，为提高光伏发电量，传统光伏发电系统中通过最大功率跟踪（maximum power point tracking，MPPT）控制策略使其始终工作在最大功率点。

为便于说明，现将光伏阵列的输出特性重新绘制如图 3-10 所示。假定图中曲线 1 和曲线 2 为两不同日照强度下光伏阵列的输出特性曲线，A 点和 B 点分别为相应的最大功率输出点；并假定某一时刻，系统运行在 A 点。当日照强度发生变化，即光伏阵列的输出特性由曲线 1 上升为曲线 2。此时如果保持负载 1 不变，系统将运行在 A′ 点，这样就偏离了相应日照强度下的最大功率点。为了继续跟踪最大功率点，应当将系统的负载特性由负载 1 变化至负载 2，以保证系统运行在新的最大功率点 B。同样，如果日照强度变化使得光伏阵列的输出特性由曲线 2 减至曲线 1，则相应的工作点由 B 点变化到 B′ 点，应当相应的减小负载 2 至负载 1 以保证系统在日照强度减小的情况下仍然运行在最大功率点 A。

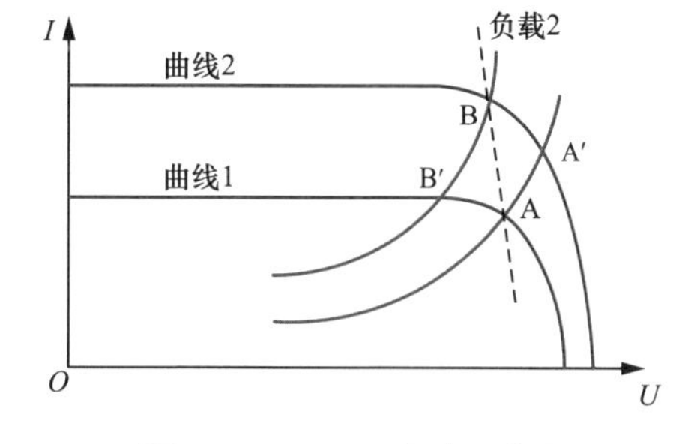

图 3-10 MPPT 方法示意图

目前，常用的光伏阵列的最大功率点跟踪（MPPT）控制技术有干扰观察法（perturbation and observation，P&O）、恒电压跟踪方法（CVT）、增量电导法（Incremental Conductance）、模糊逻辑控制等，下面将对这几种主要的MPPT控制方法的特点加以分析。

1. 干扰观察法

干扰观察法是实现MPPT自动寻优的最常用方法之一。其原理是每隔一段时间扰动增加或者减少光伏阵列输出电压，观测之后其输出功率变化，根据功率变化来决定下一步的控制信号。这种控制算法一般采用功率反馈方式，通过两个传感器对光伏阵列输出电压及电流分别进行采样，并计算获得其输出功率。干扰观测法的优点为：①模块化控制回路；②跟踪方法简单，实现容易；③对传感器精度要求不高。缺点为：①在光伏阵列最大功率点附近振荡运行，导致一定功率损失；②跟踪步长的设定无法兼顾跟踪精度和响应速度；③在特定情况下会出现判断错误情况。

下面对经典的干扰观察算法简述如下：光伏系统控制器在每个控制周期用较小的步长改变光伏阵列的输出，为了快速精确寻找到最大工作点，在启动运行初期可采用大步长扰动而在最大功率点附近用小步长扰动，扰动方向根据功率变化而调整，控制对象可以是光伏阵列输出电压或电流，这一过程称为“干扰”；然后，通过比较干扰周期前后光伏阵列的输出功率，若 $\Delta P>0$，说明参考电压调整的方向正确，可以继续按原来的方向“干扰”；若 $\Delta P<0$，说明参考电压调整的方向错误，需要改变“干扰”的方向。如图3-11所示，当给定参考电压增大时，若输出功率也增大，则工作点位于最大功率点 P_{max} 左侧，需继续增大参考电压；若输出功率减小，则工作点位于最大功率点 P_{max} 右侧，需要减小参考电压。当给定参考电压减小时，若输出功率也减小，则工作点位于 P_{max} 的左侧，需增大参考电压，若输出功率增大，则工作点位于 P_{max} 的右侧，须继续减小参考电压。如此调整，光伏阵列的实际工作点就能逐渐接近当前最大功率点，最终在其附近的一个较小范围往复达到稳态。如果采用较大的步长进行“干扰”，这种跟踪算法可以获得较快的跟踪速度，但达到稳态后的精度相对较差，较小的步长则正好相反。较好的折中方案是控制器能够根据光伏阵列当前的工作点选择合适的步长，例如，当已经跟踪到最大功率点附近时采用小步长。

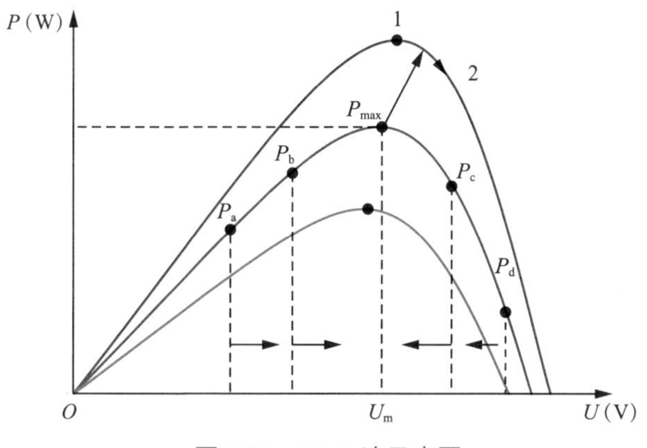

图 3-11　P&Q 法示意图

干扰观察法流程图如图 3-12 所示。给定参考电压变化的过程实际上是一个功率寻优的过程。由于在寻优过程中不断地调整参考电压，因此，光伏阵列的工作点始终在最大功率点附近振荡，无法稳定工作在最大功率点上，从而也造成了一定的功率损失。同时，当日照强度快速变化时，参考电压调整方向可能发生错误。以图 3-11 为例说明：假设系统处于稳态，光伏阵列工作电压在 P_{max} 点左右波动，当日照强度突然增加时，光伏阵列输出功率增加，这时如果参考电压偏移到 1 的位置，则系统会认为此时参考电压调整的方向与功率变化的方向相同，而继续增大参考电压使工作点移动至位置 2，导致工作点进一步远离最大功率点。

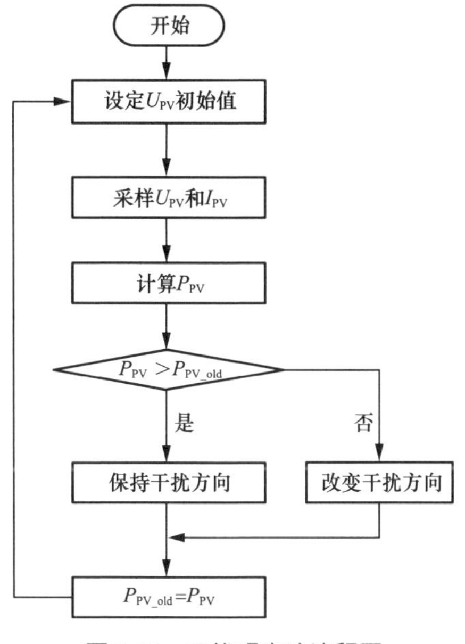

图 3-12　干扰观察法流程图

2. 恒电压跟踪（constant voltage tracking，CVT）法

恒电压跟踪法并不是一种真正意义的最大功率跟踪方式，它属于一种曲线拟合方式，其工作原理如图 3-13 所示，忽略温度效应时，光伏阵列在不同日照强度下的最大功率输出点 a'、b'、c'、d' 和 e' 总是近似在某一个恒定的电压值 U_m 附近。假如曲线 L 为负载特性曲线，a、b、c、d 和 e 为相应关照强度下

直接匹配时的工作点。显然，如果采用直接匹配，其阵列的输出功率比较小。为了弥补阻抗失配带来的功率损失，可以采用恒定电压跟踪（CVT）方法，在光伏阵列和负载之间通过一定的阻抗变换，使得系统实现稳压器的功能，使阵列的工作点始终稳定在 U_m 附近。这样不但简化了整个控制系统，还可以保证它的输出功率接近最大输出功率。采用恒定电压跟踪（CVT）控制与直接匹配的功率差值在图中可以视为曲线 L 与曲线 $U=U_m$ 之间的面积。因而，在一定的条件下，恒定电压跟踪（CVT）方法不但可以得到比直接匹配更高的功率输出，还可以用来简化和近似最大功率点跟踪（MPPT）控制。

恒定电压跟踪方式具有控制简单、可靠性高、稳定性好、易于实现等优点，比一般光伏系统可望多获得 20% 的电能，较之不带 CVT 的直接耦合要有利得多。但是，这种跟踪方式忽略了温度对光伏阵列开路电压的影响。以单晶硅光伏阵列为例，当环境温度每升高 1℃时，其开路电压下降率为 0.35% ～ 0.45%。这表明光伏阵列最大功率点对应的电压也将随着环境温度的变化而变化。对于四季温差或日温差比较大的地区，CVT 方式并不能在所有的温度环境下完全地跟踪到光伏阵列的最大功率点。采用 CVT 以实现 MPPT 控制，由于其良好的可靠性和稳定性，目前在光伏系统中仍被较多使用，但随着光伏系统数字信号处理技术的应用，该方法正在逐步被新方法所替代。

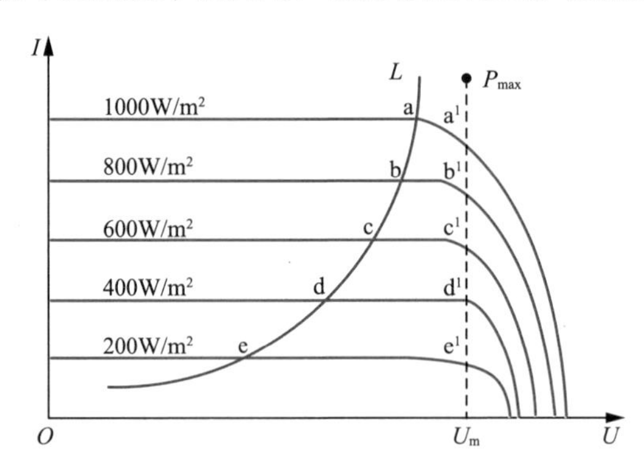

图 3-13　忽略温度效应时的光伏阵列输出特性与负载匹配曲线

3. 电导增量法

电导增量法则是根据光伏阵列 P−U 特性曲线及 $\mathrm{d}P/\mathrm{d}U$ 变化特性，利用一阶导数求极值的方法，即对 $P=UI$ 求全导数，可得：

$$\mathrm{d}P = I\mathrm{d}U + U\mathrm{d}I \tag{3-21}$$

两边同时除以 $\mathrm{d}U$，可得：

$$dP/dU = I + U dI/dU \tag{3-22}$$

令 dP/dU=0，可得：

$$dI/dU = -I/U \tag{3-23}$$

式（3-23）即为达到光伏阵列最大功率点所需满足的条件。这种方法是通过比较输出电导的变化量和瞬时电导值的大小来决定参考电压变化的方向，下面就几种情况加以分析：

（1）假设当前的光伏阵列的工作点位于最大功率点的左侧时，此时有 $dP/dU>0$ 即 $dI/dU>-I/U$，说明参考电压应向着增大的方向变化。

（2）同理，假设当前的光伏阵列的工作点位于最大功率点的右侧时，此时有 $dP/dU<0$，$dI/dU<-I/U$，说明参考电压应向着减小的方向变化。

（3）假设当前光伏阵列的工作点位于最大功率点处（附近），此时将有 $dP/dU=0$，此时参考电压将保持不变，也即光伏阵列工作在最大功率点上。

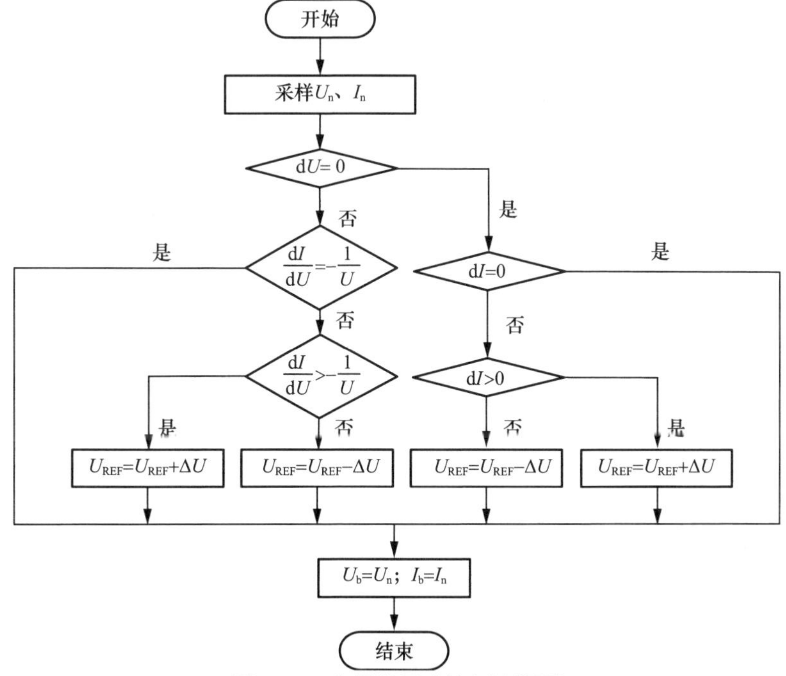

图 3-14　电导增量法控制流程图

电导增量法控制流程图如图 3-14 所示，图中 U_n、I_n 为检测到光伏阵列当前电压、电流值，U_b、I_b 为上一控制周期的采样值。理论上这种方法比干扰观察法好，因为它在下一时刻的变化方向完全取决于在该时刻的电导的变化率和瞬时负电导值的大小关系，而与前一时刻的工作点电压以及功率的大小无关，因而能够适应日照强度地快速变化，其控制精度较高，但是由于其中 dI 和 dU 的量值很小，这样就要求传感器的精度要求很高，实现起来相对比较困难。

4. 模糊逻辑控制

由于辐照度、环境温度和负载很难精确掌握和描述，以及光伏阵列输出特性的非线性特征等影响，传统光伏阵列最大功率跟踪策略存在不准确。针对这样的非线性系统，使用模糊逻辑控制（fuzzy logic control）方法进行控制，可以获得比较理想的效果。图 3-15 所示为光伏发电系统中采用的模糊逻辑控制方法控制流程图。

在光伏发电系统中使用模糊逻辑方法实现 MPPT 控制，可以通过 DSP 比较方便的执行，其中控制器的设计主要包括：①确定模糊控制器的输入变量和输出变量；②归纳和总结模糊控制器的控制规则；③确定模糊化和反模糊化的方法；④选择论域并确定有关参数。

使用模糊逻辑方法进行光伏系统的 MPPT 控制，具有较好的动态特性和精度，在光伏并网发电领域具有较为广阔的应用前景。但是基于模糊逻辑控制方法的光伏发电系统的 MPPT 控制器通常通过 DSP 芯片实现，成本较高。

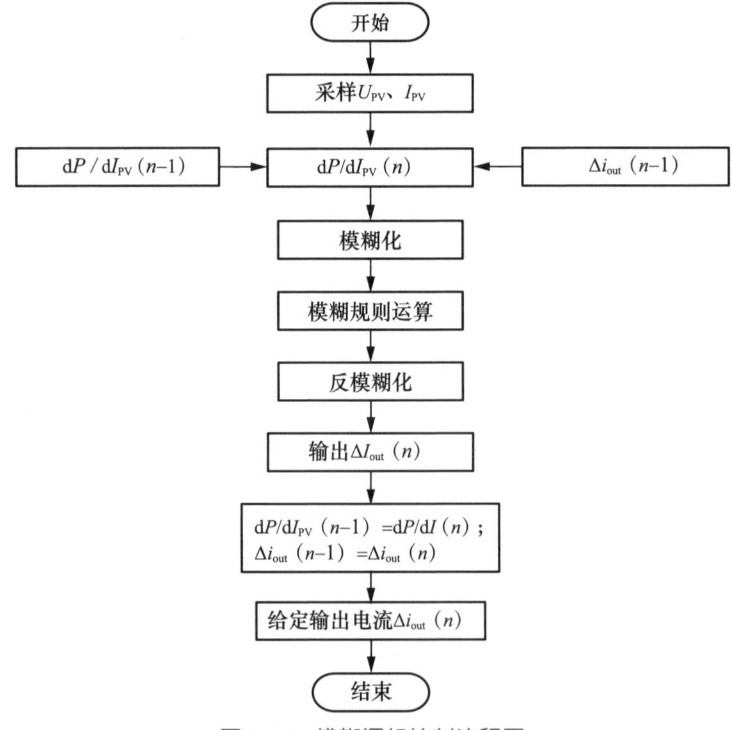

图 3-15　模糊逻辑控制流程图

在光伏自同步电压源直流控制中，通过直流电压差进行 PI 调节控制生成有功功率指令值 P_{ref}，从而实现对直流电压的运行控制。具体为：依据当前辐照度、环境温度等，控制系统计算当前光伏电池最大功率对应直流电压作为直流电压控制环的参考直流电压 U_{dcref}；直流电压测量值 U_{dc} 与参考直流电压 U_{dcref} 取差，直流电压差经过 PI 调节生成有功功率参考 P_{ref}，有功功率参考进入到自同步电压源控制环路中，从而实现对直流电压的控制。直流电压控制方程为：

$$P_{ref}=(U_{dc}-U_{dcref})G_{dc}(s) \tag{3-24}$$

式中：U_{dcref} 为光伏直流母线电压参考指令，通常由光伏最大功率跟踪控制 MPPT 算法获得；$G_{dc}(s)$ 为直流母线电压调节器。

为了实现对电网频率支撑能力，无储能式光伏自同步电压源需要采用有功备用控制策略，即调频模式。此时光伏逆变器输出有功功率小于等于当前最大功率。由于当光伏逆变器工作在有功备用模式时就不能进行 MPPT 运行，因此无法获得当前最大工作点。此时外部环境突变（如光照突然降低）就会使光伏电池板最大输出功率减小或有功备用不足，导致光伏发电设备失稳甚至故障停机，影响系统的安全与稳定运行。针对该问题，可以从控制策略出发，使光伏自同步电压源周期性运行在 MPPT 模式和有功备用模式，运行周期与光伏设备控制算法、现场环境和光伏发电量指标等因素有关，比如可设置为 5 ～ 20min。有功备用式光伏自同步电压源运行方式如图 3-16 所示。

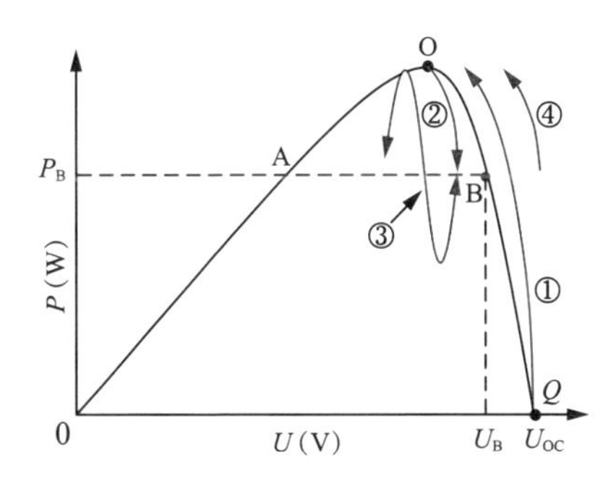

图 3-16　有功备用式光伏自同步电压源运行方式

① MPPT 最大功率跟踪阶段曲线；②、③有功备用阶段曲线；④ MPPT 唤醒阶段曲线

假设在一个周期内光照和温度等环境基本不变。光伏自同步电压源有功备用运行分为 3 个阶段。

（1）MPPT 最大功率跟踪阶段。如曲线①所示，此时光伏系统从开路状态以 MPPT 最大功率跟踪模式运行至当前最大功率 O 点，对应当前最大功率 $P_{\max}$；该阶段下控制框图中开关 S 切换。

（2）有功备用阶段：如曲线②、③所示。当电网未发生频率波动时，光伏系统运行在曲线②，从当前最大功率点通过降功率运行控制策略使其稳定运行至 B 点，对应有功功率为 P_{ref}，且满足 $0 \leqslant P_{\text{ref}} \leqslant P_{\max}$，此时系统有功备用系数为 $m=(1-P_{\text{ref}}/P_{\max})\times 100\%$，为了兼顾光伏发电能力和对电网的频率电压支撑能力，有功功备用系数 m 一般小于 25%。当电网发生频率波动时，光伏系统运行在曲线③，此时光伏系统通过阻尼和有功下垂控制环增发或吸收有功功率，实现对电网的惯性调频和一次调频功能。值得注意的是，调频增发有功功率不能超过系统备用有功功率。该阶段下控制框图中开关 S 不动。

（3）MPPT 唤醒阶段：由于光照和温度实时变化，光伏发电系统最大功率跟随实时变化，使得有功备用模式下的备用功率不准确。因此需要周期性唤醒 MPPT 模式以获得当前最大功率值，此时系统运行在曲线④。该阶段下控制框图中开关 S 切换。

综合光伏虚拟同步发电机交流侧控制、直流侧控制以及有功备用控制策略，从而有 PV-SVI 系统整体控制框图，如图 3-17 所示。

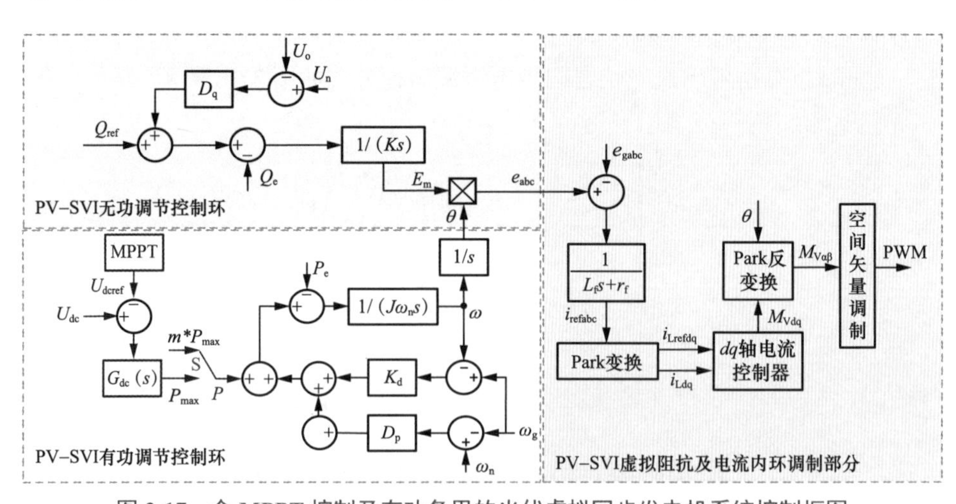

图 3-17　含 MPPT 控制及有功备用的光伏虚拟同步发电机系统控制框图

当电网发生系统低频或高频等频率事件时，需要 PV-SVI 自主增发或吸收一定的有功功率以向电网提供有功正向或负向支撑，从而有助于电网频率恢复。为了同时实现光伏发电系统最大功率运行和对电网频率电压的支撑能力，在 PV-SVI 系统中还可配置一定比例的储能及对应的双向 DC/DC 变换器。由于新增了储能和双向 DC/DC 变换装置，该模式下设备成本增加较大。

3.2.2 自同步电压源并网过程

1．预同步及自同步电压源并网

为了实现发电系统的安全可靠并网运行，发电系统在并网前均需要进行预同步运行，实现发电设备输出电压与电网电压同步，即通过预同步控制使发电设备输出电压与电网电压的幅值差、频率差和相位差都控制在一定的范围之内。按照 IEEE Std 1547-2003 标准中同期参数限制要求：频率偏差 ±0.1Hz，电压幅值差 ±5%，相位偏差 ±1°。

常规自同步电压源离网运行时，其输出频率随负载变化而变化，为了实现并网工作，通常需要通过一个类似于传统同步发电机并网前的预同步（并网同期）环节实现。如图 3-18 所示，自同步电压源首先做离网运行，并同时检测并网开关 S_w 两侧电压信号（即逆变器自身输出电容电压 e_{oabc} 和电网电压 e_{gabc}），通过 PLL 锁相环得到逆变器并网点电压幅值 E_m、相位 θ 和电网电压幅值 E_{gm}、相位 θ_g；逆变器并网点电压幅值 E_m 与电网电压幅值 E_{gm} 之差，经过 PI 调节器和限幅得到的电压增量 ΔU，ΔU 叠加至 SVI 电压给定信号上，实现 SVI 输出电压幅值跟踪电网电压幅值的作用；逆变器并网点电压相位 θ 与电网电压相位 θ_g 之差，经过 PI 调节器和限幅得到的频率增量 Δw，Δw 叠加至 SVI 率给定信号上，实现 SVI 输出频率跟踪电网频率的作用；当逆变器自身输出电压 e_{oabc} 与电网电压 e_{gabc} 幅值和相位均保持一致后，再闭合并网开关 S_g 实现虚拟同步发电机的并网。

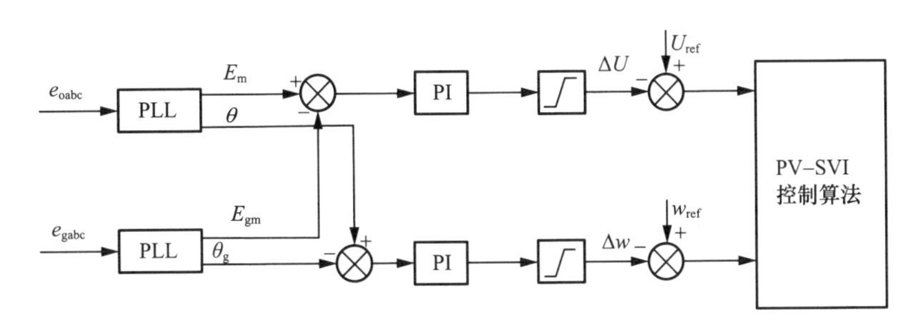

图 3-18 传统预同步控制结构框图

采用传统预同步控制存在不足有：

1）由于 SVI 输出电压相位与电网电压相位均在 0 ～ 2π 范围内变化的周期波形。在某一相位阶跃的过程中，两者的相位差 $\Delta\theta$ 将会发生符号的跳变，增大了预同步控制参数设计难度。

2）传统预同步控制采用 PLL 锁相环进行锁相，相位差 $\Delta\theta$ 符号跳变对锁相环环节的准确度有着较高的要求；此外，在新能源占比较高的低短路比电网中锁相运行不准确。

2. 基于算法切换的自同步电压源并网

对于接入大电网的 PV-SVI 而言，传统自同步电压源并网实现方式显然是不适合的。与接入配电网、微网等虚拟同步发电机面临的工况不同，接入大电网工况下的 PV-SVI 基本工作在并网模态，通常无须离网运行。因此，传统虚拟同步发电机并网实现方式应用在 PV-SVI 上时，在硬件上需要增加额外的电压传感器用于检测逆变器自身输出电压，在控制算法上需要增设离 / 并网同步控制。然而，传统电流源型光伏并网逆变器通常只需检测电网电压并对其进行锁相控制即可实现直接并网。因此，本节提出利用传统电网电压锁相方式实现光伏虚拟同步发电机逆变器部分先行并网，然后再将系统整体控制算法平滑切换至虚拟同步机控制。

所提出的光伏自同步电压源并网实现控制框图如图 3-19 所示。其中，初始阶段运行传统并网逆变器功率闭环控制策略（PLL-PC）。即：先行闭合并网开关 S_g，根据采样获得的三相电网电压 e_{gabc} 对其进行锁相分别获得电网电压在两相旋转坐标系下的幅值 E_{gd} 及相位 θ_g。将并网逆变器功率调度指令 P_{ref}、Q_{ref} 转换为对应的有功无功电流参考信号 i_{dqref} 并通过电流环进行闭环控制。电流环控制器输出信号 M_{dq} 经过反 park 变换生成相应的调制波 $M_{\alpha\beta}$。控制逻辑切换开关 S 此时选通 $M_{\alpha\beta}$ 进入空间矢量调制生成控制开关管的占空比信号。

与此同时，控制器离线运行 PV-SVI 控制算法。在 PV-SVI 系统控制中，控制逻辑切换开关 S 分别选通虚拟计算无功功率 Q_{Ve}，虚拟计算有功功率 P_{Ve}，虚拟计算电感电流 i_{VLabc} 进入 PV-SVI 控制环路离线闭环运行。此时，原式所示的 PV-SVI 交流侧系统控制方程为：

$$
\begin{cases}
P_{ref} + D_p(\omega_n - \omega_g) - K_d(\omega - \omega_g) - P_{Ve} \approx J\omega_n \dfrac{d\omega}{dt} \\
E_m = \dfrac{1}{Ks}[D_q(U_n - U_o) + (Q_{ref} - Q_{Ve})]
\end{cases}
\tag{3-25}
$$

将PV-SVI系统控制中的电流内环输出信号 $M_{V\alpha\beta}$ 经过反Clark变换获得三相调制波 M_{Vabc}。由于逆变器三相调制波可等效逆变器桥臂电压基波分量，因此在离线运行环境下，可进一步的在控制策略中构造虚拟等效主电路，进而根据式（3-26）获得相应的三相虚拟电感电流 i_{VLabc}。

$$i_{VLabc}=(M_{Vabc}-e_{gabc})\frac{1}{sL_f+r_f} \tag{3-26}$$

式中：L_f、r_f 分别为光伏虚拟同步发电机逆变器部分真实主电路中的滤波电感值及其寄生电阻。根据所获得的三相虚拟电感电流 i_{VLabc} 的和实际采样获得的电网电压 e_{gabc} 计算生成虚拟有功功率 P_{Ve} 和虚拟无功功率 Q_{Ve}，并送入离线运行下的PV-SVI系统控制中。

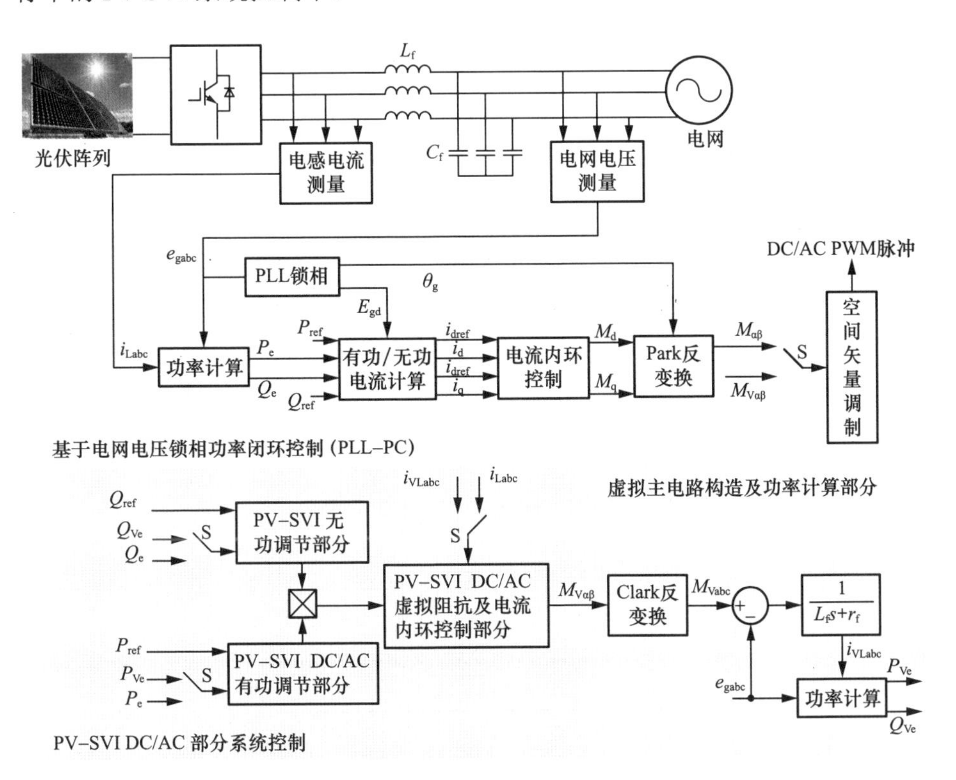

图3-19 光伏自同步电压源并网实现控制框图

在线运行的传统并网逆变器PLL-PC控制策略与离线运行的PV-SVI控制策略同时在控制器运行计算。当两套控制策略中的功率调度指令完全相同，在线运行的PLL-PC控制策略中的调制波 $M_{\alpha\beta}$ 与离线运行时的PV-SVI控制策略

的调制波 $M_{V\alpha\beta}$ 必然会保持近似一致，从而具备了将逆变器系统整体控制策略由 PLL-PC 控制策略切换到 PV-SVI 控制策略条件。此时，只需将逻辑选通开关 S 分别由初始状态的 Q_{Ve}、P_{Ve}、i_{VLabc}、$M_{\alpha\beta}$ 切换到 Q_e、P_e、i_{Labc}、$M_{V\alpha\beta}$，即可完成并网逆变器的 PV-SVI 控制算法由离线运行转为在线运行，实现并网逆变器控制环路由 PLL-PC 控制策略向 PV-SVI 控制算法的整体切换。

3．仿真验证

为了验证所提出的 PV-SVI 系统控制策略及并网实现方案的可行性和正确性，在 Matlab 中搭建了 500kW PV-SVI 系统模型，其中图 3-20（a）为在线运行的 PLL-PC 控制调制波 M_α 与离线运行的 PV-SVI DC/AC 控制调制波 $M_{V\alpha}$ 仿真波形；图 3-20（b）为控制环路切换瞬间，PV-SVI DC/AC 控制调制波 $M_{V\alpha}$ 仿真波形；图 3-20（c）为控制环路切换瞬间，PV-SVI 输出电感电流及有功功率波形。

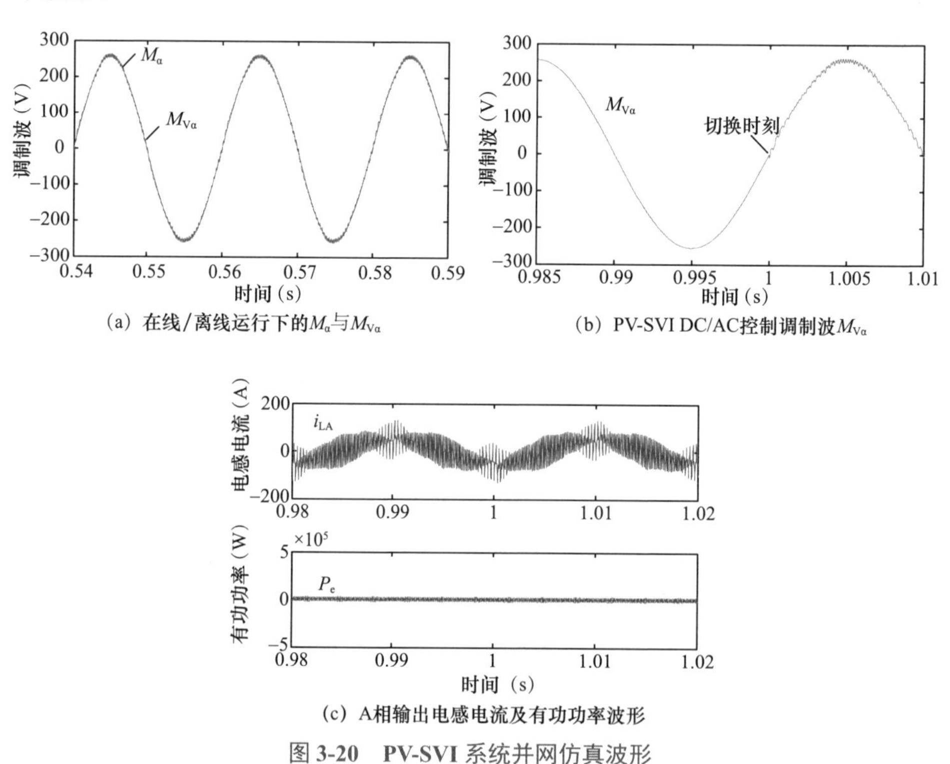

(a) 在线/离线运行下的 M_α 与 $M_{V\alpha}$　　(b) PV-SVI DC/AC控制调制波 $M_{V\alpha}$

(c) A相输出电感电流及有功功率波形

图 3-20　PV-SVI 系统并网仿真波形

初始阶段，逆变器部分采用传统基于电网电压锁相方式实现并网，并在线运行功率闭环控制（PLL-PC），与此同时 PV-SVI DC/AC 控制算法离线运行，两种控制方案下的有功功率调度均为 0kW。图 3-20（a）显示：两种控制方案

下的调制波 $M_{V\alpha}$ 和 M_{α} 幅相频基本保持一致，从而表明此时逆变器控制环路具备由 PLL-PC 控制切换至 PV-SVI 控制条件。

在 1s 时刻，逆变器控制系统由 PLL-PC 控制策略切换至 PV-SVI 控制策略，即此时 PV-SVI DC/AC 控制算法由离线运行切换至在线运行。图 3-20（b）给出的 PV-SVI DC/AC 控制调制波显示：在控制切换瞬间，调制波 $M_{V\alpha}$ 没有出现任何畸变，整个控制系统由离线平滑切换至在线运行。图 3-20（c）给出的 PV-SVI 输出电感电流和输出有功功率显示在控制环路切换前后，并网逆变器输出没有产生任何电流过冲，整个控制环路始终保持闭环稳定运行。

3.3　考虑源网扰动的 MPPT 与直流电压协调控制

3.3.1　光伏自同步电压源逆变器直流欠压问题分析

不含传统蓄电池等储能设备的光伏自同步电压源逆变器（synchronous voltage-souce inverter）主电路拓扑结构如图 3-21 所示。当诸如云层遮挡等原因导致辐照度突发变化时，光伏阵列输出功率 P_{pv} 变化，系统输出功率 P_e 也在控制器的调节下跟踪 P_{pv} 的变化。而在这一暂态过程中，直流电容 C_{dc} 作为向系统功提供惯性、减小光伏发电系统输出功率变化率的储能元件，其参数大小需要合理的配置。

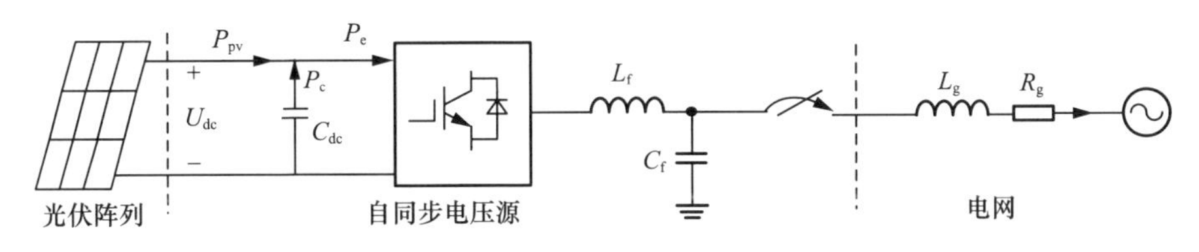

图 3-21　光伏自同步电压源逆变器主电路拓扑

在功率变化过程中，直流电容可类比于同步发电机中的转子：当输出电磁功率大于原动机输入的机械功率时，转子将暂时减速并释放一部分自身的动能来减缓电磁功率的减小趋势，从而使同步机的输出功率变化存在一定惯性。类似地，在光伏 SVI 运行过程中，当辐照度减小导致光伏阵列输出功率小于控制器当前给定的功率指令时，直流电容将提供一定的能量支撑，释放一部分自身存储的电能来补偿逆变器交直流侧的有功功率差额。此时，若选取的直流电容容量过小，则在功率变化的暂态过程中，直流电压的过快下降可能引起停机事故，危害光伏 SVI 的运行稳定。因此，为更精准地选取直流电容，需进一步构建辐照度与直流电压的暂态关系模型，实现在辐照波动下对直流电压变化情况的准确预测和评估。

3.3.2 计及辐照波动的光伏 SVI 直流电压暂态模型

为聚焦分析自同步电压源在辐照波动下的直流电压暂态变化特性，做出如下简化假设：①假设交流侧电感电流可实时跟踪其给定值；②忽略滤波电容 C_f，以及忽略逆变器寄生电阻损耗的影响；③所有控制器都未达到饱和。

1. 辐照波动下的 SVI 直流电压暂态过程分析

假设在 t_0 时刻发生辐照扰动，根据直流侧主电路的功率平衡可以列出：

$$\int_{t_0}^{t}\left[P_{pv}(t)-P_e(t)\right]dt\approx\frac{1}{2}C_{dc}\left[U_{dc}^2(t)-U_{dc}^2(t_0)\right] \tag{3-27}$$

式中：$P_{pv}(t)$ 为光伏阵列出力；$P_e(t)$ 为自同步电压源对外输出功率。从上述表达式中可以看出，直流电压 U_{dc} 的暂态变化，取决于光伏阵列出力 $P_{pv}(t)$ 和系统对外输出功率 $P_e(t)$ 的变化。

光伏阵列出力 $P_{pv}(t)$ 的表达式可由光伏电池工程实用化数学模型得到。由于环境温度的改变相比突然发生的辐照波动要慢得多，所以可以近似认为在 SVI 直流电压的暂态过程中环境温度 T_s 是不变的，此时 $P_{pv}(t)$ 可以表示为如式（3-28）所示的形式。

$$\begin{aligned}P_{pv}(t)&=F\left[U_{dc}(t),S_{Lx}(t)\right]\\&=U_{dc}(t)\cdot c_1\cdot\left[1-c_2\left(e^{\frac{U_{dc}(t)}{c_3}+c_4\cdot(\frac{S_{Lx}(t)}{1000}-1)}-1\right)+\left(\frac{S_{Lx}(t)}{1000}-1\right)\right]\end{aligned} \tag{3-28}$$

式中：$U_{dc}(t)$ 为光伏阵列的输出端电压；$S_{Lx}(t)$ 为辐照度；c_1、c_2、c_3、c_4 为常数，可根据光伏阵列自身的固有参数求出。

基于以上分析，若能完成辐照波动下 SVI 系统对外输出功率 $P_e(t)$ 的刻画，结合式（3-27）和式（3-28）就能建立起计及辐照波动的 PV-SVI 直流电压暂态模型。

2. 基于幅相特性的 SVI 直流电压暂态建模

SVI 采用的功率控制结构如图 3-22 所示。SVI 根据自生成的内电动势幅值 E_m 和相位 θ 模拟电压源特性。其中内电势幅值 E_m 由无功环路生成，输出端电压参考值 U_{nref} 由外部给定。无功控制环路模拟同步机励磁调节器的调压特性，

引入无功 - 电压下垂环节，对无功功率 Q_e 进行闭环控制。光伏 SVI 内电势相位 θ 由有功环路生成，有功功率给定 P_{ref} 由直流电压外环给出。有功环路模拟同步机的一次调频和阻尼特性，引入有功 - 频率下垂环节，模拟同步机机械运动方程，对有功功率 P_e 进行闭环控制。

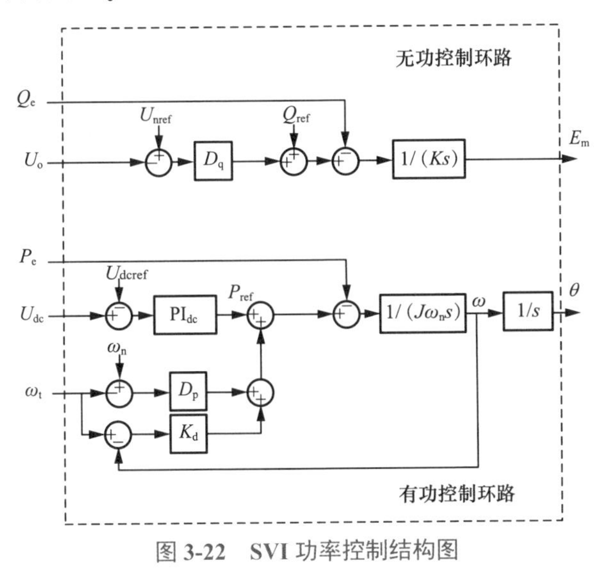

图 3-22　SVI 功率控制结构图

功率环路输出的内电动势幅值和相位 E_m、θ 可以看作是逆变器桥臂上三相输出电压在极坐标系下的幅值和相位。根据交流侧的主电路结构，计算得到交流侧三相电流瞬时值 i_{Labc}：

$$i_{Lj}(t)R_g + L_{fg}\frac{\mathrm{d}i_{Lj}(t)}{\mathrm{d}t} = E_m\cos(\theta(t)-\varphi_j) - E_{gj}(t) \tag{3-29}$$

式中：j 指 a、b、c 三相；L_{fg} 为滤波电感 L_f 与电网阻抗等效电感 L_g 之和；R_g 为电网阻抗等效电阻。

由于桥臂电压 e_{abc}、输出电流 i_{Labc} 已知，在忽略系统功率损耗的情况下，可以得到系统输出的有功功率 P_e 和无功功率 Q_e，如式（3-30）、式（3-31）所示。此外，并网点电压的电压幅值 U_t 和相位 θ_t 可由 SVI 系统的功角特性得到，计算方法如式（3-32）、式（3-33）所示。

$$P_e \approx e_a \cdot i_{La} + e_b \cdot i_{Lb} + e_c \cdot i_{Lc} \tag{3-30}$$

$$Q_e \approx \frac{e_{bc} \cdot i_{La} + e_{ca} \cdot i_{Lb} + e_{ab} \cdot i_{Lc}}{\sqrt{3}} \tag{3-31}$$

$$U_{\mathrm{t}}(t) \approx E_{\mathrm{m}}(t) - \frac{Q_{\mathrm{e}}(t) \cdot x_{\mathrm{f}}}{E_{\mathrm{m}}(t)} \tag{3-32}$$

$$\theta_{\mathrm{t}}(t) = \theta(t) - \arctan \frac{P_{\mathrm{e}}(t) \cdot x_{\mathrm{f}}}{E_{\mathrm{m}}(t)^2 - Q_{\mathrm{e}}(t) \cdot x_{\mathrm{f}}} \tag{3-33}$$

SVI 功率控制中引入的并网点电压角频率 ω_{t} 在实际中可由并网点三相电压瞬时值 $u_{\mathrm{t\_abc}}$，通过类似锁相环的结构获得，其结构如图 3-23 所示。而在上式（3-33）中已经得到了并网点电压的相位，结合上述结构，SVI 的相位 - 频率转化部分可改写为如图 3-24 所示的形式。

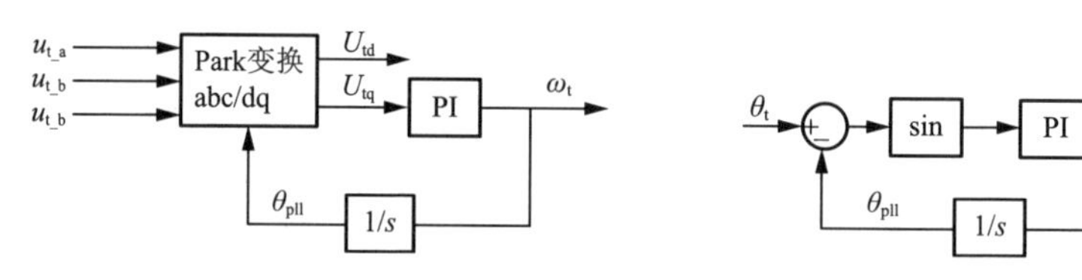

图 3-23　SVI 并网点电压角频率量测结构　　图 3-24　相位 - 频率转化

将式（3-29）～式（3-33）与图 3-22 所示的 SVI 的功率控制方程联立，结合如图 3-24 所示的相位 – 频率转化环节，即可得到 SVI 有功功率计算模块，其结构如图 3-25 虚线框中所示。用 SVI 有功功率计算模块来刻画辐照波动下 SVI 系统对外输出功率 $P_{\mathrm{e}}(t)$ 的变化情况，结合式（3-27）、式（3-28），即可建立起辐照波动下的直流电压暂态过程模型，模型总体结构如图 3-25 所示。

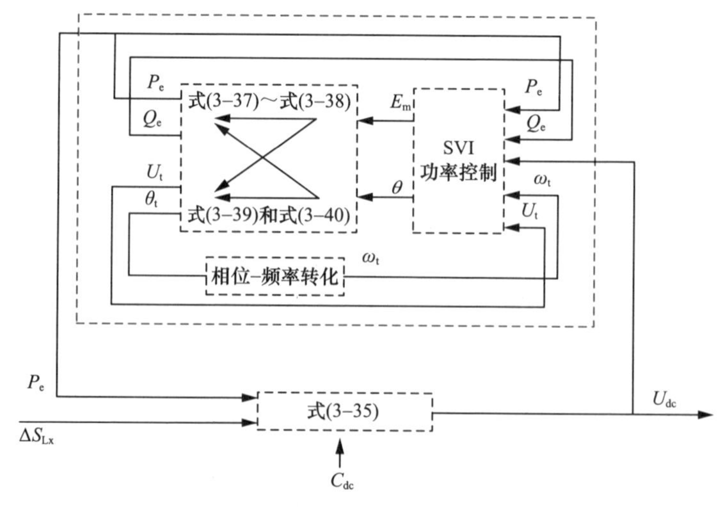

图 3-25　辐照波动下的 PV-SVI 的直流电压暂态模型

3.3.3 电容选型方法

将式（3-27）变形后得到如式（3-34）的形式，从式（3-34）可知当辐照度突然降低时 P_{pv} 小于 P_e，此后在暂态变化过程中直流电压 U_{dc} 降低，且辐照降低越多，功率差额越大，U_{dc} 跌落越深。而增大 C_{dc} 可以减小直流电压 U_{dc} 在暂态过程中的降低。

$$U_{dc}(t) \approx \sqrt{\frac{2}{C_{dc}}\int_{t_0}^{t}\left[P_{pv}(t)-P_e(t)\right]\mathrm{d}t+U_{dc}{}^2(t_0)} \tag{3-34}$$

SVI 逆变器为两电平结构，要保证对交流侧的电压输出，一般要求直流侧电压不得低于交流侧线电压最大值，SVI 直流电压保护限值也依此设计。因此，得出 SVI 在环境辐照波动情况下保持稳定运行的条件为：在功率随辐照发生变化的暂态过程中，直流电压的最低值不应低于交流侧线电压的最大值，即在暂态变化过程中，不会触发直流欠电压停机。以此为标准可以评估直流电容在给定扰动下对直流电压的支撑能力，依此得到电容选型流程如图 3-26 所示。

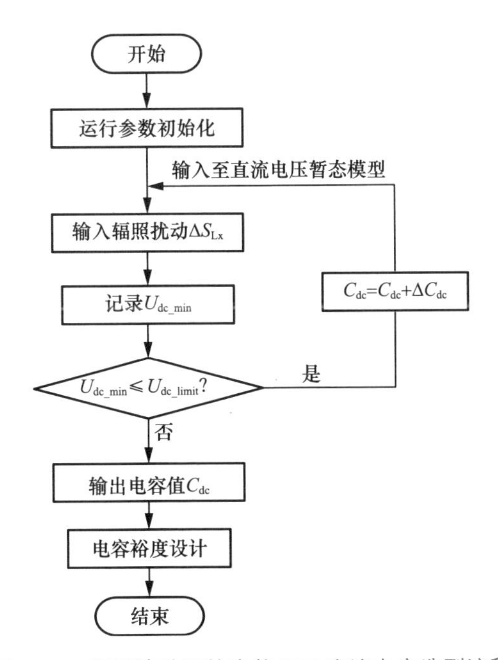

图 3-26　辐照波动下的光伏 SVI 直流电容选型流程

步骤 1：将系统正常运行状态下的输出功率 P_e、辐照度大小 S_{Lx} 和直流电

容初值 C_{dc0} 等参数输入如图 3-26 所示的辐照波动下的 SVI 直流电压暂态模型中，完成运行参数的初始化。

步骤 2：输入辐照度波动大小 ΔS_{Lx}，根据直流电压的暂态模型对辐照波动发生后的直流电压暂态过程进行预测。

步骤 3：记录暂态过程中的直流电压最低值 U_{dc_min}。

步骤 4: 对比暂态过程中直流电压的最低值和直流欠电压保护动作值，若在暂态过程中直流电压最低时小于直流欠电压保护动作值，则证明当前电容在目标辐照波动下的暂态电压支撑能力不足，此时增大一个步长的电容值之后，重复步骤 2 到步骤 4；否则结束循环，输出本轮模型中的直流电容大小。

步骤 5: 对 SVI 直流电容的设计预留 5% 的裕度，即实际电容选择容值为模型输出值 1.05 倍的电容，电容选型结束。

依此方法可根据各太阳能资源丰富地区的历史辐照数据，通过离线计算的方式设计出在不同程度的辐照波动下均能使直流电压保持在欠电压保护动作值以上的直流电容。

3.3.4 仿真分析

本节通过仿真实例，验证提出的辐照波动下 PV-SVI 直流电压的暂态模型的准确性；并基于 Simulink 平台搭建了单台 500kW 的 PV-SVI 仿真模型，对基于直流电压暂态模型的直流电容选型方法的有效性进行验证。SVI 仿真模型的主电路结构如图 3-21 所示，其中部分具体的仿真参数如图 3-2、图 3-3 所示。

表 3-2　主电路参数

参数名称	数值
交流线电压有效值（V）	270
直流欠压保护动作值（V）	400
滤波电感 L_f（μH）	150
滤波电阻 R_f（Ω）	0.001
滤波电容 C_f（μF）	100
额定角频率 ω_n（rad/s）	314
线路参数 R_g（Ω）	0.001
线路参数 L_g（μH）	5.8

续表

参数名称		数值
光伏阵列模型参数	c_1	862.4
	c_2	1.1619×10^{-5}
	c_3	70.9682
	c_4	1.12

表 3-3　　　　　　　　　　控制器参数

参数名称		数值
直流电压 PI 控制器参数	$k_{\mathrm{p\_dc}}$	0.15
	$k_{\mathrm{i\_dc}}$	1.625
频率相位转化环节 PI 控制器参数	$k_{\mathrm{p\_pll}}$	49.5
	$k_{\mathrm{i_pl}}$l	6000
电流环 PI 控制器参数	$k_{\mathrm{p\_i}}$	0.375
	$k_{\mathrm{i\_i}}$	0.75
直流电压参考值 U_{n}（V）		700
交流电压幅值参考 U_{nref}（V）		220
有功下垂系数 D_{p}		16600
无功下垂系数 D_{q}		11500
无功环路积分系数 K		0.001
惯量环节 J		0.138
阻尼系数 K_{d}		15600

1．直流电压暂态模型验证

运行初始条件设定直流电压初值 700V，负荷 468kW；环境温度 25℃不变，在 t_0 时刻起，辐照度从 1000W/m^2 瞬间减少为 700W/m^2。直流电容取 31.2mF；得到的 SVI 简化暂态模型输出功率与直流电压的对比结果如图 3-27 所示。

图 3-27（a）中可见，实线为仿真输出波形，虚线为建立的简化暂态模型的输出波形。光伏 SVI 并网运行时，辐照度的瞬时降低使得 SVI 的输出功率在经历短暂的波动后，重新稳定在较低的另一稳态值上，这表示着系统输出功率 $P_{\mathrm{e}}(t)$ 在经过暂态过程的波动后，重新调整到与光伏阵列出力 $P_{\mathrm{pv}}(t)$ 相等的平衡状态。图 3-27（b）中展示了在输出功率变化的过程中直流电容两侧电压的变化过程，在辐照度降低后的短时间内，直流电压在暂态过程中表现为迅速降

低后波动上升，当系统输出功率 $P_e(t)$ 与光伏阵列输出力 $P_{pv}(t)$ 重新平衡后，直流电压恢复到辐照波动前的稳态运行值。

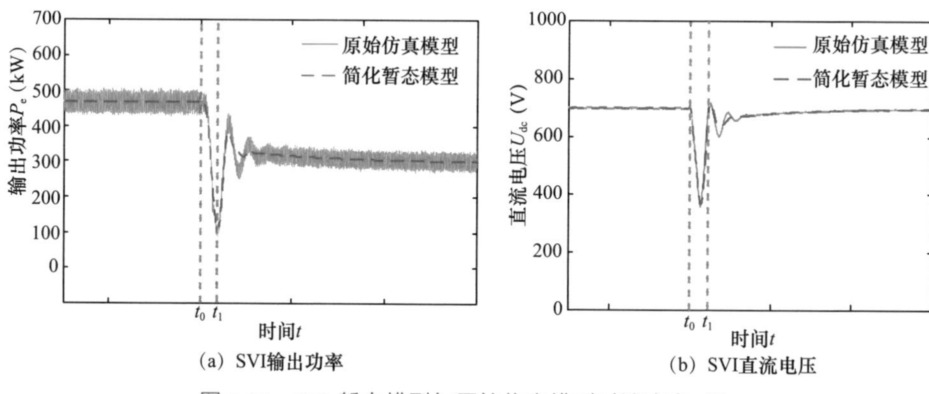

(a) SVI输出功率 (b) SVI直流电压

图 3-27 SVI 暂态模型与原始仿真模型时域响应对比

从以上的仿真结果可以看出，虽然简化模型忽略了滤波器功率损耗和交流电感过渡过程等因素，但由于辐照骤降导致的直流电压暂时跌落主要集中在输出功率首次降低的短暂时间过程中。而从图 3-27 中可以看出，在 t_0 到 t_1 的时间段内，简化模型所得结果与实际仿真结果之间是保持吻合的。因此可以证明构建的直流电压暂态模型是足够准确的。

2. 基于直流电压暂态模型的 SVI 直流电容选型方法验证

运行初始条件设定直流电压初值 700V，负荷 468kW；环境温度 25℃不变。根据传统功率波动百分比的电容选型方法，直流电容 C_{dc} 的设计标准为：

$$C_{dc} \geqslant \frac{\Delta P_{max} \cdot t_{s,max}}{U_d \cdot \Delta U_{d,max}} \tag{3-35}$$

式中：ΔP_{max} 为最大功率波动，在工程中按经验取额定输出功率的 5%，即 25kW；$t_{s,max}$ 为直流电压环最大调节时间，在此套仿真参数下约为 12.4ms；U_d 为逆变器运行时的直流电压，一般取光伏逆变器满功率运行时的最低直流电压，此时为 700V；ΔU_{d_max} 为允许的电压波动值，此处取直流电压 U_d 的 5%。将以上数据代入式（3-35），并同样考虑 5% 的电容设计裕度后，计算得到直流电容 C_{dc} 的取值应为 15.4mF。

根据图 3-28 中提出的电容设计方法，对辐照度变化在降低 0% ～ 50% 的情况下对直流电容进行设计，通过计算得到的设计结果与通过传统方法设计所得结果对比如图 3-28 所示。

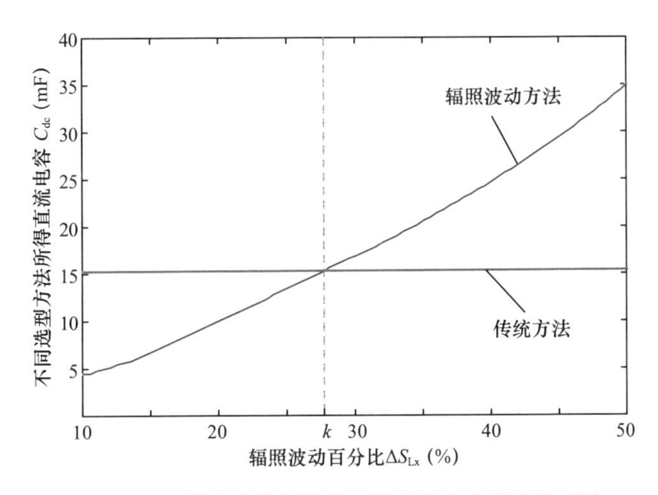

图 3-28　两种电容选型方案下的直流电容设计值对比

从图 3-28 中可以看出随着辐照波动的增大，依据辐照波动的设计方法得出的直流电容值呈现出单调上升的趋势，且在辐照波动达到 *k*% 时，与传统方法设计出的电容值相等。*k*% 即为传统方法设计的电容在实际辐照波动下的有效界限，*k* 值的具体大小受控制系统的影响，在不同的控制参数下会有所变化。

对比采用传统方法设计出的电容值，在环境辐照波动小于 *k*% 时，传统方法所设计的电容大于实际需要的理论值，虽然可以在辐照变化引起的暂态过程中支撑直流电压在欠电压值以上，但不够精确，在设计上存在着冗余浪费。而在环境辐照波动大于 *k*% 时，由于前者设计出的直流电容低于实际需要的理论值，因此无法提供足够的支撑；直流电压在暂态过程中将跌落到欠电压保护动作值以下，发生停机事故。

将图 3-28 中 30%、40%、45%、50% 的辐照波动下的电容设计得到的参数带入仿真模型，在对应场景下进行验证，得到如下结果。此时系统交流侧线电压幅值为 381V，实际直流欠电压保护动作值在此基础上设定为 400V。如图 3-29（a）中所示，当环境辐照度波动为 30%（t_0 时刻）时，若逆变器直流电容采用传统方法选型，则直流电压在辐照降低后迅速跌落至 400V 以下，触发欠电压保护，导致 SVI 机组停机；而逆变器直流电容采用所提辐照波动方法选型时，直流电压在辐照波动发生后始终高于欠电压保护动作值 400V，实现系统不停机运行。图 3-29 进一步展示了两种电容设计方法在辐照波动分别为 40%、45%、50% 下的直流电压变化情况。类似地，采用传统方法选型的电容值均无法保障直流电压维持在欠电压保护动作值以上，导致欠电压保护触发、系统停机。而采用所提方法选型的电容在辐照波动发生后，能够有效支撑直流电压度过暂态过程，避免直流欠电压。

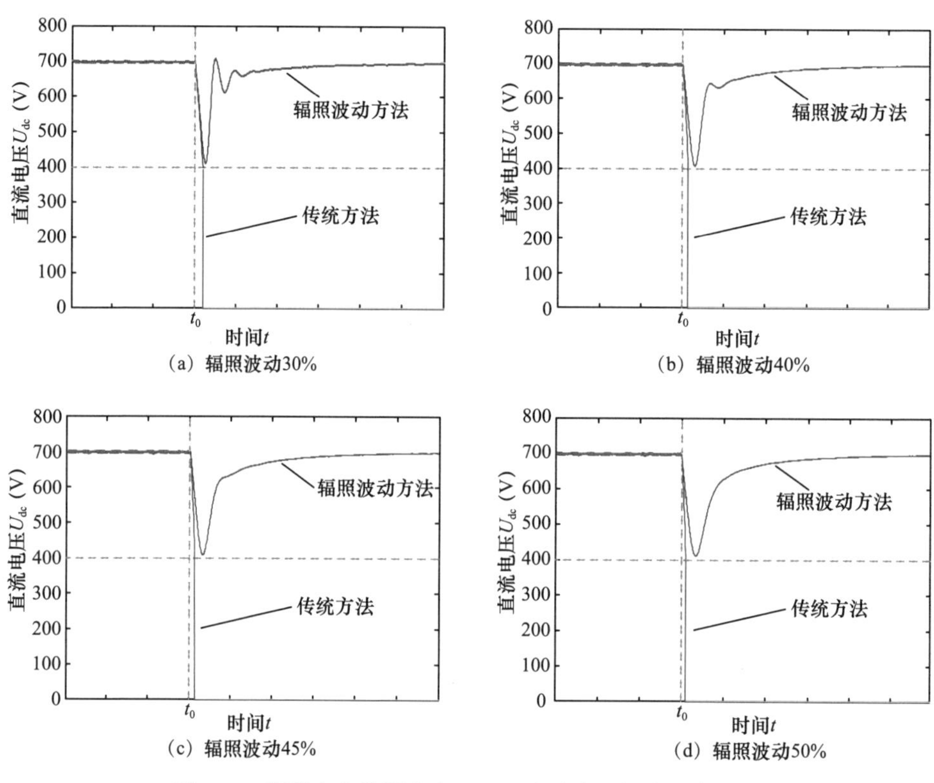

(a) 辐照波动30%　(b) 辐照波动40%

(c) 辐照波动45%　(d) 辐照波动50%

图 3-29　两种电容选型方案下 SVI 直流电压暂态过程对比

3.3.5　结论

本节针对 PV-SVI 系统在环境辐照波动下面临的直流欠电压停机问题，通过对 PV-SVI 系统暂态建模，建立了辐照波动与直流电压波动的关系模型，并在此基础上设计了直流电容选型方法。该方法对辐照波动下的直流电压变化情况进行准确预测和评估，有效避免直流欠电压，实现光伏自同步电压源在辐照波动下的直流电压稳定。经算例和仿真模型验证所提方法准确有效，为光伏发电设备的设计提供参考。

3.4　考虑负载不平衡时的储能自同步电压源独立构网优化控制

电网故障或停电检修时，储能自同步电压源具备独立建压并向关键负荷供电的构网能力。独立构网时，构网型储能自同步电压源与其负载共同构成一个微电网，但是在低电压微网中普遍存在三相不对称负荷，这将导致构网型储能自同步电压源自生成交流电压不平衡，极易造成能量损失或设备损坏，影响系统安全与稳定运行。依据 GB/T 15543—2008 要求电网正常运行时负序电压短时不得超过 4%。因此，研究控制构网型储能自同步电压源在独立构网下负载不平衡时输出高质量电压很有必要。

3.4.1　储能自同步电压源输出电压不平衡机理

三相系统中，三相负载大小或类型不一致是引起三相输出电压不对称最主要的原因。在微网逆变器系统中，负载不平衡包括三相负载电流的幅值不平衡或者相位不平衡。根据对称分量法，任意三相不平衡相量都可以分解为三组平衡的三相相量，分别为正序分量、负序分量和零序分量。在不考虑谐波的情况下三相不平衡线性负载的数学模型可以描述为：

$$\begin{bmatrix} u_{oa} \\ u_{ob} \\ u_{oc} \end{bmatrix} = U_m^P \begin{bmatrix} \cos(\omega t + \theta_P) \\ \cos(\omega t + \theta_P - 120°) \\ \cos(\omega t + \theta_P + 120°) \end{bmatrix} + U_m^N \begin{bmatrix} \cos(\omega t + \theta_N) \\ \cos(\omega t + \theta_N - 120°) \\ \cos(\omega t + \theta_N + 120°) \end{bmatrix} + U_m^0 \begin{bmatrix} \cos(\omega t + \theta_0) \\ \cos(\omega t + \theta_0) \\ \cos(\omega t + \theta_0) \end{bmatrix} \quad (3\text{-}36)$$

式中：u_{oa}、u_{ob}、u_{oc} 为三相负载电压；U_{mP}、U_{mN}、U_{mN} 为正序、负序和零序电压幅值；θ_P、θ_N、θ_0 为正、负序、零序电流的初始相位角。

将式（3-36）进行 Park 坐标变换，可得三相不平衡电压在 dq 坐标系下的表达式为：

$$\begin{bmatrix} u_{od} \\ u_{oq} \\ u_{o} \end{bmatrix} = T_{abc/dq} \begin{bmatrix} u_{oa} \\ u_{ob} \\ u_{oc} \end{bmatrix} = U_m^P \begin{bmatrix} \cos\theta_P \\ -\sin\theta_P \\ 0 \end{bmatrix} + U_m^N \begin{bmatrix} \cos(2\omega t + \theta_N) \\ -\sin(2\omega t + \theta_N) \\ 0 \end{bmatrix} + U_m^0 \begin{bmatrix} 0 \\ 0 \\ \cos(\omega t + \theta_0) \end{bmatrix} \quad (3\text{-}37)$$

式中：$T_{abc/dq} = \dfrac{2}{3}\begin{bmatrix} \cos(\omega t) & \cos(\omega t - 120°) & \cos(\omega t + 120°) \\ -\sin(\omega t) & -\sin(\omega t - 120°) & -\sin(\omega t + 120°) \\ 1/2 & 1/2 & 1/2 \end{bmatrix}$。

类似的，可得系统输出不平衡电流可以表示为：

$$\begin{bmatrix} i_{\mathrm{od}} \\ i_{\mathrm{oq}} \\ i_{\mathrm{o}} \end{bmatrix} = I_{\mathrm{m}}^{\mathrm{P}} \begin{bmatrix} \cos\theta_{\mathrm{P}} \\ -\sin\theta_{\mathrm{P}} \\ 0 \end{bmatrix} + I_{\mathrm{m}}^{\mathrm{N}} \begin{bmatrix} \cos\left(2\omega t+\theta_{\mathrm{N}}\right) \\ -\sin\left(2\omega t+\theta_{\mathrm{N}}\right) \\ 0 \end{bmatrix} + I_{\mathrm{m}}^{0} \begin{bmatrix} 0 \\ 0 \\ \cos\left(\omega t+\theta_{0}\right) \end{bmatrix} \tag{3-38}$$

式（3-37）表明：当逆变器三相输出电压不平衡时，将导致基于传统控制策略下的逆变器三相输出电压在 *dq* 轴旋转坐标下产生 2 倍工频脉动信号，其中该脉动信号对应于不平衡输出电压在 *dq* 轴旋转坐标下的负序分量。

对于三相三线制系统，在不考虑零序分量的情况下，常规的逆变器控制环路在 *dq* 轴旋转坐标系下的设计均是使得系统对直流量的增益无穷大，因而采用简单的 PI 调节器即可实现对直流量的无静差控制。然而，在负载不平衡工况下，由于 2 倍工频脉动信号的出现，且传统逆变器控制环路在 2 倍工频处的增益往往不够大，从而使得常规逆变器控制环路在负载不平衡工况下难以实现三相平衡电压的输出。

3.4.2 负载不平衡控制策略

由内模原理可知，要实现直流量的无静差控制，只需要采用 PI 调节器就可以实现，而要实现对由负载不平衡所引起的输出电压 2 倍工频脉动信号的无静差跟踪，需要控制器中含有相应频率的正弦信号内模，使系统开环幅频特性曲线上的 2 倍工频处的增益为无穷大。因此，基于上述考虑，同时为了简化逆变器带不平衡负载时的控制策略，本节提出一种免输出电压 \ 电流正负序分离的，基于 PI+R（谐振控制）的直接控制策略。其中 PI 调节器环节用来实现对不平衡电压中直流量的无静差控制，谐振环节用来提高不平衡电压中两倍频率处的系统环路增益，减小控制误差。基于谐振控制器的控制框图如图 3-30 所示。

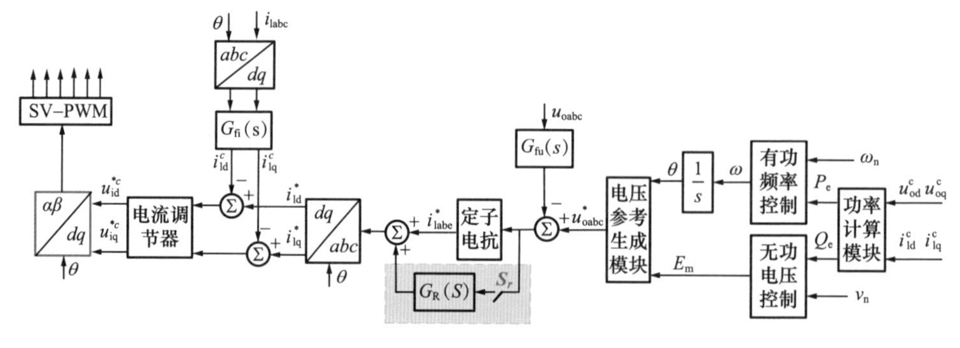

图 3-30 基于谐振控制器的控制框图

控制系统依然采用传统的双环控制结构，仅对电压环路的调节器进行改动。当逆变器工作在构网模式下输出接不平衡负载时，在 dq 轴旋转坐标系下，其输出电压的 dq 轴分量 u_{oabc} 与各自基准信号 $u_{\text{oabc}}*$ 相比较，将所产生的误差信号同时经过电压 PI 调节器和谐振控制器进行调节，并将各自输出信号相叠加作为内环电流环的基准 $I_{\text{Ldq}}*$，逆变器输出电感电流 I_{Ldq} 跟踪上述基准信号，并通过电流 PI 调节器和反 Clark 变换产生最终的调制波。

理想的谐振控制器的传递函数为：

$$G_{\text{R}}(s)=\frac{2k_{\text{r}}s}{s^2+\omega_0^2} \tag{3-39}$$

式中：ω_0 为谐振频率；k_{r} 为增益系数。

当 k_{r}=1 时，式（3-39）所示的谐振控制器的频率特性曲线如图 3-31 所示，其中 ω_0 取 2 倍工频角频率，即 628rad/s。

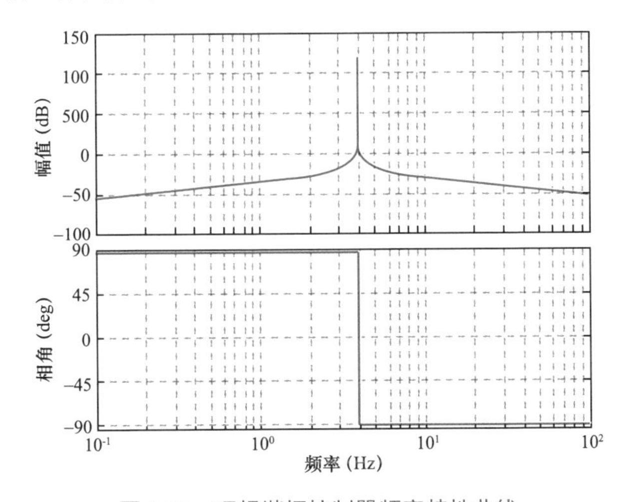

图 3-31　理想谐振控制器频率特性曲线

图 3-31 所示的理想谐振控制器传递函数频率特性曲线显示：理想谐振控制器在谐振频率 ω_0 处增益为无穷大，相移为 180°，而在其余频率处其增益迅速减小，相移为 0°。由于理想谐振控制器无穷大的增益会对系统稳定性造成不利的影响，并且在谐振频率附近增益过小，所以实际中一般采用带阻尼的谐振控制器，其形式为：

$$G_{\text{R}}(s)=\frac{2k_{\text{r}}\omega_{\text{c}}s}{s^2+2\omega_{\text{c}}s+\omega_0^2} \tag{3-40}$$

式（3-40）所示的带阻尼的谐振控制器有三个参数 k_r、ω_c 和 ω_0，其中 ω_0 为谐振频率。

图 3-32 给出了 $\omega_c=1$，k_r 变化时带阻尼的谐振控制器频率特性曲线。从图 3-32 中可以看出，控制器的增益随 k_r 的增大而同时变大，但控制器的带宽和相移却始终保持不变。

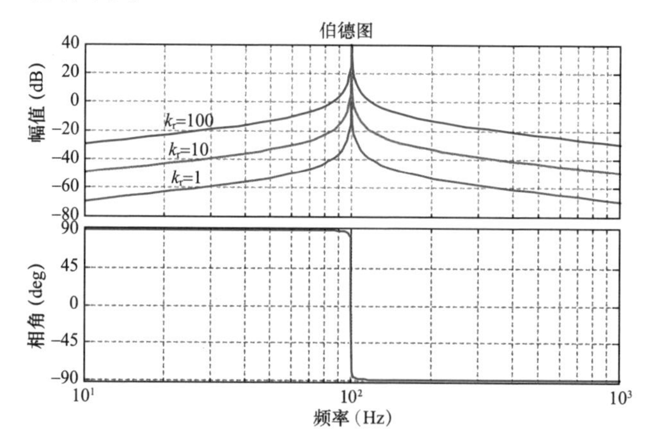

图 3-32　$\omega_c=1$，k_r 变化时谐振控制器的伯德图

图 3-33 进一步给出了 $k_r=1$，ω_c 变化时谐振控制器的频率特性曲线。从图 3-33 中可以看出，ω_c 既影响控制器的增益，也同时影响其带宽和相移，且随着 ω_c 的增大，谐振控制器的增益和带宽都增大。因此，为了获得合适的谐振控制器参数 k_r 及 ω_c 需要结合控制环路及其系统稳定性统一考虑。

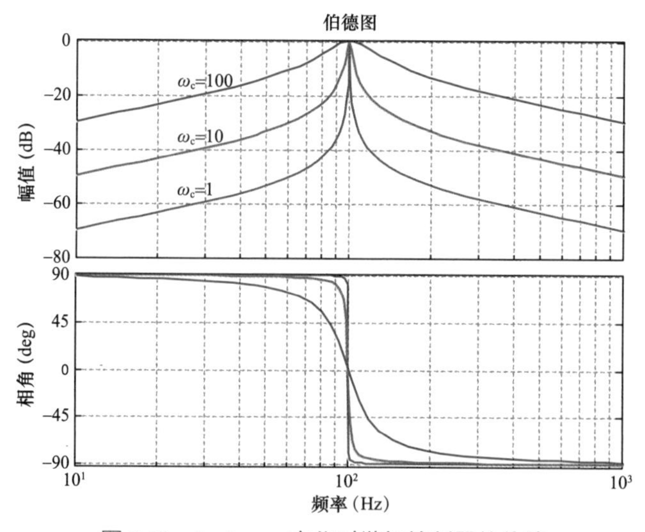

图 3-33　$k_r=1$，ω_c 变化时谐振控制器的伯德

3.4.3　基于谐振控制器的系统环路稳定性分析

当储能逆变器工作在离网模式下时，逆变器控制系统采用传统的电压电流双环控制结构。因为三相逆变器在旋转坐标系经过解耦后 dq 轴上环路呈现对称性，故下面仅以 d 轴为例来分析系统控制环路及其稳定性。

在采用前馈解耦控制之后，d 轴坐标系下储能逆变器电流内环控制结构如图 3-34 所示。其中 1/（$1+T_s s$）和 1/（$1+0.5T_s s$）分别代表电流环信号采样计算延迟和 PWM 控制的小惯性延时环节，K_{PWM} 代表控制信号到逆变器桥臂输出电压的放大系数。

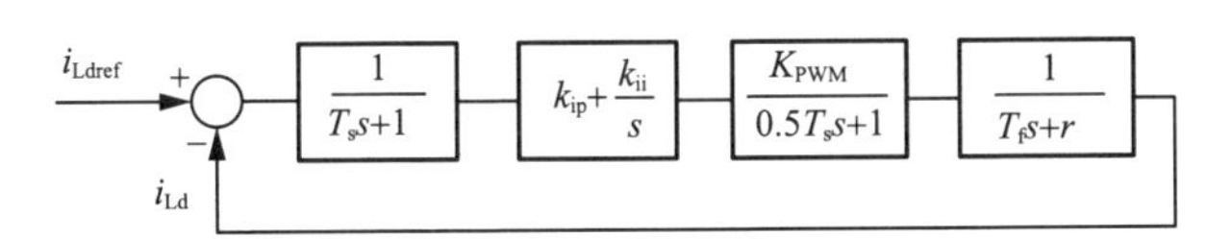

图 3-34　d 轴电流环的简化结构

忽略小惯性环节的作用，可得系统电流环开环传递函数为：

$$G_{\mathrm{oi}}(s)=\frac{K_{\mathrm{PWM}}k_{\mathrm{ii}}\left(1+\frac{k_{\mathrm{ip}}}{k_{\mathrm{ii}}}s\right)}{rs(T_s s+1)(0.5T_s+1)\left(1+\frac{L_f}{r}s\right)}\approx\frac{K_{\mathrm{PWM}}k_{\mathrm{ii}}\left(1+\frac{k_{\mathrm{ip}}}{k_{\mathrm{ii}}}s\right)}{rs(1+1.5T_s s)\left(1+\frac{L_f}{r}s\right)} \tag{3-41}$$

由于引入 PI 调节器补偿前的传递函数在中频段的斜率已经为 −20dB/dec，因此补偿网络在穿越频率处斜率为零。故将 PI 调节器的零点设计在原控制对象开环传递函数的主导极点转折频率处，可补偿系统相位裕度，提高稳定性，即：

$$\frac{k_{\mathrm{ip}}}{k_{\mathrm{ii}}}=\frac{L_f}{r} \tag{3-42}$$

从而原电流环开环传递函数即为：

$$G_{\mathrm{oi}}(s)=\frac{K_{\mathrm{PWM}}k_{\mathrm{ii}}}{rs(1+1.5T_s)} \tag{3-43}$$

则校正后电流环的闭环传递函数为：

$$G_{\mathrm{ci}}(s)=\frac{G_{\mathrm{oi}}(s)}{1+G_{\mathrm{oi}}(s)}=\frac{\omega_n^2}{s^2+2\zeta\omega_n s+\omega_n^2} \tag{3-44}$$

式中：$\zeta=\frac{1}{2}\sqrt{\frac{r}{1.5K_{\mathrm{PWM}}k_{\mathrm{ii}}T_{\mathrm{s}}}}$；$\omega_{\mathrm{n}}=\sqrt{\frac{K_{\mathrm{PWM}}k_{\mathrm{ii}}}{1.5T_{\mathrm{s}}r}}$。

根据典型I型系统二阶最佳整定法对参数进行整定，取系统阻尼比ζ=0.707，有：

$$\zeta=\frac{1}{2}\sqrt{\frac{r}{1.5K_{\mathrm{PWM}}k_{\mathrm{ii}}T_{\mathrm{s}}}}=0.707 \tag{3-45}$$

联立式（3-43）～式（3-45）可以求得电流环PI调节器参数为：

$$\begin{cases}k_{\mathrm{ii}}=\dfrac{r}{3T_{\mathrm{s}}K_{\mathrm{PWM}}}\\ k_{\mathrm{ip}}=\dfrac{L_{\mathrm{f}}}{3T_{\mathrm{s}}K_{\mathrm{PWM}}}\end{cases} \tag{3-46}$$

同理，经过前馈解耦控制之后，d轴坐标系下含有谐振控制器的外环电压环控制框图如图3-35所示。

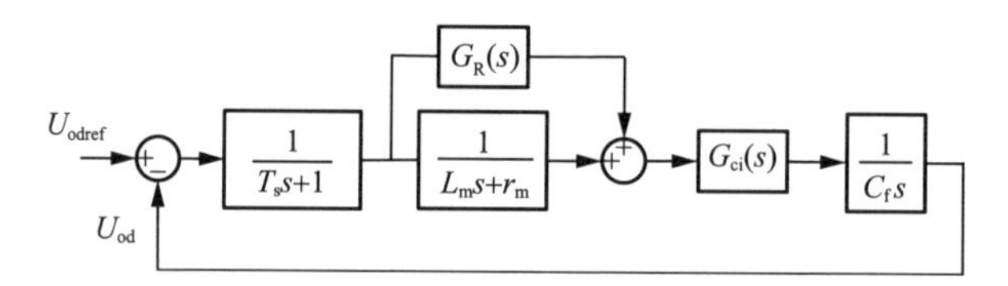

图3-35　d轴电压环的简化结构

根据上节关于电流内环参数整定计算分析，可得电流环闭环传递函数为：

$$G_{\mathrm{ci}}(s)=\frac{1}{1+\dfrac{r}{K_{\mathrm{PWM}}k_{\mathrm{ii}}}s}=\frac{1}{1+3T_{\mathrm{s}}s} \tag{3-47}$$

从而有含有谐振控制器的外环电压环开环传递函数为：

$$\begin{aligned}G_{\mathrm{ou}}(s)&=\frac{1}{sC(1+T_{\mathrm{s}}s)(1+3T_{\mathrm{s}}s)}\left[\frac{1}{L_{\mathrm{m}}s+r_{\mathrm{m}}}+G_{\mathrm{R}}(s)\right]\\&\approx\frac{1}{sC(1+4T_{\mathrm{s}}s)}\left[\frac{1}{L_{\mathrm{m}}s+r_{\mathrm{m}}}+G_{\mathrm{R}}(s)\right]\end{aligned} \tag{3-48}$$

由于谐振控制器的引入，其目的是用来提高不平衡电压中2倍频率处的系统环路增益，减小控制误差，对于输入电压的直流量仍然是由传统的PI调节器实现其跟踪控制。因此，当不考虑谐振控制器时，电压环开环传递函数为：

$$G'_{\mathrm{ou}}(s) \approx \frac{k_{\mathrm{vi}}(\frac{k_{\mathrm{vp}}s}{k_{\mathrm{vi}}}+1)}{s^2 C(1+4T_{\mathrm{s}}s)} \tag{3-49}$$

为保证微网逆变器在离网工作模式下输出恒定的交流电压，为微电网系统建立电压支撑。设计电压外环时，重点考虑其抗扰动性能。因此按照典型Ⅱ型系统对其进行设计。由式（3-49）可得典型Ⅱ型系统参数为：

$$\tau = \frac{k_{\mathrm{vp}}}{k_{\mathrm{vi}}};\ \ T = 4T;\ \ K = \frac{k_{\mathrm{vi}}}{C} \tag{3-50}$$

从而有电压环中频宽为：

$$h_{\mathrm{u}} = \frac{\tau}{T} = \frac{k_{\mathrm{vp}}}{4T_{\mathrm{s}}k_{\mathrm{vi}}} \tag{3-51}$$

根据典型 II 型系统参数整定关系 $K = \frac{h_{\mathrm{u}}+1}{2h_{\mathrm{u}}^2 T^2}$，即有：

$$\frac{k_{\mathrm{vi}}}{C} = \frac{h_{\mathrm{u}}+1}{32h_{\mathrm{u}}^2 T_{\mathrm{s}}^2} \tag{3-52}$$

工程上一般取中频宽 h_{u}=5，以满足电压外环的跟随性能和抗扰动性。将 h_{u}=5 代入式（3-52），可得电压外环的积分参数：

$$k_{\mathrm{vi}} = \frac{3C}{400T_{\mathrm{s}}^2} \tag{3-53}$$

综合式（3-52），可得电压外环的比例参数：

$$k_{\mathrm{vp}} = \frac{3C}{20T_{\mathrm{s}}} \tag{3-54}$$

联立式（3-53）、式（3-54），即可根据典型Ⅱ型系统参数整定方案完成对微网逆变器外环电压环的参数整定。

将 s=jw 代入式（3-40）所示的谐振控制器传递函数可得：

$$G_{\mathrm{R}}(\mathrm{j}\omega) = \frac{k_{\mathrm{r}}}{1+\mathrm{j}(\omega^2-\omega_0^2)/2\omega_{\mathrm{c}}\omega} \tag{3-55}$$

根据带宽的定义可知，当 $\left|G_{\mathrm{R}}(\mathrm{j}\omega)\right| = k_{\mathrm{r}}/\sqrt{2}$ 时，对应的频率差即为谐振控制器的带宽，从而有：$\left|(\omega^2-\omega_0^2)/2\omega_{\mathrm{c}}\omega\right| = 1$，进而可得谐振控制器的带宽为 ω_{c}/π。令微网逆变器实际工作频率波动范围为 49.5 ~ 50.5Hz（±0.5Hz），则

对于谐振控制器带宽即为 $\omega_c/\pi=1\text{Hz}$，从而可得：$\omega_c=3.14\text{rad/s}$。

为了满足静态误差的要求，令谐振控制器带宽内增益不小于 30dB，即：

$$\begin{cases}20\log(|G_R(\mathrm{j}2\pi\times101)|)>30\\20\log(|G_R(\mathrm{j}2\pi\times99)|)>30\end{cases}\tag{3-56}$$

式（3-56）即为谐振控制器控制参数 k_r 约束条件。

根据上文关于系统环路参数设计分析，并代入相关系统主电路参数，最终可获得对应的控制参数，具体主电路和控制参数如表 3-4 所示。

表 3-4　　储能逆变器系统参数

参数	数值	参数	数值
直流输入电压（V）	700	电流环 K_{ii}	200
额定输出功率（kW）	500	电压环 K_{vp}	1.288
交流输出滤波电感（mH）	0.15	电压环 K_{vi}	80
交流输出滤波电容（μF）	600	谐振控制器 ω_0	628rad/s
输出线电压有效值	315V AC/50Hz	谐振控制器 ω_c	3.14rad/s
系统开关频率（Hz）	3200	谐振控制器 K_r	35
电流环 K_{ip}	0.32		

根据所设计的控制参数，结合式（3-56）和式（3-55）可得引入谐振控制器后的电压环路频率特性曲线如图 3-36 所示。

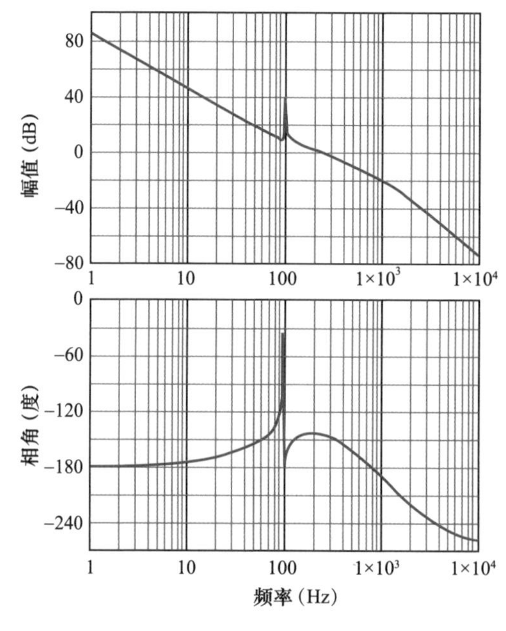

图 3-36　电压环频率特性曲线

图 3-36 所示的引入谐振控制器后的逆变器电压环路频率特性曲线表明：电压环路增益在逆变器输出工频两倍处（100Hz）的增益明显增大，有效提高了系统电压环路对不平衡负载所引起的输出电压 2 倍交流分量的控制作用，同时系统相位裕度为 35° 左右，很好地满足了系统稳定性条件。

3.4.4 仿真及实验验证

1．仿真分析

为了验证所提出的储能自同步电压源工作在离网模式下带不平衡负载控制策略的正确性，在 PLECS 中搭建了 500kW 储能自同步电压源系统仿真模型，其中系统主电路参数和控制参数均与表 1 所示一致。

（1）分析无谐振控制器时负载不平衡。如图 3-37 所示，在 4s 前系统运行在离网下三相平衡负载总功率 97.5kW，4s 时刻 A、B 两相各同时突增负载 131kW。

分析图 3-37 可知，在 4s 时刻 A、B 两相突增有功负载，此时三相电流发生明显不平衡，直流电压随负载增加而降低。对三相电压正负序分离，正序电压变化很小，负序电压 U_{d-} 由 0 增至 13V，负序电压不平衡度 5.08%。

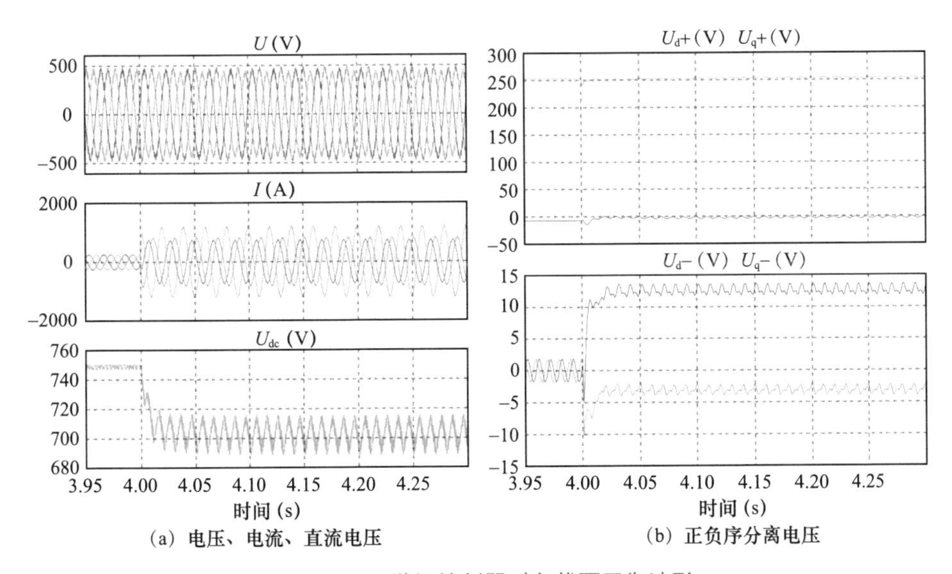

(a) 电压、电流、直流电压　　(b) 正负序分离电压

图 3-37 无谐振控制器时负载不平衡波形

（2）分析含谐振控制器时负载不平衡。如图 3-38 所示，在 4s 前系统运行在离网下三相平衡负载总功率 97.5kW，4s 时刻 A、B 两相各同时突增阻性或

感性负载。

分析图 3-38 可知，引入谐振控制器后，4s 时刻突增阻性或感性负载，负序电压发生很短暂小幅波动并迅速稳定，且稳定时负序电压不平衡度均小于 0.5%。说明引入谐振控制器后输出电压波形质量得到明显提高。

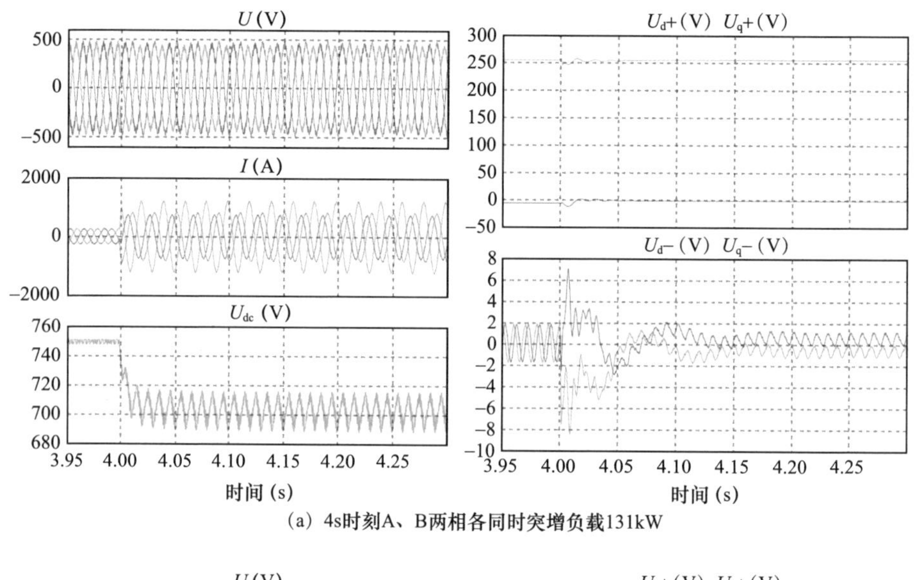

(a) 4s时刻A、B两相各同时突增负载131kW

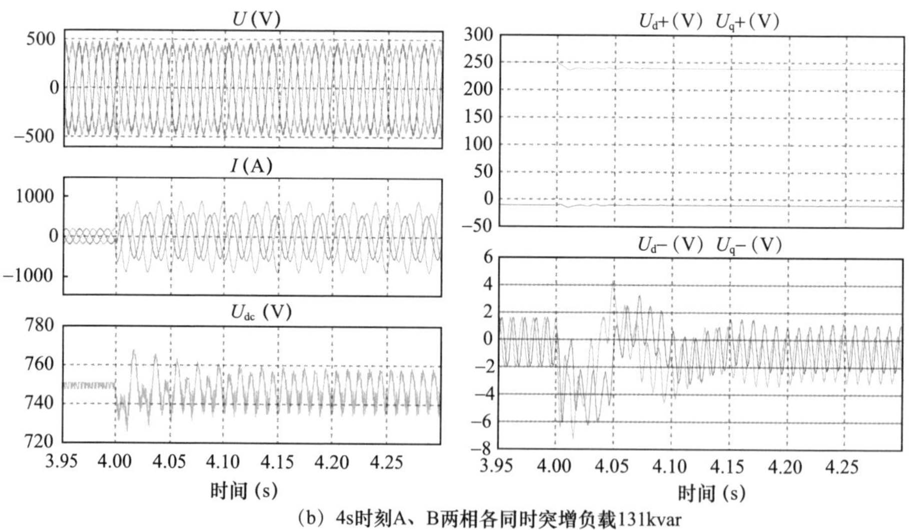

(b) 4s时刻A、B两相各同时突增负载131kvar

图 3-38 含谐振控制器时负载不平衡波形

2. 实验验证

为了进一步验证上述理论分析的正确性，构建了储能自同步电压源实验系统，实验系统主电路和控制参数与仿真模型参数完全一致。图 3-39 分别给出了不同负载不平衡工况下（负载不平衡工况设置与仿真相同），基于本节提出的控制策略下储能自同步电压源三相输出电压和电感电流实验录波波形。实验波形显示：在各种不平衡负载工况条件下，储能自同步电压源输出电压保持很好的平衡，且正弦度良好，实验波形与理论分析及仿真保持一致。

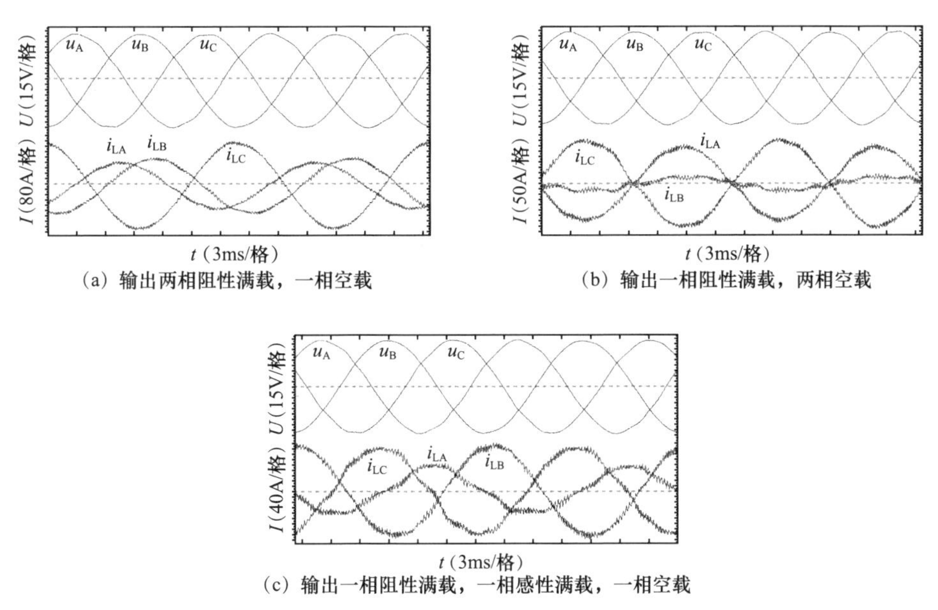

(a) 输出两相阻性满载，一相空载

(b) 输出一相阻性满载，两相空载

(c) 输出一相阻性满载，一相感性满载，一相空载

图 3-39　各种不平衡负载条件下的逆变器输出波形

3.4.5　结论

本节通过分析储能自同步电压源在带不平衡负载时输出电压的不平衡机理，提出了一种简单有效的系统控制方案，即在传统电压环路中增加谐振控制器以增大系统控制环路在 2 倍工频处的增益，从而保证了储能自同步电压源在带不平衡负载时仍能维持三相输出电压的平衡。新控制方法免去了传统控制策略中的不平衡电压正负序分离以及在正负序环路下的单独控制，极大简化了系统控制结构。仿真和实验结果充分验证了所提出新控制方案对于维持不平衡负载条件下，逆变器输出电压三相平衡的正确性和有效性。

3.5　试 验 验 证

为了进一步全面验证所提光伏 / 储能自同步电压源控制策略的正确性与有

效性，以光伏自同步电压源为例，构建了光伏自同步电压源硬件在环试验平台并进行试验分析。

3.5.1 光伏自同步电压源试验验证

1. 测试原理及试验内容

（1）系统结构。PV-SVI 的 RTDS 半实物试验平台原理框图如图 3-40 所示。试验平台由实物控制系统和 RTDS 实时数字仿真系统组成。其中，实物控制系统由实物控制器、I/O 板卡、功率放大器、控制监测电脑等组成；RTDS 实时数字仿真系统由 RTDS 模型设备和控制监测电脑组成。RTDS 系统向自同步电压源光伏逆变器实物控制器提供三相交流电压、交流电流、直流电压、直流电流、主开关位置节点等模拟、数字信号，其中 RTDS 输出的三相交流电压、三相电流仿真信号需经过功率放大器，变成实际功率对应的电压电流并输入到实物控制器，RTDS 输出的直流电压电流直接输入到实物控制器。

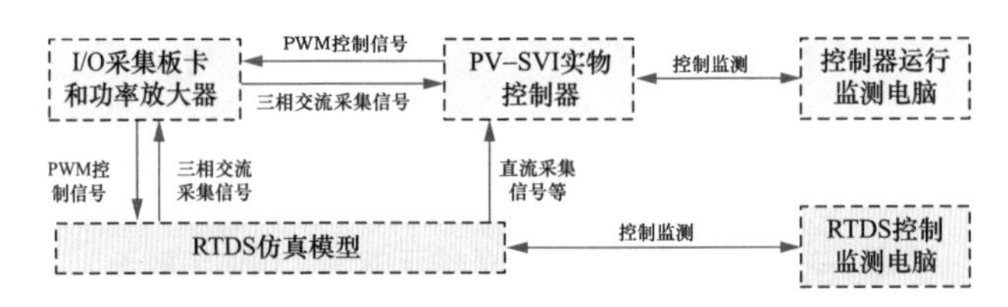

图 3-40 PV-SVI RTDS 半实物试验平台整体结构框图

（2）系统功能。

1）RTDS 实时数字仿真系统。RTDS 实时数字仿真系统将模型主电路中的三相交流信号和直流信号经过 I/O 采集板卡和功率放大器后传输给实物控制器，并用 I/O 采集卡和功放处理过的 PWM 信号驱动仿真模型逆变器的运行；RTDS 电脑监测控制用于对 RTDS 仿真模型下发各种运行指令，并监测模型运行状态。

RTDS 实时数字仿真系统模型结构框图示意如图 3-41 所示。使用 RTDS 实时数字仿真系统建立包括光伏电池组模块、自同步电压源型光伏逆变器的主电路模块、故障模拟模块、并网串联电抗器模块、负载模拟回路、变压器模块、并网开关以及等效无穷大电源的电力系统仿真环境。其中：光伏电池组件模块为 18 串、154 并，输出电压为 400 ～ 828V，模拟功率 0 ～ 500kW；自同步电压源型光伏逆变器模块额定输出功率 500kW，最大直流电压 1000V，交流额定工作电压为 270/315V，LC 滤波器中 L_f 为 150μH、C_f 为 80μF（Y 接）；并网串联电抗器模块用于模拟电网强弱，通过改变电抗值可模拟 SCR 为 0.1 ～ 20；故障模拟模块用于模拟低电压穿越下对称与非对称故障、高电压穿越下对称故障工况；负载模拟回路用于模拟不同负载场景。

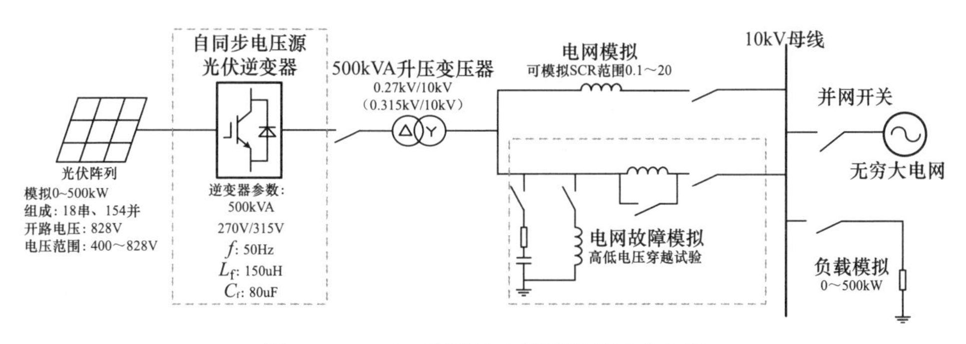

图 3-41　RTDS 系统仿真模型结构示意框图

2）实物控制器。在 RTDS 半实物试验平台中，光伏逆变器实物控制器为被测设备。PV-SVI 实物控制器通过 I/O 信号采集板卡和功率放大器采集 RTDS 仿真模型主电路的三相交流电压电流、直流电压电流等信号，实物控制器对采集的电气信号进行自同步电压源控制运算后生成 PWM 电气控制信号。通过 I/O 板卡及功率放大器后反馈给 RTDS，用于对仿真系统的运行控制。控制器运行监测电脑与实物控制器相连接，用于对 PV-SVI 实物控制器下发指令，并监测控制器运行状态。

3）I/O 信号采集板卡和功率放大器。在半实物测试系统中，光伏逆变器主电路均为仿真模型，输入输出均为弱电信号；而实物控制器的输入输出均为真实电压电流。I/O 信号采集板卡和功率放大器用于对仿真模型弱电气信号和控制器强电压电流信号之间的转换，实现半实物测试系统稳定运行。

PV-SVI RTDS 半实物试验平台主要设备如图 3-42 所示。

（3）试验项目。包括如下两个方面的内容：

1）检验被测装置作为光伏并网变换装备的并网性能。依据 GB/T 19964—2012《光伏发电站接入电力系统技术规定》、GB/T 37408—2019《光伏发电并网逆变器技术要求》等进行常规并网控制功能，包括并网适应性及 MPPT 试验、有功无功功率控制试验以及低电压 / 高电压等故障穿越性能判定，验证其性能指标。

2）检验被测装置新型控制原理下的构网性能及其技术指标。

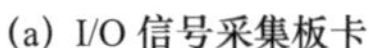

(a) I/O 信号采集板卡　(b) RTDS 模型设备　(c) RTDS 控制监测设备

(d) 功率放大器　(e) 实物控制器　(f) 实物控制器控制监测

图 3-42　PV-SVI RTDS 半实物试验平台主要设备

①并网条件下自同步电压源光伏逆变器的试验包括并网适应性及 MPPT 跟踪实验、MPPT 模式与调频模式切换试验、有功功率 \ 无功功率控制试验、惯量调频试验、一次调频 \ 调压试验、故障穿越试验。

②独立构网（与主电网断开，仅保留自同步电压源光伏逆变器、负载等）试验包括独立构网稳定性试验、独立构网下负载功率阶跃试验等。

（4）装置主要参数。

实物控制器主要参数如表 3-5 所示。

表 3-5　实物控制器主要参数

参数	数值	参数	数值
最大直流电压	1000V	MPPT 电压范围	（500 ～ 850）V DC
最大直流输入电流	1120A	交流额定工作电压	3 ～ 315/270V
额定输出功率	500kW	最大输出功率	550kVA
额定输出电流	916/1068A	额定最低运行短路比	≥1

2．光伏自同步电压源逆变器并网适应性及 MPPT 跟踪试验

图 3-43 展示了光伏自同步电压源并网适应性及 MPPT 跟踪的典型波形。

其中：

（1）图 3-43（a）、（b）为并网适应性试验。通过模拟电网短路比为 *SCR*=3、*SCR*=1.5，设置不同的光伏电池初始工况（光照、温度等）对应理论最大功率点功率 500kW；满足光伏并网条件下，下发并网指令，观测光伏自同步电压源型逆变器在不同短路比下的稳态、动态性能及响应速度等。

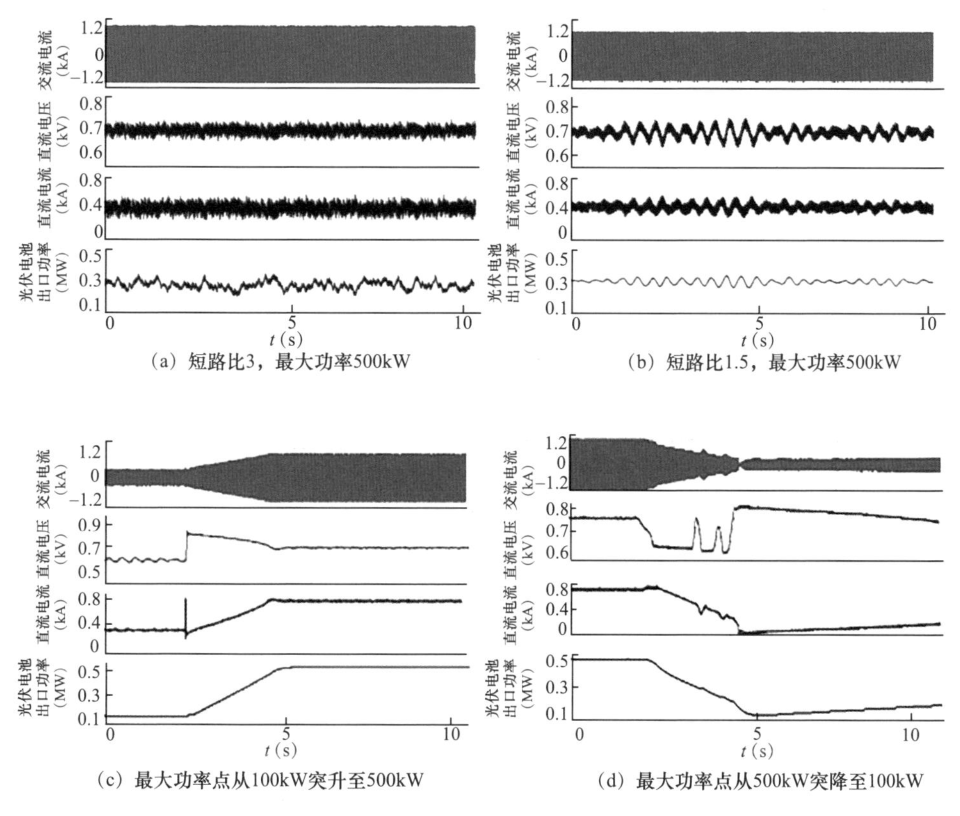

(a) 短路比3，最大功率500kW　(b) 短路比1.5，最大功率500kW

(c) 最大功率点从100kW突升至500kW　(d) 最大功率点从500kW突降至100kW

图 3-43　光伏自同步电压源并网适应性及 MPPT 跟踪

（2）图 3-43（c）、（d）为 MPPT 模式下最大功率阶跃试验。在 MPPT 模式下动态修改光照强度模拟光照突变，分别为光照突升（100kW 至 500kW）、光照突降（500kW 至 100kW），观测光伏自同步电压源型逆变器双向阶跃的控制稳定性以及响应速度等技术指标。

小结：由图 3-43（a）、（b）并网适应性试验可知，PV-SVI 在高短路比（*SCR*=3）和低短路比下（*SCR*=1.5）下均可稳定运行，且最大功率跟踪正常；由图 3-43（c）、（d）的 MPPT 模式下最大功率阶跃试验可知，当光照突变时，

PV-SVI 装置 MPPT 迅速进行最大功率跟踪后并稳定运行，系统动态过程稳定，有功功率控制误差不大于 5%，从启动阶跃到稳定的响应时间不大于 3s、调节时间不大于 5s。试验证明 PV-SVI 具备良好的并网适应性及 MPPT 跟踪性能。

3．光伏自同步电压源逆变器调频模式 -MPPT 切换试验

图 3-44 展示了调频模式 -MPPT 切换试验的典型波形。通过光照设定，自同步电压源型光伏逆变器初始 MPPT 模式下功率约为 500kW，然后预留备用系数分别为 12.5%、25%，执行 MPPT 模式切换至调频模式，观察模式切换前后系统稳定性及功率运行稳定值。

小结：MPPT 转调频模式切换过程中 PV-SVI 稳态过程运行稳定、动态过程平滑，且功率控制误差小于 4%。试验证明 PV-SVI 具备良好的 MPPT 模式转调频切换运行性能。

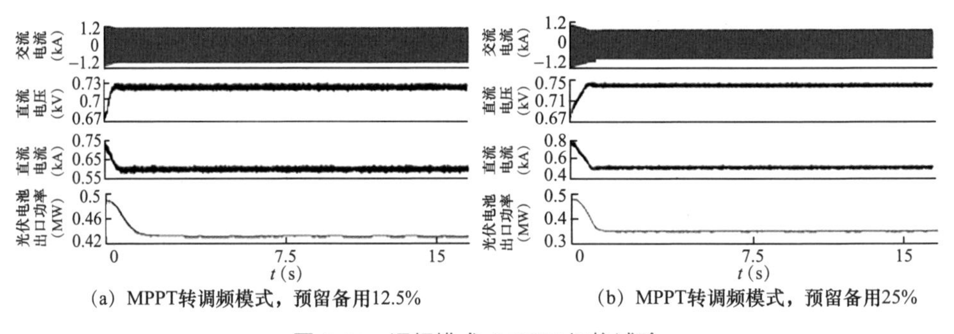

（a）MPPT转调频模式，预留备用12.5%　（b）MPPT转调频模式，预留备用25%

图 3-44　调频模式 -MPPT 切换试验

试验数据如表 3-6 所示。

表 3-6　试验数据

初始功率（kW）	目标功率（备用）（kW）	实际输出功率（kW）	控制误差（%）
450	394（备用系数 12.5%）	380	3.5
450	338（备用系数 25.0%）	325	3.8

4．光伏自同步电压源逆变器调频模式 -MPPT 切换试验

图 3-45 展示了调频模式 -MPPT 切换试验的典型波形。测试中光伏自同步电压源最大运行功率约为 500kW，初始状态为调频模式且预留备用系数分别为 12.5%、25%，执行调频模式切换至 MPPT 模式，观察模式切换前后系统稳定性及功率运行稳定值。

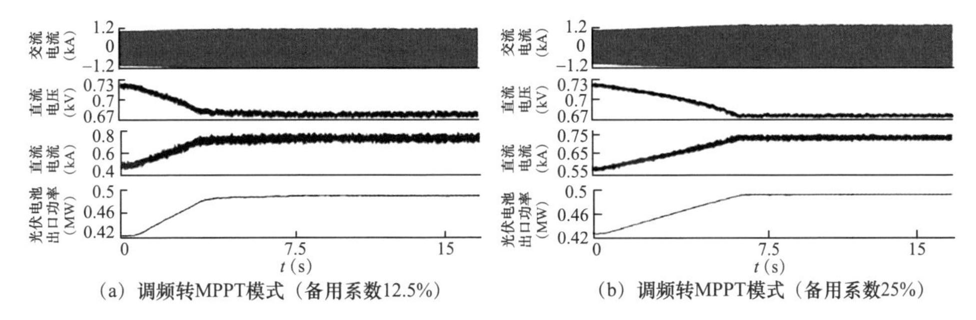

（a）调频转MPPT模式（备用系数12.5%）（b）调频转MPPT模式（备用系数25%）

图 3-45 调频模式 -MPPT 切换试验

小结：调频模式 -MPPT 切换过程中 PV-SVI 稳态过程运行平稳、动态过程平滑，且功率控制误差小于 2%，响应时间小于 5000ms，MPPT 调节时间小于 5800ms。试验证明 PV-SVI 具备良好的调频转 MPPT 模式切换性能。

试验数据如表 3-7 所示。

表 3-7 试验数据

初始功率（kW）	目标功率（kW）	实际输出功率（kW）	控制误差（%）	响应时间（ms）	MPPT 调节时间（ms）
380（备用系数 12.5%）	430	438	1.8	2500	3000
325（备用系数 25.0%）	430	433	0.7	5000	5800

5．光伏自同步电压源逆变器有功功率控制试验

图 3-46 展示了光伏自同步电压源有功功率控制试验的典型波形。其中：

（1）图 3-46（a）、（b）为光伏自同步电压源逆变器 PV-SVI 输出有功功率达到额定值 P_n 后调节有功功率给定参考值，功率给定参考值突降，分别为：80%P_n 阶跃至 60%P_n、40%P_n 阶跃至 20%P_n，观测 PV-SVI 逆变器功率输出动态性能、稳态波形及功率控制精度。

（2）图 3-46（c）、（d）为光伏自同步电压源逆变器 PV-SVI 输出有功功率达到额定值 P_n 后调节有功功率给定参考值，功率给定参考突增，分别为：20%P_n 阶跃 60%P_n、60%P_n 阶跃至 100%P_n，观测 PV-SVI 逆变器功率输出动态性能、稳态波形及功率控制精度。

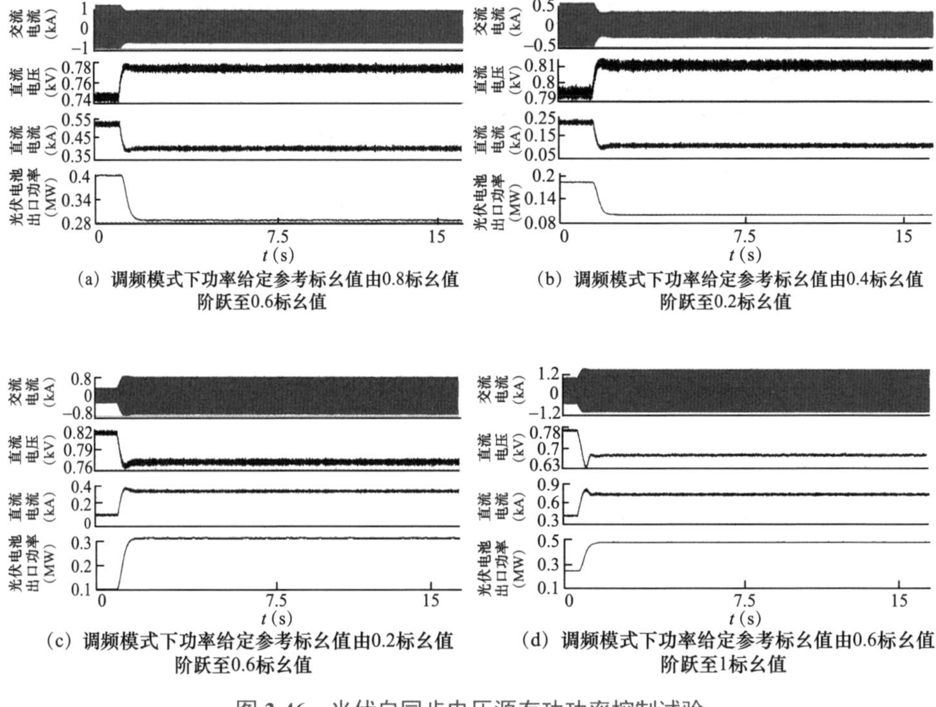

(a) 调频模式下功率给定参考标幺值由0.8标幺值阶跃至0.6标幺值

(b) 调频模式下功率给定参考标幺值由0.4标幺值阶跃至0.2标幺值

(c) 调频模式下功率给定参考标幺值由0.2标幺值阶跃至0.6标幺值

(d) 调频模式下功率给定参考标幺值由0.6标幺值阶跃至1标幺值

图 3-46 光伏自同步电压源有功功率控制试验

小结：通过图 3-46（a）、（b）有功功率给定参考突降和图 3-46（c）、（d）为功率功率给定参考突增试验可知。有功功率突变情况下系统运行平稳，有功功率控制控制误差应为小于 ±1%，响应时间小于 200ms，有功调节时间小于 650ms。试验证明 PV-SVI 具备良好的有功功率控制能力。

典型试验数据如表 3-8 所示。

表 3-8 典型试验数据

初始功率（kW）	目标功率（kW）	实际输出功率（kW）	控制误差（%）	响应时间（ms）	有功调节时间（ms）
344	255	251	0.8	200	400
167	82	79	0.6	200	600
82	255	252	0.6	150	650
255	430	432	-0.4	150	500

6. 光伏自同步电压源逆变器无功功率控制试验

图 3-47 展示了光伏自同步电压源无功功率控制试验的典型波形。通过修改 PV-SVI 指令值，在不同无功功率运行工况进行测试。

（1）图 3-47（a）、（b）为光伏自同步电压源逆变器 PV-SVI 最大功率点为 250kW，修改 PV-SVI 在无功功率给定参考突变，即：无功功率阶跃分别为 500kvar 阶跃至 −500kvar、−500kvar 阶跃至 500kvar，观测 PV-SVI 逆变器功率输出动态性能、稳态波形及功率控制精度。

（2）图 3-47（c）、（d）为光伏自同步电压源逆变器 PV-SVI 最大功率点为 500kW，修改 PV-SVI 在无功功率给定参考突变，即：无功功率阶跃分别为 250kvar 阶跃至 −250kvar、−250kvar 阶跃至 250kvar，观测 PV-SVI 逆变器功率输出动态性能、稳态波形及功率控制精度。

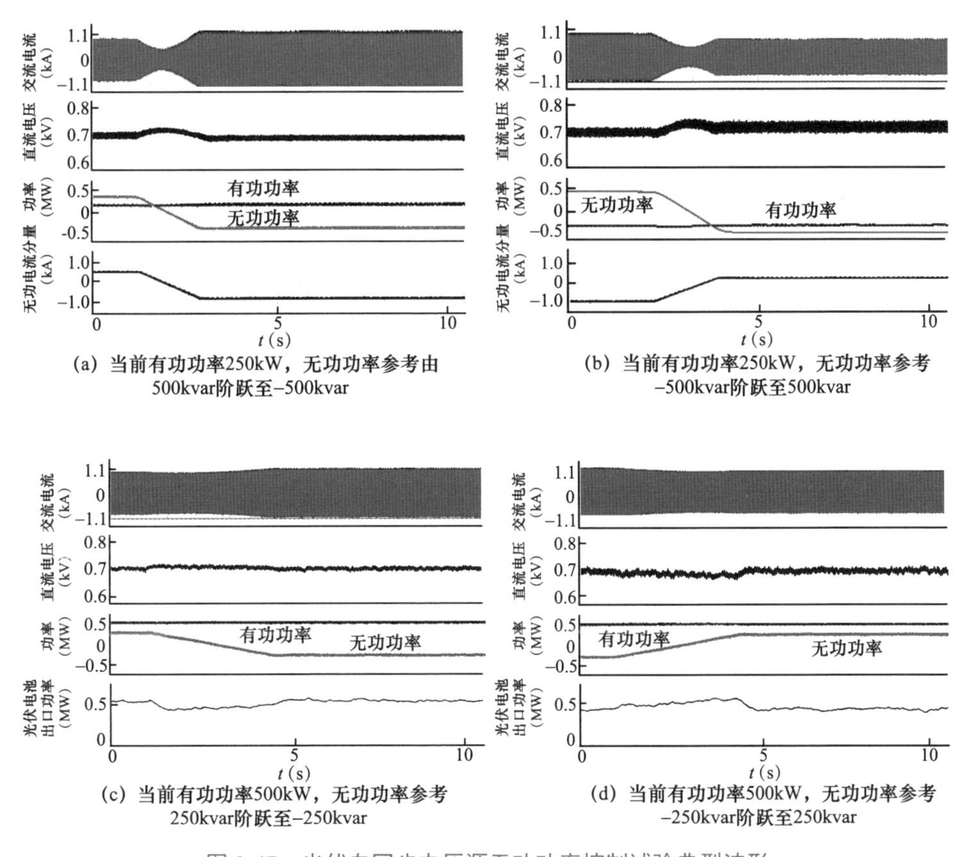

(a) 当前有功功率250kW，无功功率参考由500kvar阶跃至−500kvar

(b) 当前有功功率250kW，无功功率参考−500kvar阶跃至500kvar

(c) 当前有功功率500kW，无功功率参考250kvar阶跃至−250kvar

(d) 当前有功功率500kW，无功功率参考−250kvar阶跃至250kvar

图 3-47　光伏自同步电压源无功功率控制试验典型波形

小结：通过最大有功功率 250kW/500kW 情况下，进行无功功率极限突变。无功功率突变情况下系统运行平稳，无功功率控制控制误差应为小于 ±1%，响应时间小于 900ms。试验证明 PV-SVI 具备良好的无功功率控制能力。

典型试验数据如表 3-9 所示。

表 3-9　典型试验数据

初始有功功率（kW）	初始无功功率（kvar）	目标无功功率（kvar）	实际输出无功功率（kvar）	控制误差（%）	响应时间（ms）
220	500	−500	−496	-0.8	900
220	−500	500	497	0.6	900
450	250	−250	−252	0.4	800
450	−250	250	249	0.2	800

7. 光伏自同步电压源逆变器惯量调频试验

图 3-48 展示了光伏自同步电压源惯量调频试验的典型波形。通过修改电网频率突变进行 PV-SVI 测试。PV-SVI 工作在 MPPT 模式下，最大功率 500kW，进行电网频率突变 ±0.5Hz，观测自同步电压源型光伏逆变器功率输出。

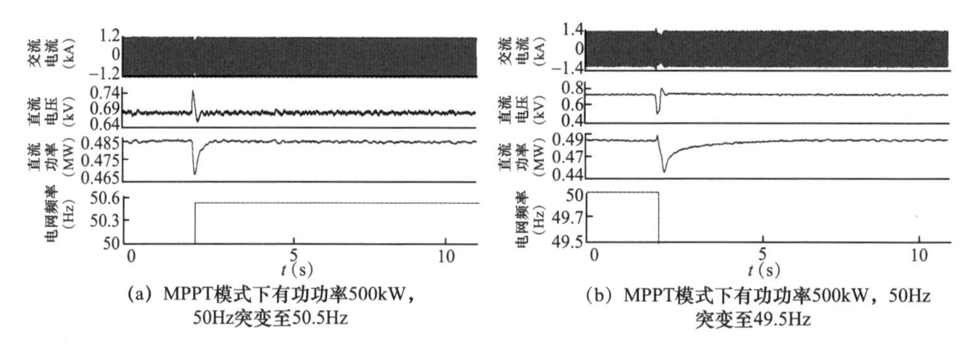

(a) MPPT模式下有功功率500kW，50Hz突变至50.5Hz　　(b) MPPT模式下有功功率500kW，50Hz突变至49.5Hz

图 3-48　光伏自同步电压源惯量调频试试验

小结：通过对 MPPT 运行模式下电网频率的突变测试，频率突变情况下惯量增发或吸收有功，响应时间 27ms，惯量动态过程及调频前后系统运行稳定。试验证明 PV-SVI 具备良好的惯量调频性能。

典型试验数据如表 3-10 所示。

表 3-10　典型试验数据

初始功率（kW）	频率波动（Hz）	惯量输出功率（kW）	响应时间（ms）
432	0.5	−70	27
432	−0.5	61	27

8. 光伏自同步电压源逆变器一次调频试验

图 3-49 展示了光伏自同步电压源不同备用系数下，通过修改电网频率测试 PV-SVI 的一次调频性能，其中：

（1）图 3-49（a）、（b）为光伏自同步电压源逆变器 PV-SVI 最大功率点为 500kW，预留有功备用系数 12.5% 后，进行电网频率突变 ±0.5Hz，观测一次调频作用下有功功率输出、动态性能、稳态波形及功率控制精度。

（2）图 3-49（c）、（d）为光伏自同步电压源逆变器 PV-SVI 最大功率点为 500kW，预留有功备用系数 37.5% 后，进行电网频率突变 ±0.5Hz，观测一次调频作用下有功功率输出、动态性能、稳态波形及功率控制精度。

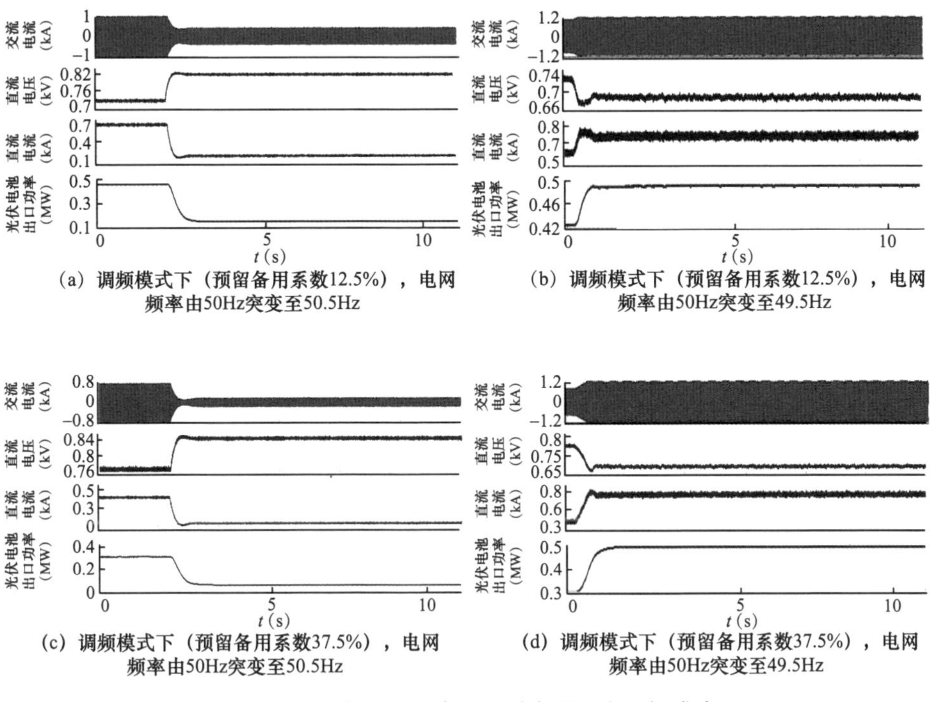

（a）调频模式下（预留备用系数12.5%），电网频率由50Hz突变至50.5Hz

（b）调频模式下（预留备用系数12.5%），电网频率由50Hz突变至49.5Hz

（c）调频模式下（预留备用系数37.5%），电网频率由50Hz突变至50.5Hz

（d）调频模式下（预留备用系数37.5%），电网频率由50Hz突变至49.5Hz

图 3-49 光伏自同步电压源逆变器一次调频试验

小结：通过对 12.5% 和 37.5% 两种备用系数下电网频率突变，频率突降后有功功率持续稳定增发、频率突增后有功功率持续稳定吸收，且一次调频响应时间小于 250ms，调节时间小于 600ms。试验证明光伏自同步电压源具备良好的一次调频性能。

典型试验数据如表 3-11 所示。

表 3-11 典型试验数据

当前实际功率（kW）	备用功率（kW）	频率波动偏差（Hz）	一次调频输出功率 ΔP（kW）	响应时间（ms）	调节时间（ms）
375	55	0.5	-241	150	600
375	55	−0.5	+56	70	500
269	161	0.5	−241	150	600
269	161	-0.5	+161	250	550

9. 光伏自同步电压源逆变器一次调压试验

图 3-50 展示了光伏自同步电压源一次调压功能试验的典型波形。通过修改电网电压幅值测试 PV-SVI 的一次压频性能。测试中，并网运行时，工作在调频模式下，光伏电池最大功率为 500kW，设定有功功率为 50%P_n，修改电网电压幅值从额定值分别阶跃至 109%U_n、91%U_n，观测光伏自同步电压源逆变器 PV-SVI 无功功率输出、动态性能、稳态波形及功率控制精度。

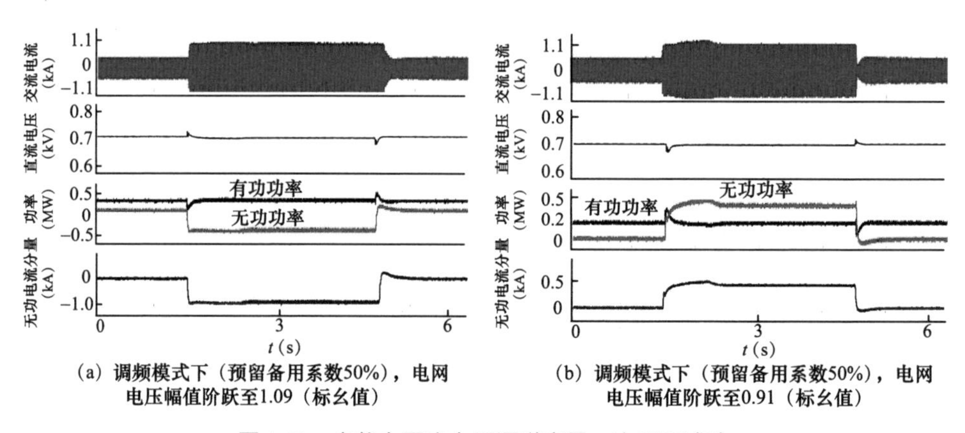

(a) 调频模式下（预留备用系数50%），电网电压幅值阶跃至1.09（标幺值）

(b) 调频模式下（预留备用系数50%），电网电压幅值阶跃至0.91（标幺值）

图 3-50 光伏自同步电压源逆变器一次调压试验

小结：通过对电网电压幅值突变，电网电压幅值突降后无功功率持续稳定增发、电网电压幅值突升后有功功率持续稳定吸收，且一次调压响应时间小于 35ms，控制误差精度小于 0.8%，试验证明光伏自同步电压源具备良好的一次调压性能。

典型试验数据如表 3-12 所示。

表 3-12　　典型试验数据

初始功率（kW）	电压阶跃至（标幺值）	一次调压输出无功功率 ΔQ（kvar）	控制误差（%）	响应时间（ms）
215	1.09	−481	-0.8	30
215	0.91	481	0.8	35

10．光伏自同步电压源逆变器故障穿越试验

（1）光伏逆变器故障穿越试验要求。根据 GB/T19964—2012《光伏发电站接入电力系统技术规定》、GB/T 37408—2019《光伏发电并网逆变器技术要求》的最新要求，光伏并网逆变器应实现如下功能。

1）图 3-51 为光伏发电站应满足的低电压穿越要求。

①光伏发电站并网点电压跌落至 0 时，光伏发电站应能不脱网连续运行 0.15s;

②光伏发电站并网点电压跌落至曲线 1 以下时，光伏发电站可以从电网切出。

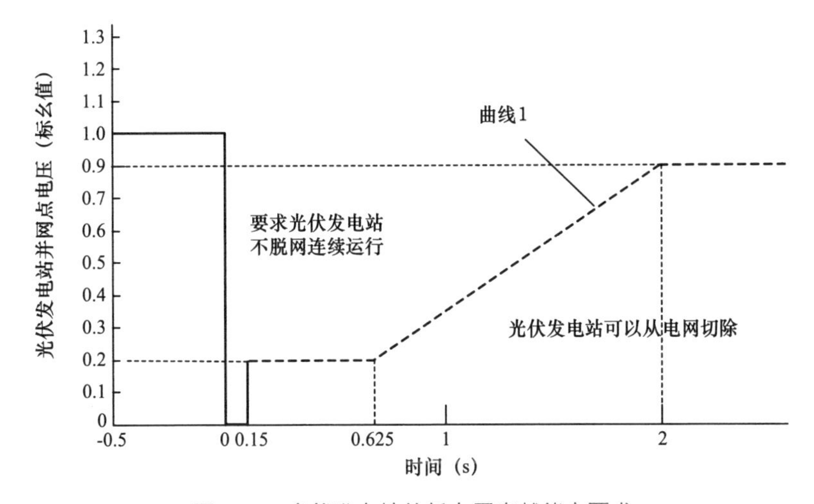

图 3-51　光伏发电站的低电压穿越能力要求

2）图 3-52 为光伏发电站应满足的高电压穿越能力要求。

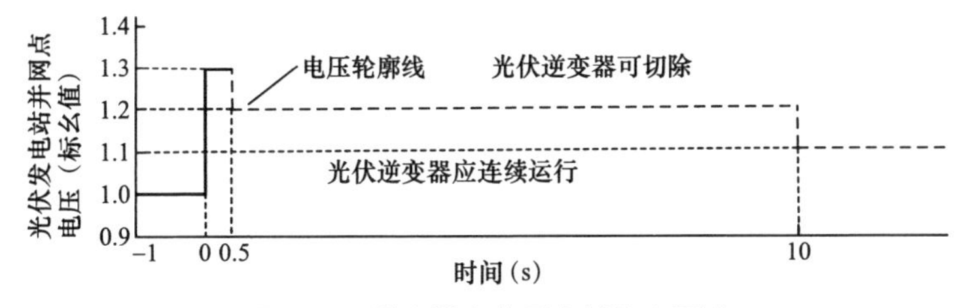

图 3-52　逆变器高电压穿越能力要求

3）故障类型及考核电压。电力系统发生不同类型低电压穿越故障时，若光伏发电站并网点考核电压全部在图 3-52 中电压轮廓线及以上的区域内，光伏发电站应保证不脱网连续运行；否则，允许光伏发电站切出。针对不同低电压穿越故障类型的考核电压如表 3-13 所示。高电压穿越仅考核三相对称工况。

表 3-13　　光伏发电站低电压穿越考核电压

故障类型	考核电压
三相对称短路故障	交流侧线 / 相电压
两相相间短路故障	交流侧线电压
两相接地短路故障	交流侧线 / 相电压
单相接地短路故障	交流侧相电压

4）有功功率，应满足下列要求：

①低电压穿越期间未脱网的逆变器，自故障清除时刻开始，以至少 30% 额定功率 /s 的功率变化率平滑地恢复至故障前的值。故障期间有功功率变化值小于 $10\%P_{\mathrm{N}}$ 时，可不控制有功功率恢复速度。

②高电压穿越期间未脱网的逆变器，其电网故障期间输出的有功功率应保持与故障前输出的有功功率相同，允许误差不应超过 10%。

5）动态无功能力。故障期间逆变器动态无功能力应满足下列要求：

①自逆变器交流侧电压异常时刻起（$U_{\mathrm{T}}<0.9$ 或 $U_{\mathrm{T}}>1.1$）。动态无功电流的响应时间不大于 60ms。最大超调应不大于 20%．调节时间不大于 150ms。

②自动态无功电流响应起直到电压恢复至正常范围（$0.9\leqslant U_{\mathrm{T}}\leqslant1.1$）期间，逆变器输出的动态无功电流 I_{T} 应实时跟踪并网点电压变化，并应满足：

$$\begin{cases} I_{\mathrm{T}}=K_1\times\left(0.9-U_{\mathrm{T}}\right)\times I_{\mathrm{N}}\ (U_{\mathrm{T}}<0.9) \\ I_{\mathrm{T}}=K_2\times\left(1.1-U_{\mathrm{T}}\right)\times I_{\mathrm{N}}\ \ (U_{\mathrm{T}}>1.1) \end{cases} \tag{3-57}$$

式中：I_{T} 为逆变器输出动态无功电流有效值，数值为正代表输出感性无功，数值为负代表输出容性无功；K_1、K_2 为逆变器输出动态无功电流与电压变化比例值。K_1 和 K_2 应可设置。K_1 取值范围应为 1.5 ～ 2.5，K_2 取值范围应为 0 ～ 1.5；U_{T} 为逆变器交流侧实际电压与额定电压的比值；I_{N} 为逆变器交流侧额定输出电流值。

③对称故障时，动态无功电流的最大有效值不宜超过 $1.05I_{\mathrm{N}}$；不对称故障时，动态无功电流的最大有效值不宜超过 $0.4I_{\mathrm{N}}$。

④动态无功电流控制误差不应大于 $\pm5\%I_{\mathrm{N}}$。

（2）光伏逆变器故障穿越试验验证。

1）低电压穿越试验验证。图 3-53 和图 3-54 展示了三相电压对称跌落试验。并网运行，在重载工况下，电网发生三相对称电压跌落，对典型工况为 0%U_n、20%U_n、60%U_n 这 2 个点进行测试，按照低电压穿越曲线要求选取故障时间，观测故障发生前后、发生期间、恢复前后的电压、有功功率、无功功率变化波形。

图 3-55 和图 3-56 展示了三相电压不对称跌落试验。并网运行，在重载工况下，电网发生三相不对称电压跌落，对典型工况为 A 相不平衡跌落到 0% U_n、AB 相不平衡跌落到 0% U_n 这 2 个点进行测试，按照低电压穿越曲线要求选取故障时间，观测故障发生前后、发生期间、恢复前后的电压、有功功率、无功功率变化波形。

2）高电压穿越试验验证。图 3-57 和图 3-58 展示了三相电压对称高电压穿越试验的典型波形。并网运行，在重载工况下，电网发生三相对称电压跌落，对典型工况为 120%U_n、130%U_n 这 2 个点进行测试，按照高电压穿越曲线要求选取故障时间，观测故障发生前后、发生期间、恢复前后的电压、有功功率、无功功率变化波形。

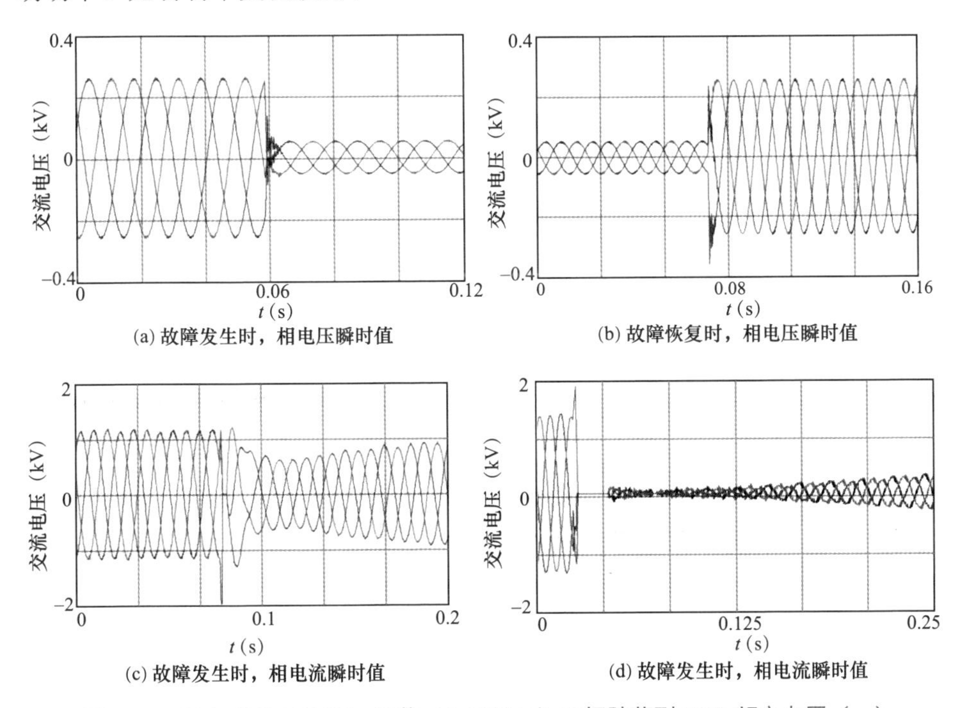

(a) 故障发生时，相电压瞬时值

(b) 故障恢复时，相电压瞬时值

(c) 故障发生时，相电流瞬时值

(d) 故障发生时，相电流瞬时值

图 3-53　最大功率 500kW，重载（≥70%P_n）三相跌落到 20% 额定电压（一）

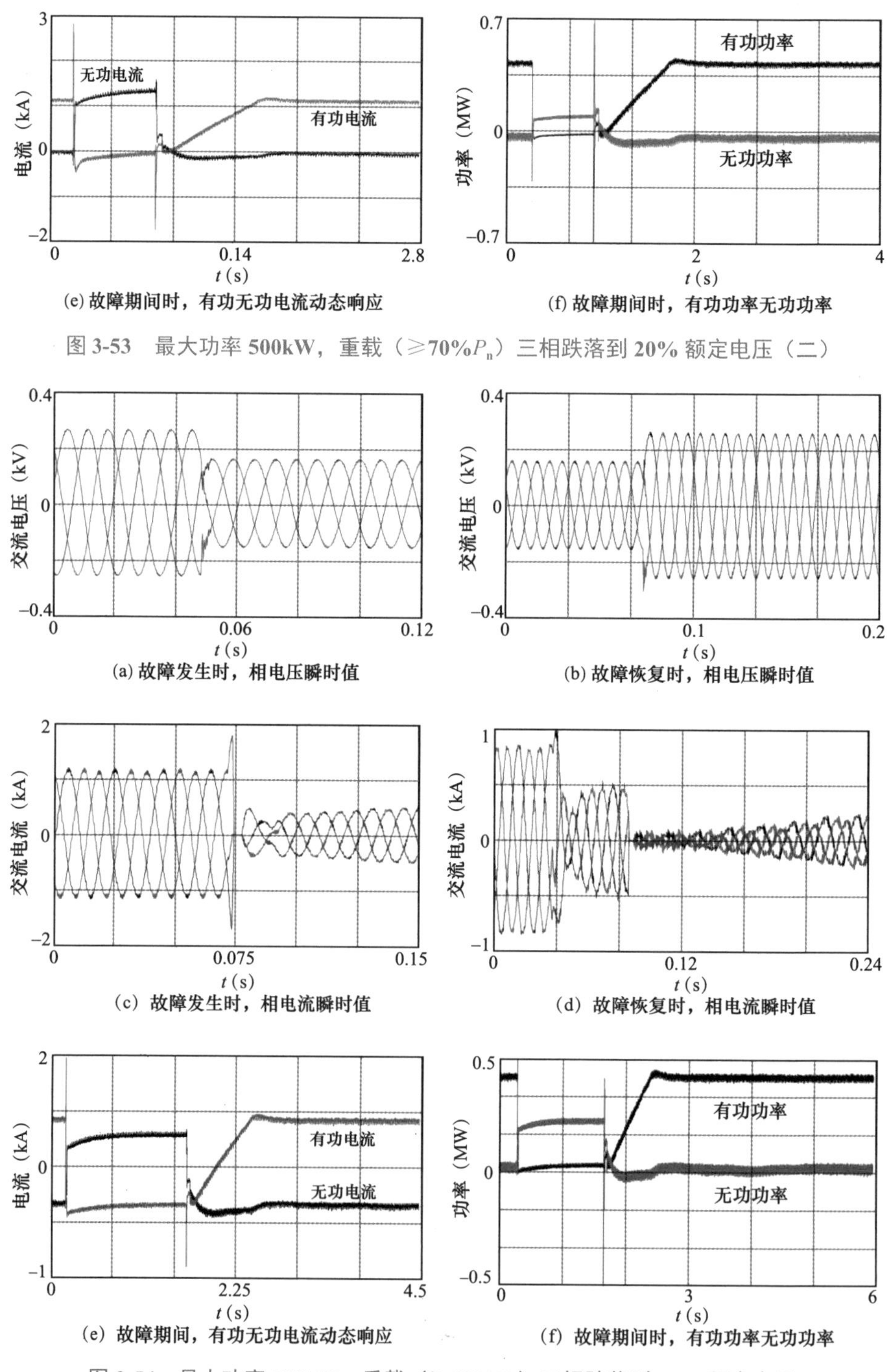

图 3-53　最大功率 500kW，重载（≥70%P_n）三相跌落到 20% 额定电压（二）

图 3-54　最大功率 500kW，重载（≥70%P_n）三相跌落到 60% 额定电压

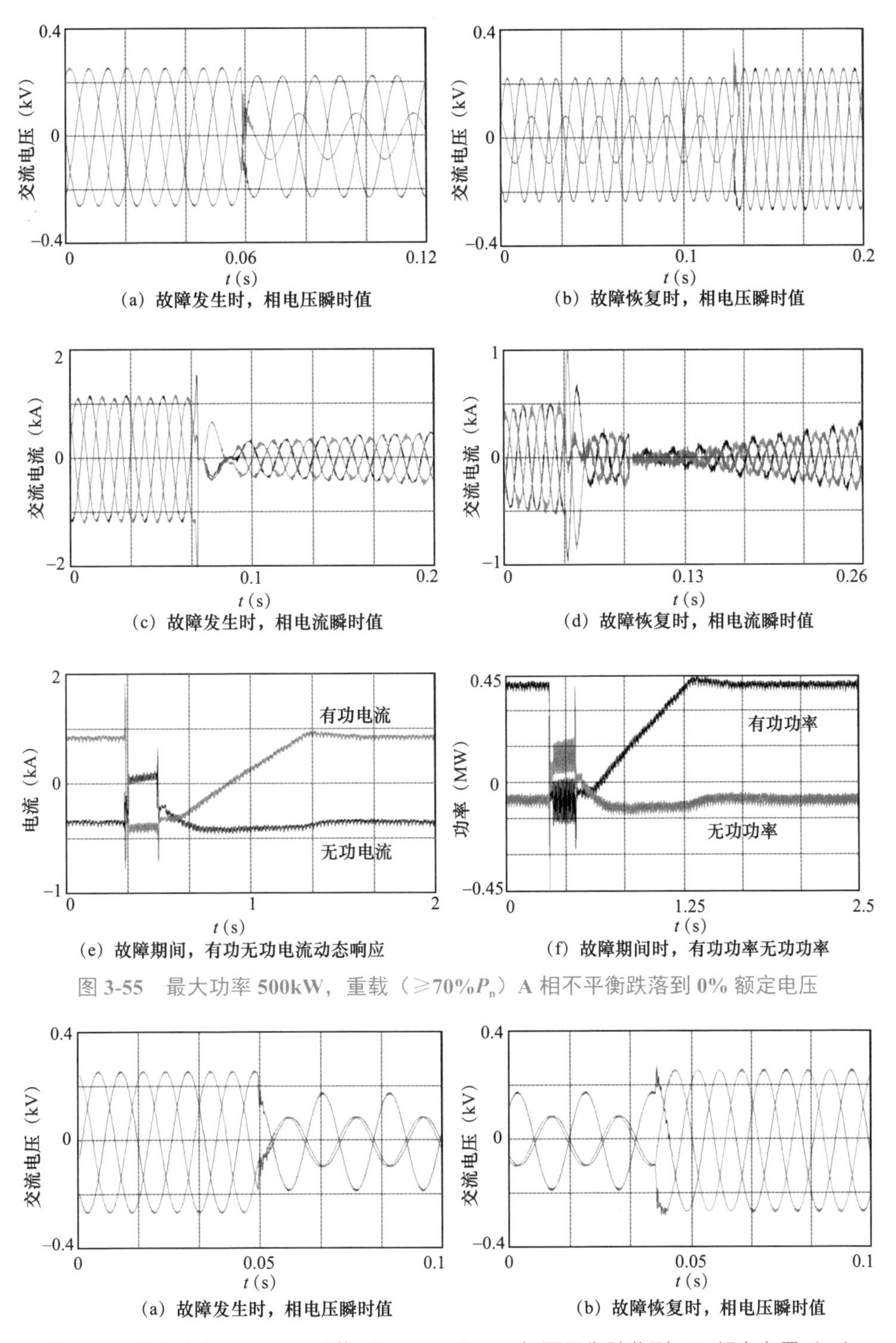

(a) 故障发生时，相电压瞬时值

(b) 故障恢复时，相电压瞬时值

(c) 故障发生时，相电流瞬时值

(d) 故障恢复时，相电流瞬时值

(e) 故障期间，有功无功电流动态响应

(f) 故障期间时，有功功率无功功率

图 3-55　最大功率 500kW，重载（≥70%P_n）A 相不平衡跌落到 0% 额定电压

(a) 故障发生时，相电压瞬时值

(b) 故障恢复时，相电压瞬时值

图 3-56　最大功率 500kW，重载（≥70%P_n）AB 相不平衡跌落到 0% 额定电压（一）

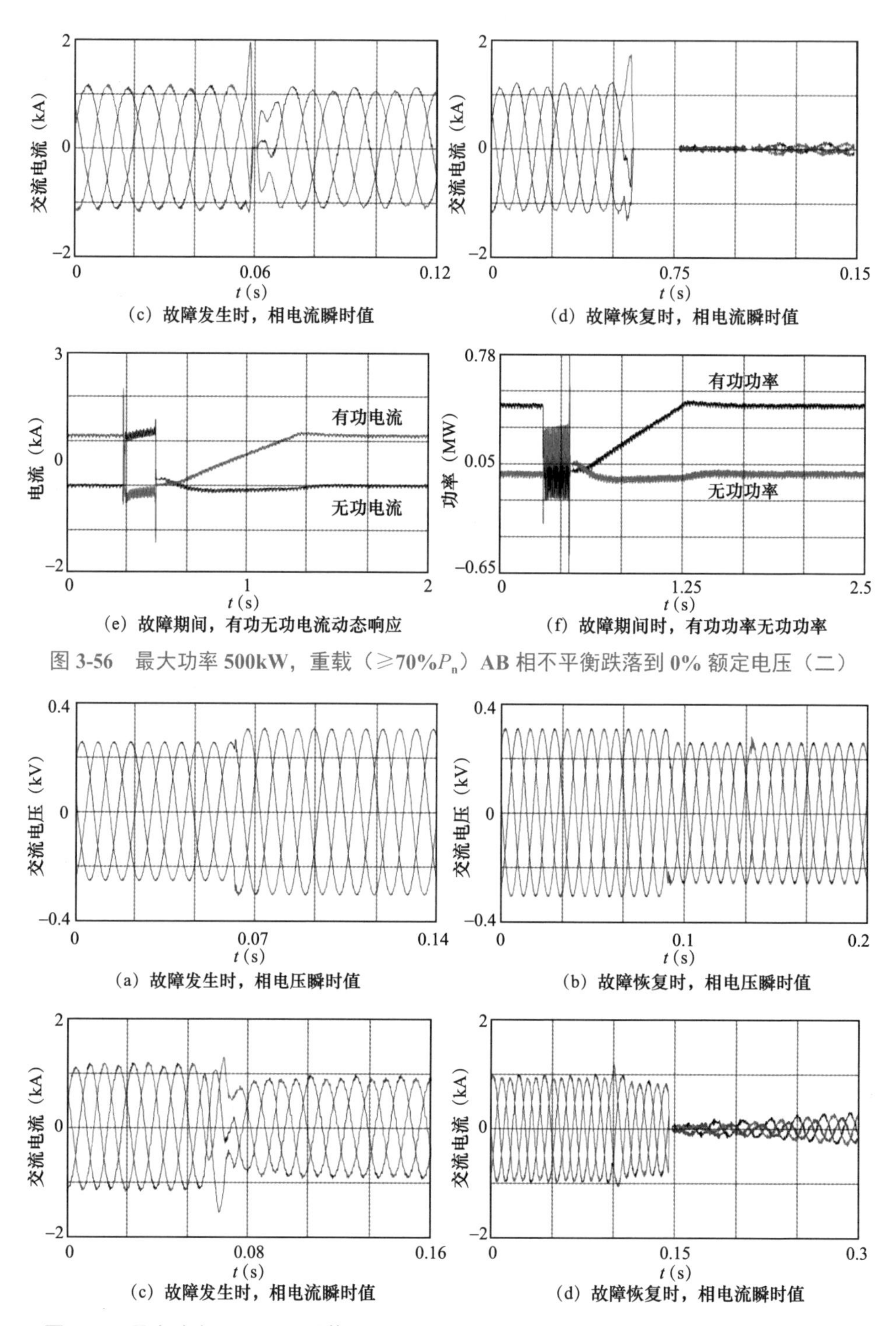

（c）故障发生时，相电流瞬时值

（d）故障恢复时，相电流瞬时值

（e）故障期间，有功无功电流动态响应

（f）故障期间时，有功功率无功功率

图 3-56　最大功率 500kW，重载（≥70%P_n）AB 相不平衡跌落到 0% 额定电压（二）

（a）故障发生时，相电压瞬时值

（b）故障恢复时，相电压瞬时值

（c）故障发生时，相电流瞬时值

（d）故障恢复时，相电流瞬时值

图 3-57　最大功率 500kW，重载（≥70%P_n）三相高穿，高穿到 120% 额定电压（一）

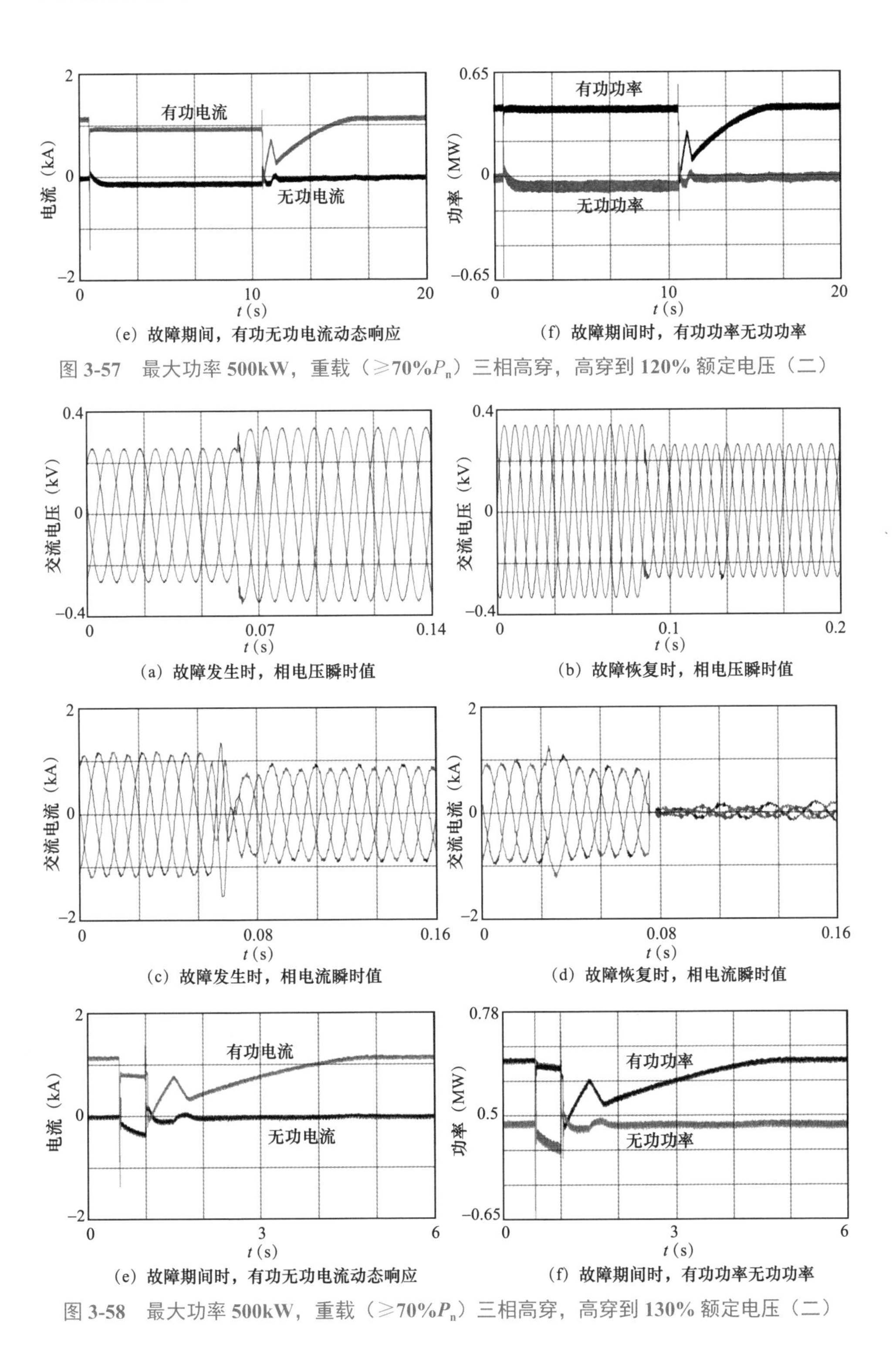

（e）故障期间，有功无功电流动态响应

（f）故障期间时，有功功率无功功率

图 3-57　最大功率 500kW，重载（≥70%P_n）三相高穿，高穿到 120% 额定电压（二）

（a）故障发生时，相电压瞬时值

（b）故障恢复时，相电压瞬时值

（c）故障发生时，相电流瞬时值

（d）故障恢复时，相电流瞬时值

（e）故障期间时，有功无功电流动态响应

（f）故障期间时，有功功率无功功率

图 3-58　最大功率 500kW，重载（≥70%P_n）三相高穿，高穿到 130% 额定电压（二）

小结：图 3-53 和图 3-54 展示了典型三相电压对称低电压穿越试验，分别为三相电压跌落至 20%U_n、60%U_n；图 3-55 和图 3-56 展示了典型三相电压不对称低电压穿越试验，分别为 A 相不平衡跌落到 0% U_n、AB 相不平衡跌落到 0% U_n。图 3-57 和图 3-58 展示了三相电压对称高电压穿越试验，分别为三相电压升至 120%U_n、130%U_n。测试中各项电压跌落深度、跌落持续时间、无功功率支撑、平均功率恢复速率等指标均满足 GB/T 19964—2012 、GB/T 37408—2019 的要求。试验证明光伏自同步电压源具备良好的故障穿越性能。

典型试验数据如表 3-14 ～表 3-16 所示。

表 3-14　　典型试验数据（一）

对称低电压穿越测试指标	对称跌落 A/B/C=0.2	对称跌落 A/B/C=0.6
稳态跌落深度（标幺值）	0.2	0.6
跌落持续时间（ms）	650	1500
故障前无功电流平均值（A）	0	0
无功电流注入响应时间（ms）	24	18
无功电流注入持续时间（ms）	626	1480
无功电流注入平均值（A）	1210[1.01 标幺值]	873[0.73 标幺值]
最大无功电流注入电流（A）	1380[1.15 标幺值]	920[0.77 标幺值]
功率恢复时间（ms）	820	822
平均功率恢复速率（%）	121	121

表 3-15　　典型试验数据（二）

非对称低电压穿越测试	非对称跌落 A=0，B/C=1	非对称跌落 A/B=0，C=1
稳态跌落深度（标幺值）	0	0
跌落持续时间（ms）	180	180
故障前无功电流平均值（A）	−36[−0.03 标幺值]	0
无功电流注入响应时间（ms）	19.7	7
无功电流注入持续时间（ms）	160	172
无功电流注入平均值（A）	523[0.44 标幺值]	1129[0.94 标幺值]
最大无功电流注入电流（A）	612[0.51 标幺值]	1315[1.10 标幺值]
功率恢复时间（ms）	843	808
平均功率恢复速率（%）	118	123.8

表 3-16　　　　典型试验数据（三）

对称高电压穿越测试指标	对称跌落 A/B/C=1.2	对称跌落 A/B/C=1.3
稳态跌落深度（标幺值）	1.2	1.3
跌落持续时间（ms）	10000	500
故障前无功电流平均值（A）	0	−20[−0.02 标幺值]
无功电流注入响应时间（ms）	38	20
无功电流注入持续时间（ms）	9960	480
无功电流注入平均值（A）	−134[0.11 标幺值]	−289[−0.24 标幺值]
最大无功电流注入电流（A）	−149[0.12 标幺值]	−416[−0.35 标幺值]
功率恢复时间（ms）	3000	2800
平均功率恢复速率（%）	33.3	35.7

11. 独立构网试验

图 3-59 展示了光伏自同步电压源为负载供电的构网能力试验，以及负载突变时的稳定性和动态性能。其中：

（1）图 3-59（a）、（b）为并网运行时，光伏电池最大功率为 500kW，切换至调频模式且预留备用系数为 12.5%，负载电阻功率分别取 10%P_n、100%P_n，分断并网开关，观测光伏自同步电压源逆变器 PV-SVI 在不同负载功率下稳态 / 动态构网能力。

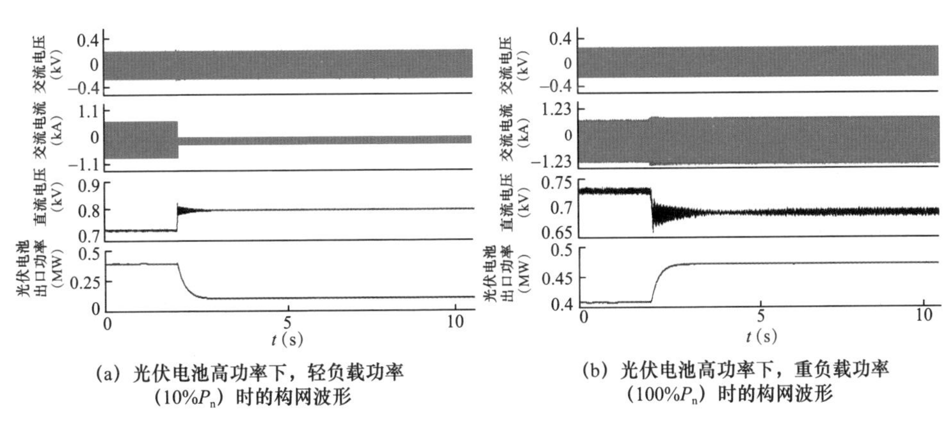

(a) 光伏电池高功率下，轻负载功率（10%P_n）时的构网波形

(b) 光伏电池高功率下，重负载功率（100%P_n）时的构网波形

图 3-59　独立构网试验（一）

（2）图 3-59（c）、（d）为并网运行时，光伏电池最大功率为 100kW，

切换至调频模式且预留备用系数为12.5%，负载电阻功率分别取10%P_n、100%P_n，分断并网开关，观测光伏自同步电压源逆变器PV-SVI在不同负载功率下稳态 / 动态构网能力。

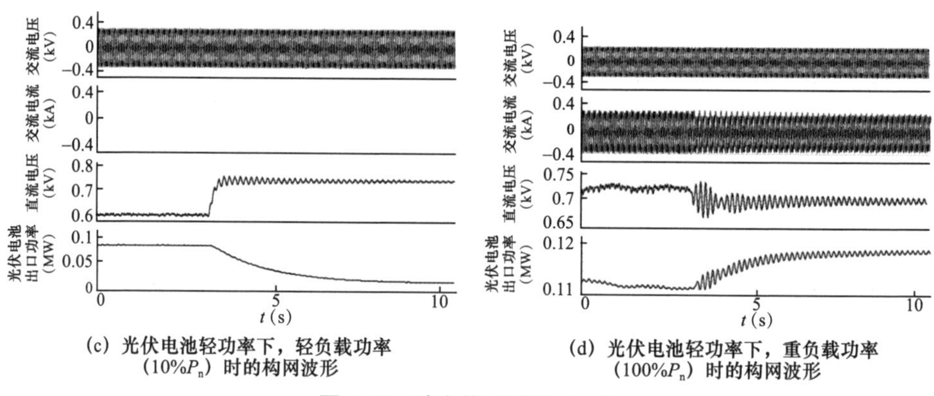

(c) 光伏电池轻功率下，轻负载功率（10%P_n）时的构网波形

(d) 光伏电池轻功率下，重负载功率（100%P_n）时的构网波形

图 3-59　独立构网试验（二）

小结：光伏自同步电压源构网测试中，当光伏电池最大功率为500kW/100kW时，预留备用系数为12.5%时，轻载或重载进行并离网切换。此时频率调节范围为49.5～50.5Hz、机端电压波动的标幺值不大于0.05、构网暂态过渡时间不大于100ms，逆变器出口低压侧交流电压过渡到稳定值为±5%的时间。试验证明光伏自同步电压源具备良好的构网能力。

以上试验的典型试验数据如表3-17所示。

表 3-17　典型试验数据

初始功率（kW）	负载功率（kW）	独立构网交流频率（Hz）	机端电压波动（标幺值）	构网暂态过渡时间（ms）
376	45	50.45	<0.01	<5
376	430	49.86	<0.01	<5
100	10	50.15	<0.01	<5
100	100	50.04	<0.01	<5

3.5.2　储能自同步电压源试验验证

1．测试内容及平台搭建

储能自同步电压源RTDS硬件在环试验平台主电路模型如图3-60所示。

测试目的是验证储能自同步电压源逆变器在各种负载情况下的稳态和动态特性、并网 - 离网的非计划无缝切换特性、离网 - 并网的无缝切换特性及对电网电压幅值 / 频率波动时的有功 / 无功支撑作用。

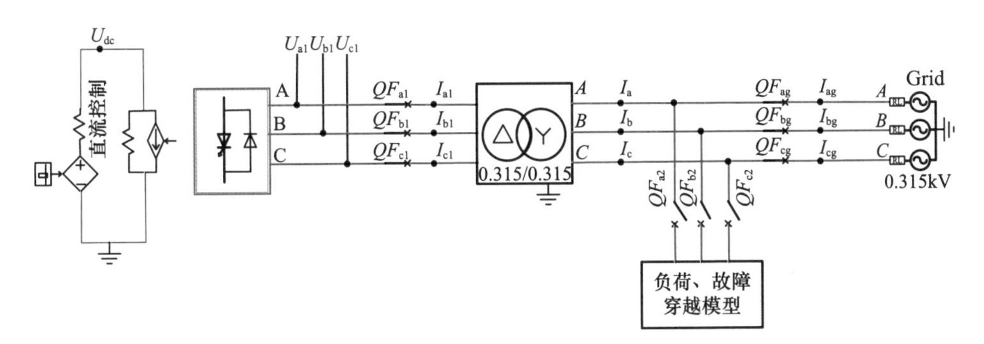

图 3-60　**RTDS** 硬件在环试验平台主电路模型

在 RTDS 中搭建的储能自同步电压源变流器系统模型，其主电路参数如表 3-18 所示。

表 3-18　实物控制器主要参数

参数	数值	参数	数值
滤波电感（mH）	0.15	交流输出电压（V）	315
寄生电阻（Ω）	0.01	系统频率（Hz）	50
输出滤波电容（μF）	600	开关频率（Hz）	3200
直流侧电压（V）	700	额定功率（kVA）	550

2．储能 SVI 系统动态性能试验

（1）离网模式下动态性能试验。图 3-61 和图 3-62 展示了储能自同步电压源逆变器离网模式下动态性能。其中：

1）图 3-61 为负载上阶跃时动态性能波形。初始阶段 SVI 系统承担 250kW、100kvar 阻感负载，负载有功突增至 400kW 时，储能 SVI 输出电流和电压。

2）图 3-62 为负载下阶跃时动态性能波形。初始阶段 SVI 系统承担 400kW、100kvar 阻感负载，负载有功突减至 250kW 时，储能 SVI 输出电流和电压。

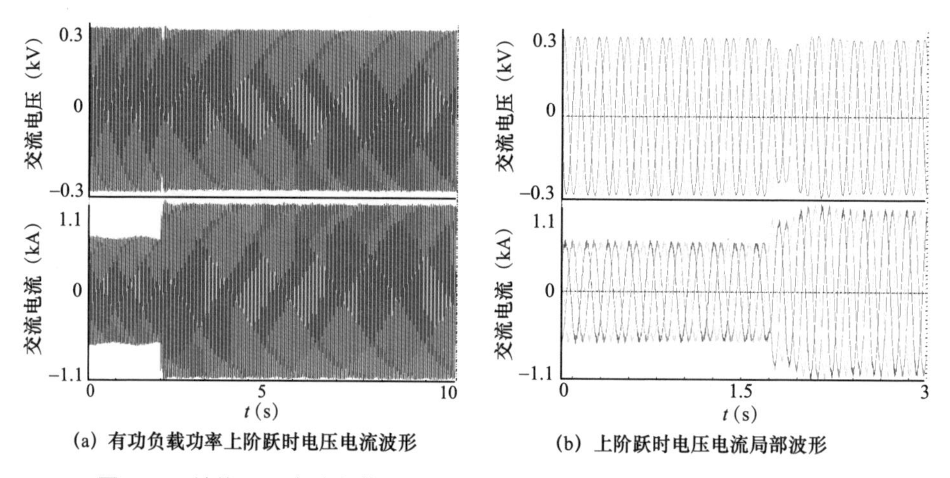

图 3-61 储能 SVI 有功负载 250kW 突增至 400kW 上阶跃时动态性能波形

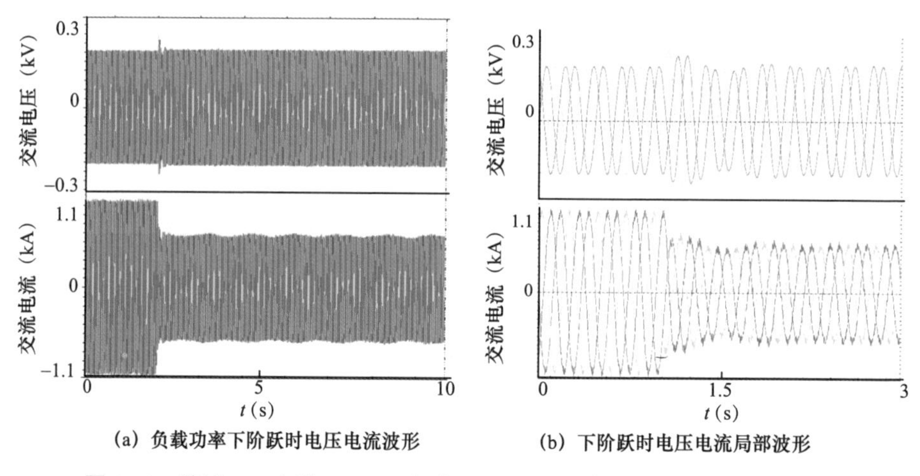

图 3-62 储能 SVI 负载 400kW 突减至 250kW 下阶跃时动态性能测试波形

波形显示，储能 SVI 在离网条件下，当负载功率发生上阶跃或下阶跃时，SVI 均具有良好的动态调节能力以及稳态特性，输出电压没有出现明显过冲。

（2）并网模式下动态性能试验。图 3-63 ～图 3-66 展示了储能自同步电压源逆变器并网模式下有功负载突变时动态性能。其中：

1）图 3-63 为有功调度上阶跃时动态性能波形。初始阶段 SVI 系统并网状态，负载状态为 200kW、100kvar 阻感性负载，当有功功率调度由 200kW 突增至 400kW 时，储能 SVI 输出电流和电压。

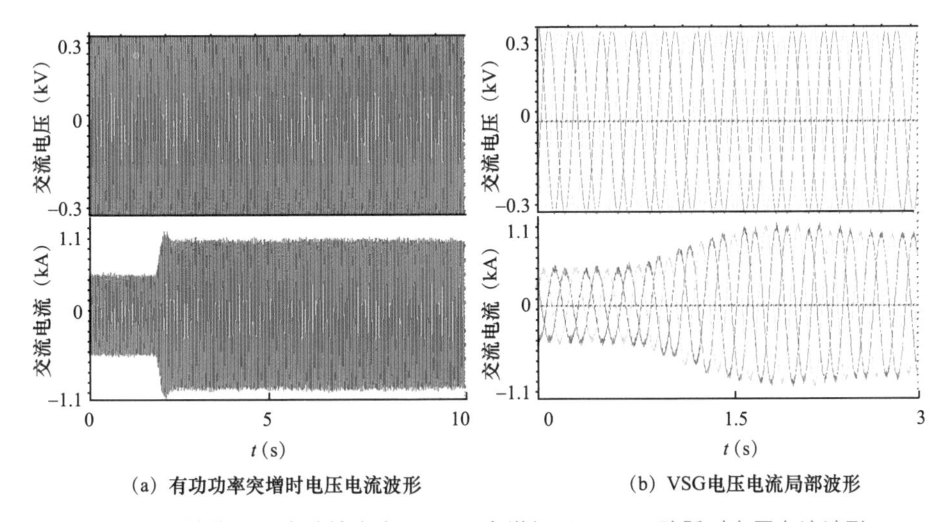

（a）有功功率突增时电压电流波形　　（b）VSG电压电流局部波形

图 3-63　储能 SVI 有功输出由 200kW 突增加至 400kW 阶跃时电压电流波形

2）图 3-64 为有功调度下阶跃时动态性能波形。初始阶段 SVI 系统并网状态，负载状态为 400kW、100kvar 阻感性负载，当有功功率调度由 400kW 突减至 200kW 时，储能 SVI 输出电流和电压。

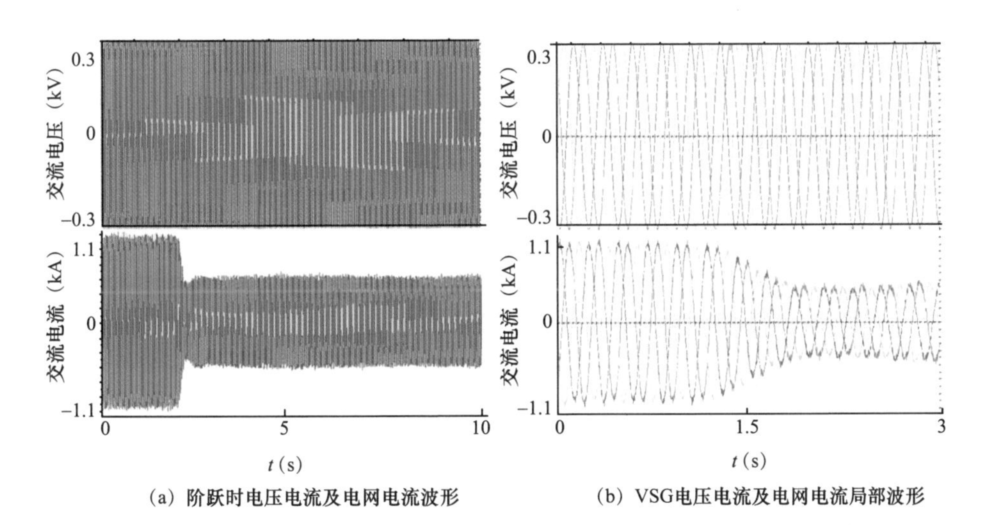

（a）阶跃时电压电流及电网电流波形　　（b）VSG电压电流及电网电流局部波形

图 3-64　储能 SVI 输出由 400kW 突减至 200kW 阶跃时电压电流及电网电流局部波形

图 3-65 为无功调度上阶跃时动态性能波形。初始阶段 SVI 系统并网状态，负载状态为 400kW、100kvar 阻感性负载，当有功功率调度由 200kvar 突增至 400kvar 时，储能 SVI 输出电流和电压。

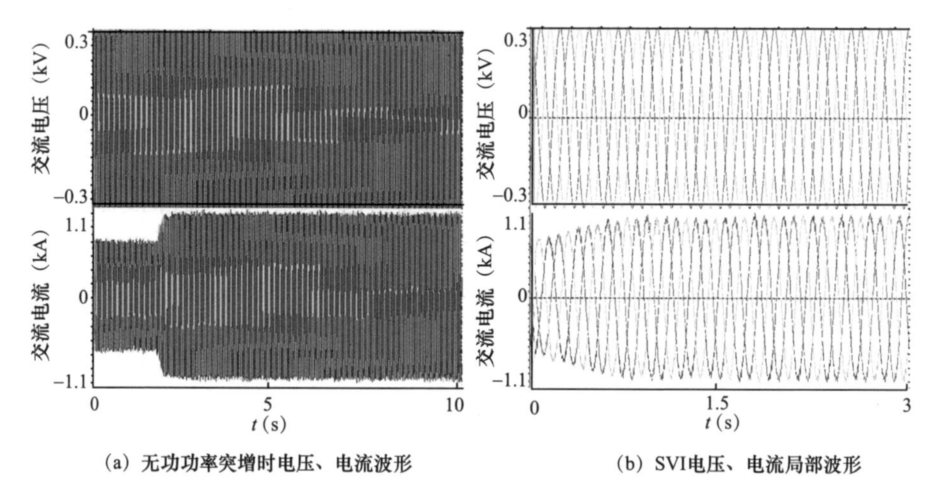

（a）无功功率突增时电压、电流波形　　（b）SVI电压、电流局部波形

图 3-65　储能 SVI 无功输出由 200kvar 突增至 400kvar 阶跃时电压、电流波形

图 3-66 为无功调度下阶跃时动态性能波形。初始阶段 SVI 系统并网状态，负载状态为 400kW、100kvar 阻感性负载，当有功率调度由 400kvar 突减至 200kvar 时，储能 SVI 输出电流和电压。

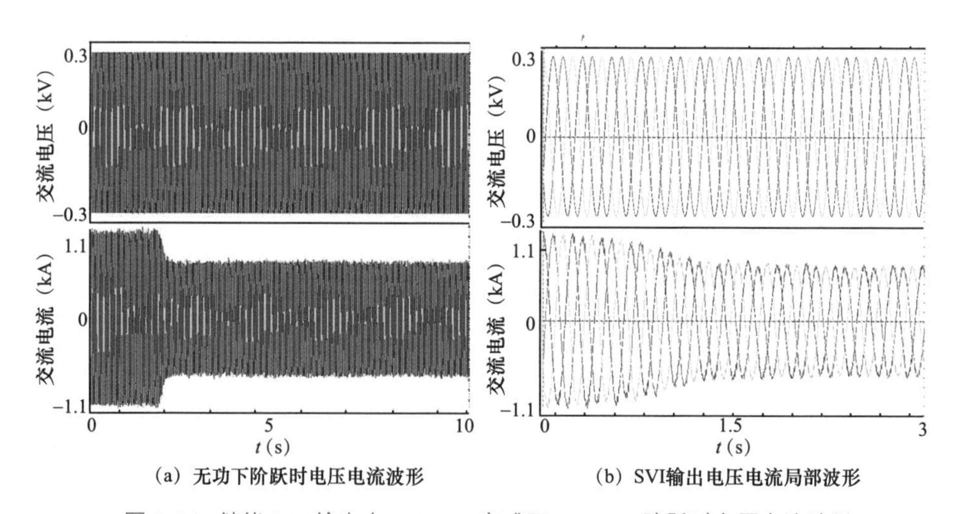

（a）无功下阶跃时电压电流波形　　（b）SVI输出电压电流局部波形

图 3-66　储能 SVI 输出由 400kvar 突减至 200kvar 阶跃时电压电流波形

图中波形显示，储能 SVI 在并网模式下，SVI 能很快响应有功无功调度，并在上阶跃或下阶跃时具有良好的动态调节能力以及稳态特性。

3．储能 SVI 系统并离网切换试验

（1）离网至并网切换试验。图 3-67 和图 3-68 展示了储能自同步电压源逆变器由离网至并网切换时过渡过程。图 3-67 展示的是启动预同步后，并网开关两侧电压同步动态过程。图 3-68 展示的是离网切换至并网，切换瞬间储能 SVI 电压电流波形。储能 SVI 初始工作于离网模式，负载功率为 400kW、100kvar。预同步结束后合上并网开关，同时在切换后立刻接受调度向电网输送 400kW 功率。

由此可知，SVI 系统引入预同步方案后，能够从离网模式平滑过渡到并网模式，整个切换过程没有出现电流或电压过冲，实现了离网到并网的平滑切换。

（2）并网至离网非计划切换试验。图 3-69 ～图 3-71 展示了储能自同步电压源逆变器由并网至离网非计划切换时过渡过程。其中：

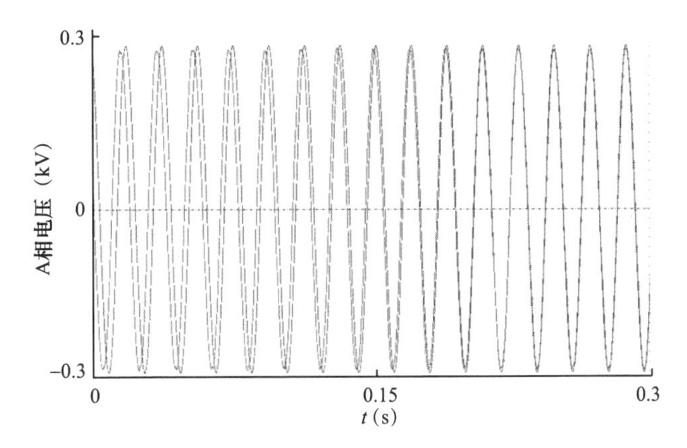

图 3-67　启动预同步后，并网开关两侧电压同步动态过程

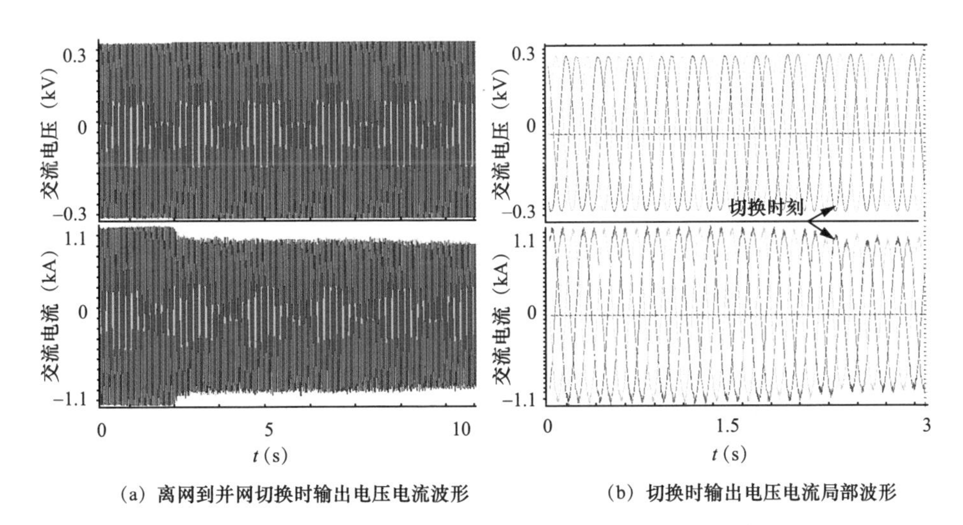

（a）离网到并网切换时输出电压电流波形　（b）切换时输出电压电流局部波形

图 3-68　储能 SVI 由离网到并网切换时输出电压电流波形

1）图 3-69 展示的是并网切换至离网时，调度有功低于负载有功的过渡过

程。储能SVI初始状态为并网模式，负载条件为400kW、100kvar阻感性负载，SVI当前调度功率为200kW，非计划切至离网模式。

2）图3-70展示的是并网切换至离网时，调度有功等于负载有功的过渡过程。储能SVI初始状态为并网模式，负载条件为400kW、100kvar阻感性负载，SVI当前调度功率为400kW、100kvar，非计划切至离网模式。

3）图3-71展示的是并网切换至离网时，调度有功高于负载有功的过渡过程。储能SVI初始状态为并网模式，带250kW负载功率，SVI当前调度功率为400kW、200kvar，非计划切至离网模式。

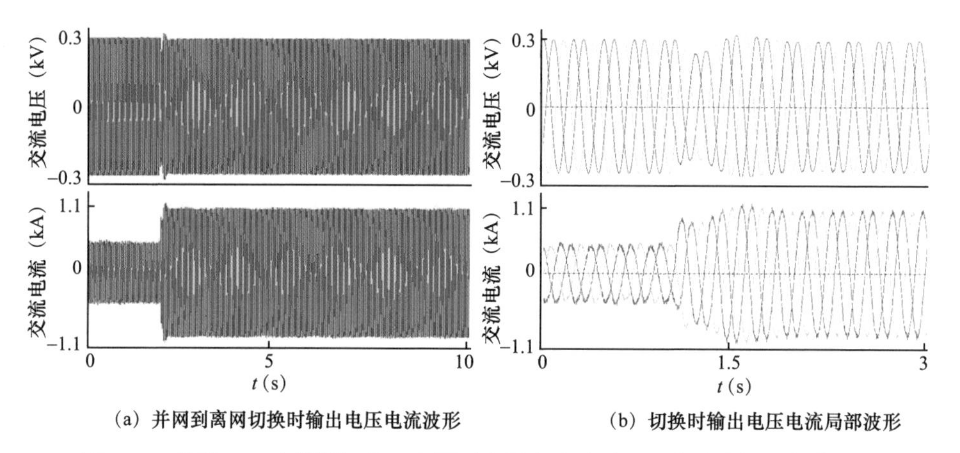

（a）并网到离网切换时输出电压电流波形　　（b）切换时输出电压电流局部波形

图3-69　储能SVI由并网切换至离网时电压电流波形（调度功率低于负载功率）

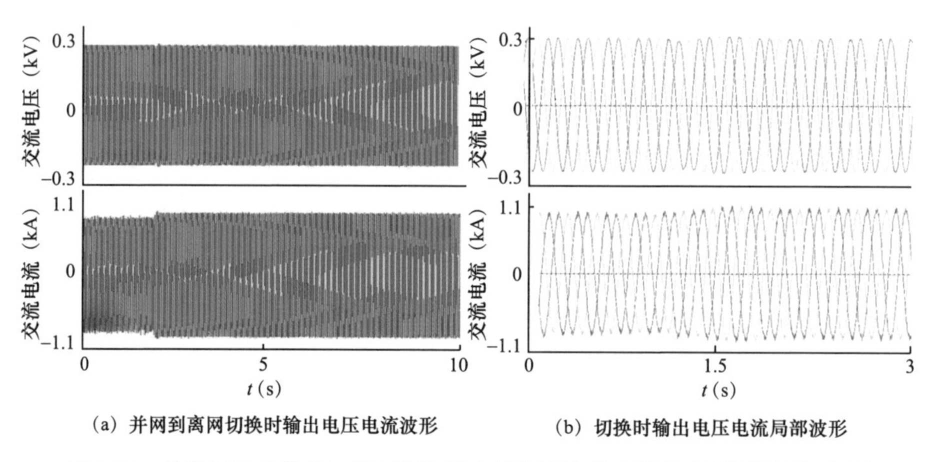

（a）并网到离网切换时输出电压电流波形　　（b）切换时输出电压电流局部波形

图3-70　储能SVI由并网切换至离网时电压电流波形（调度功率等于负载功率）

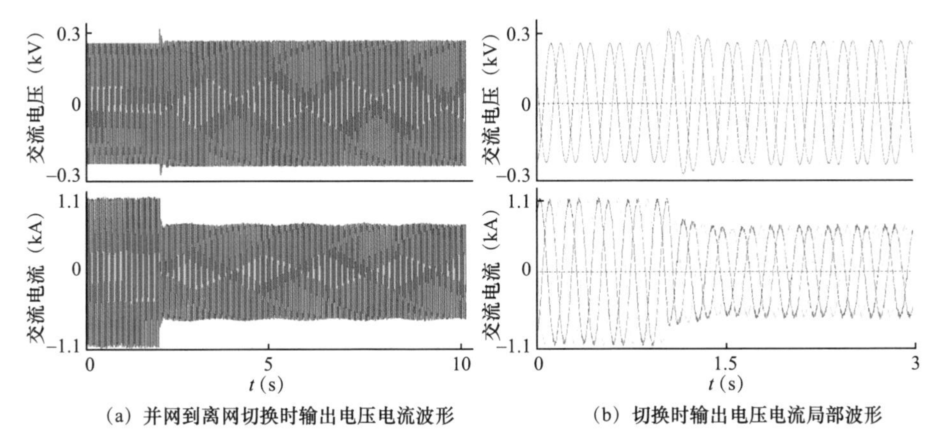

(a) 并网到离网切换时输出电压电流波形　　(b) 切换时输出电压电流局部波形

图 3-71　储能 SVI 由并网切换至离网时电压电流波形（调度功率高于负载功率）

由于储能自同步电压源逆变器在并网和离网模式下均采用统一控制策略，因此，储能 SVI 系统在非计划并离网切换过程中，输出电压均可以平滑过渡。

4. 储能 SVI 对电网波动有功 / 无功支撑试验

（1）储能 SVI 对电网电压频率波动支撑试验。图 3-72 和图 3-73 展示了储能自同步电压源逆变器对电网频率波动支撑能力。其中：

1）图3-72展示的是电网频率下降时储能SVI支撑调节能力。并网条件下，电网频率发生波动，电网频率突然由 50Hz 降至 49.5Hz，此时，储能 SVI 根据频率的降低输出一定有功，抑制电网频率波动。

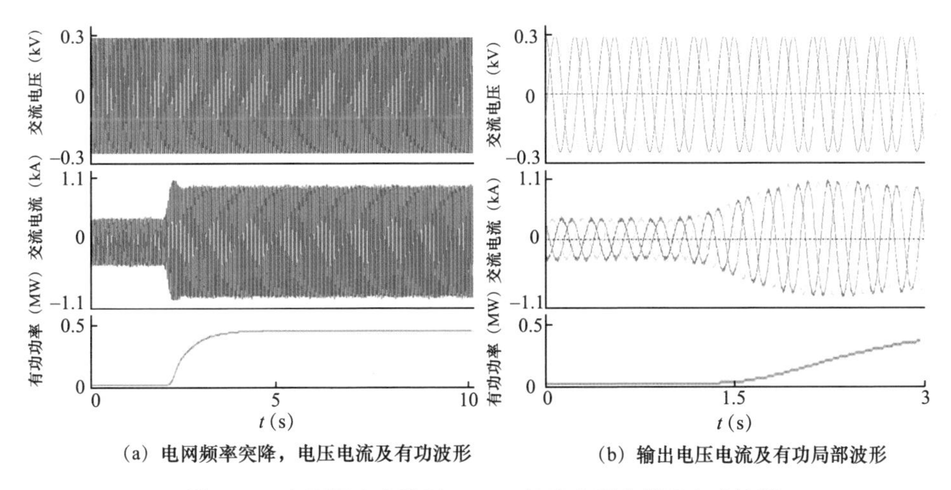

(a) 电网频率突降，电压电流及有功波形　　(b) 输出电压电流及有功局部波形

图 3-72　电网频率突降时，VSG 输出电压电流及有功波形

2）图3-73展示的是电网频率上升时储能SVI支撑调节能力。并网条件下，

电网频率发生波动，电网频率突然由 49.5Hz 升至 50Hz，此时，储能 SVI 根据频率的升高吸收一定有功，抑制电网频率波动。

由此可知，在并网模式下，当电网电压频率低于额定值时，储能自同步电压源逆变器自适应提供有功功率支撑；电网频率高于额定值时，储能自同步电压源逆变器自适应吸收有功，以抑制电网电压频率波动。

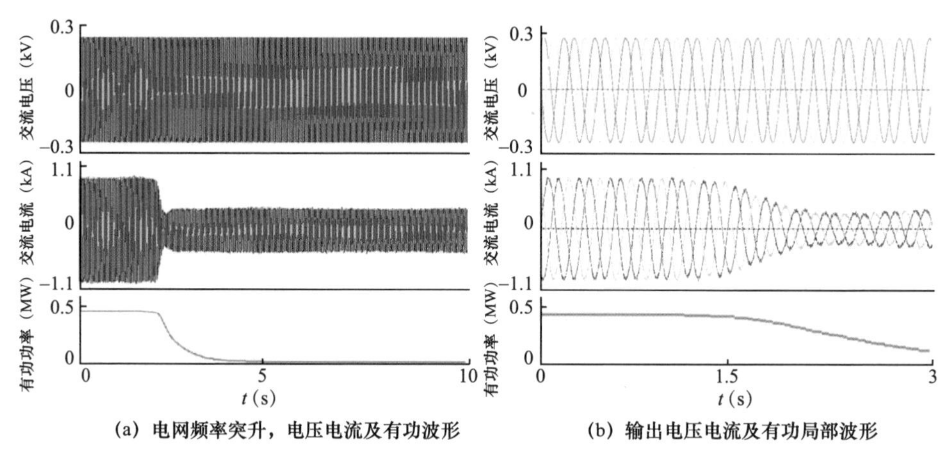

(a) 电网频率突升，电压电流及有功波形　(b) 输出电压电流及有功局部波形

图 3-73　电网电压频率突升时，SVI 输出电压电流及有功波形

（2）储能 VSG 对电网电压幅值波动支撑试验。图 3-74 和图 3-75 展示了储能自同步电压源逆变器对电网电压幅值波动支撑能力。其中：

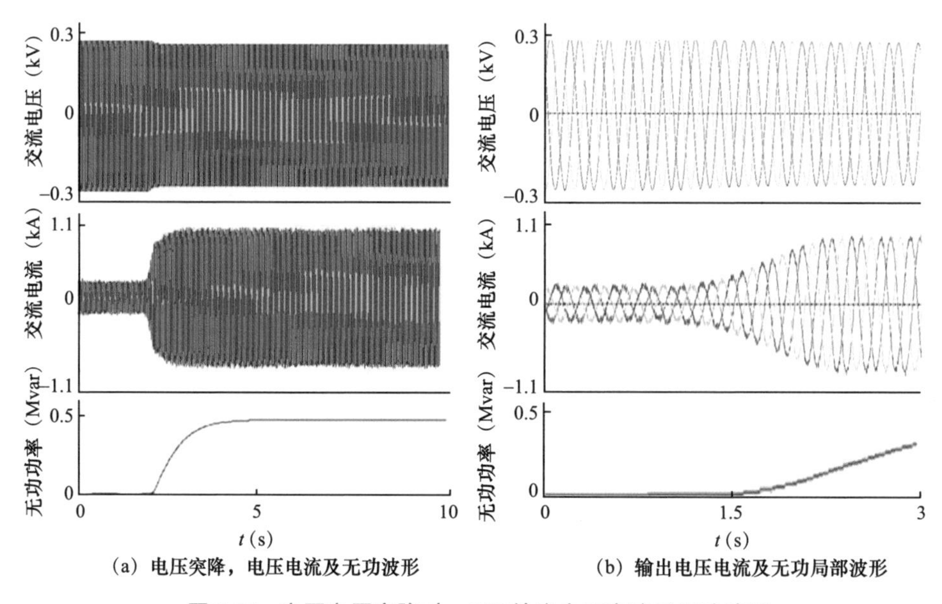

(a) 电压突降，电压电流及无功波形　(b) 输出电压电流及无功局部波形

图 3-74　电网电压突降时，SVI 输出电压电流及无功波形

1）图 3-74 展示的是电网电压幅值下降时储能 SVI 支撑调节能力。并网条件下，电网幅值发生波动，线电压有效值突然由 315V 降至 290V，此时，储能 SVI 根据幅值的降低输出一定无功，抑制电网降低。

2）图 3-75 展示的是电网电压幅值上升时储能 VSG 支撑调节能力。并网条件下，电网幅值发生波动，线电压有效值突然由 300V 升至 315V，此时，储能 VSG 根据幅值的升高吸收一定无功，抑制电网上升。

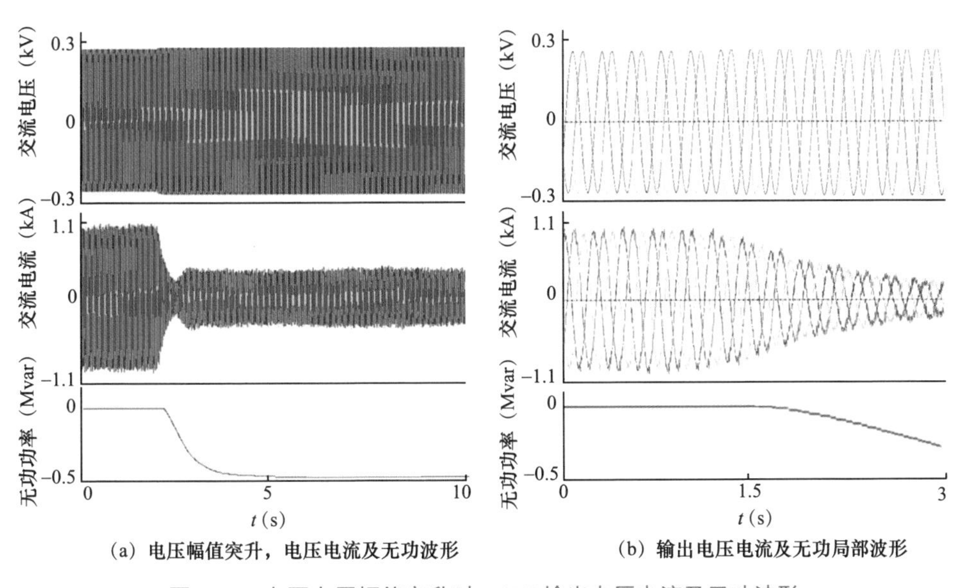

（a）电压幅值突升，电压电流及无功波形　　（b）输出电压电流及无功局部波形

图 3-75　电网电压幅值突升时，SVI 输出电压电流及无功波形

由此可知，在并网模式下，电网电压幅值低于额定值时，储能自同步电压源逆变器自适应根据电网当前幅值情况输出无功，以提供无功功率支撑；电网电压幅值高于额定值时，储能自同步电压源逆变器吸收无功，以抑制电网电压幅值波动。

本 章 小 结

本章首先阐述了光伏发电基本原理及光伏电池数学模型；其次，理论分析了有功备用式光伏自同步电压源交流侧控制、直流侧控制、有功备用控制、预同步并网控制等控制策略及试验平台；针对辐照度突变、独立构网下负载不平衡等典型故障工况进行理论分析并提出解决方案；最后，搭建

500kW 光伏储能自同步电压源硬件在环试验平台，依据 GB/T 19964—2012 和 GB/T 37408—2019 要求对被测装置新型控制原理下的性能及其技术指标进行全面系统的测试，试验结果充分验证了本章所提控制策略的正确性与有效性。

第4章 自同步电压源控制参数设计方法与实证

4.1 自同步电压源主电路数学模型

本节从低频到高频的角度，分别建立了三相并网逆变器在三相静止坐标系、两相静止坐标系以及两相同步旋转坐标系下的低频和高频模型，为后续参数设计的研究奠定了理论基础。

4.1.1 三相并网逆变器的低频数学模型

三相并网逆变器的低频数学模型是忽略与开关频率相关的高频谐波，基于变换器基波分析得到的，通过变换器的低频数学模型，可以清晰地表示出变换器的工作机理和各物理量之间的关系，而且这种低频模型适合于控制系统的分析，可用于控制器设计。在分析变换器的低频数学模型前，做如下假设：

1）电网电动势为三相对称的工频正弦波电动势。

2）所有的电感电容均为理想器件。

3）开关管均为理想器件，忽略开关死区时间。

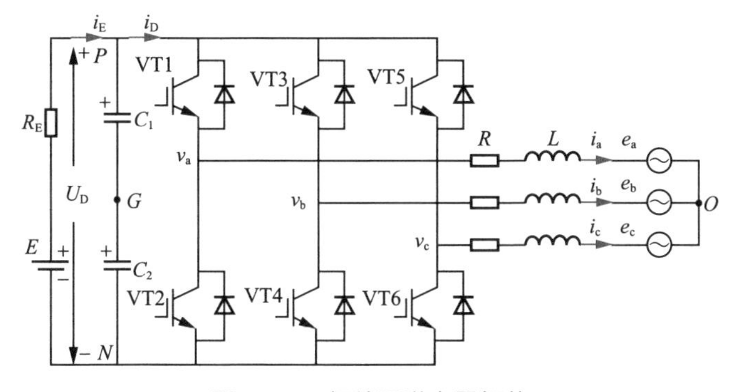

图 4-1 三相并网逆变器拓扑

1. 在 ABC 静止坐标系下的低频数学模型

三相并网逆变器主电路如图 4-1 所示，其中 e_a，e_b，e_c 为三相电网电压，电网电压中点为 O，并网电流方向分别为 i_a，i_b，i_c，正方向定义为如图中所示，滤波电感等效电阻为 R，三相滤波电感为 L，变换器桥臂输出电压为 u_a，u_b，u_c，输入电容假想中点为 G，忽略高频分量，当电网电压三相对称时，电网中点 O 和电容中点 G 的电位相等，三相电路相互独立。得到变换器在低频时的等效模型如图 4-2 所示。

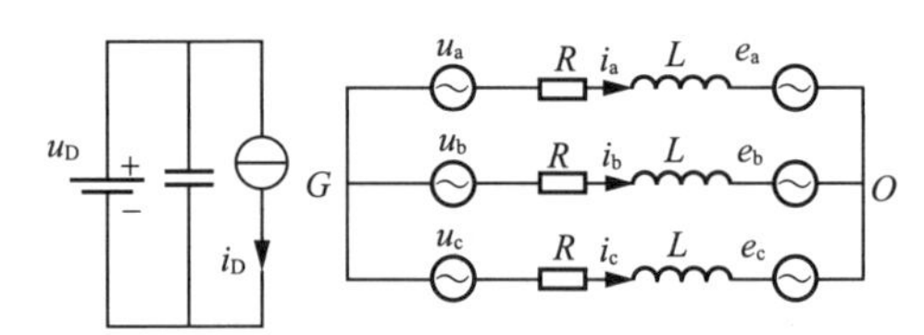

图 4-2　ABC 坐标系下低频等效电路图

设三相电网电压为式（4-1）：

$$\begin{cases} e_a = E_m \cos(\omega t) \\ e_b = E_m \cos(\omega t - 2\pi/3) \\ e_c = E_m \cos(\omega t + 2\pi/3) \end{cases} \tag{4-1}$$

式中：E_m 是电网相电压幅值。根据定义可以知道，三相电网电压相序为 A 相超前 B 相超前 C 相。假设三相并网逆变器工作在单位功率因数，即 PF=1，并网电流与电压同相，则并网电流基波为：

$$\begin{cases} i_a = I_m \cos(\omega t) \\ i_b = I_m \cos(\omega t - 2\pi/3) \\ i_c = I_m \cos(\omega t + 2\pi/3) \end{cases} \tag{4-2}$$

式中：I_m 是并网相电流幅值。对三相滤波电感两端列写 KVL 方程，可以得到三相并网逆变器在 ABC 静止坐标系下的低频状态方程为：

$$\begin{bmatrix} L\dfrac{\mathrm{d}i_a}{\mathrm{d}t} \\ L\dfrac{\mathrm{d}i_b}{\mathrm{d}t} \\ L\dfrac{\mathrm{d}i_c}{\mathrm{d}t} \end{bmatrix} = \begin{bmatrix} -R & 0 & 0 \\ 0 & -R & 0 \\ 0 & 0 & -R \end{bmatrix} \begin{bmatrix} i_a \\ i_b \\ i_c \end{bmatrix} + \begin{bmatrix} 1 & 0 & 0 \\ 0 & 1 & 0 \\ 0 & 0 & 1 \end{bmatrix} \begin{bmatrix} u_a \\ u_b \\ u_c \end{bmatrix} - \begin{bmatrix} 1 & 0 & 0 \\ 0 & 1 & 0 \\ 0 & 0 & 1 \end{bmatrix} \begin{bmatrix} e_a \\ e_b \\ e_c \end{bmatrix} \tag{4-3}$$

2．在 $\alpha\beta$ 静止坐标系下的低频数学模型

为简化数学模型以便分析，将三相静止坐标变换到两相静止坐标系，Clark 变换如图 4-3 所示。设两相坐标轴 $\alpha\beta$ 的 α 轴与三相坐标轴的 A 轴重合，则三相静止坐标系到两相静止坐标系的变换矩阵为：

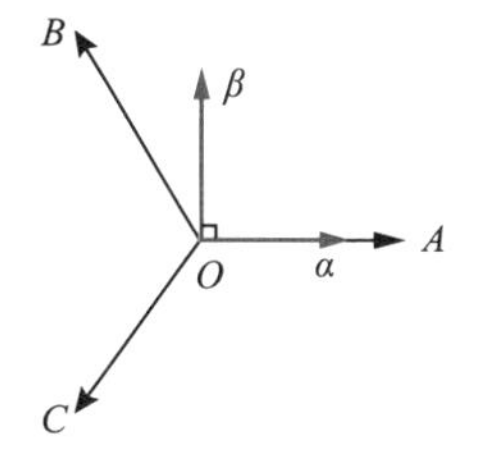

图 4-3　Clark 变换矢量图

$$T_{\mathrm{abc}/\alpha\beta}=\frac{2}{3}\begin{bmatrix}1 & -1/2 & -1/2\\0 & \sqrt{3}/2 & -\sqrt{3}/2\end{bmatrix}\tag{4-4}$$

两相静止坐标系到三相静止坐标系的变换矩阵为：

$$T_{\alpha\beta/\mathrm{abc}}=\begin{bmatrix}1 & 0\\-1/2 & \sqrt{3}/2\\-1/2 & -\sqrt{3}/2\end{bmatrix}\tag{4-5}$$

联立式（4-3）、式（4-4）、式（4-5）得 PWM 变换器在 $\alpha\beta$ 静止坐标系下的状态方程为：

$$\begin{aligned}\begin{bmatrix}L\dfrac{\mathrm{d}i_\alpha}{\mathrm{d}t}\\L\dfrac{\mathrm{d}i_\beta}{\mathrm{d}t}\end{bmatrix}&=T_{\mathrm{abc}/\alpha\beta}\begin{bmatrix}-R & 0 & 0\\0 & -R & 0\\0 & 0 & -R\end{bmatrix}T_{\alpha\beta/\mathrm{abc}}\begin{bmatrix}i_\alpha\\i_\beta\end{bmatrix}\\&+T_{\mathrm{abc}/\alpha\beta}\begin{bmatrix}1 & 0 & 0\\0 & 1 & 0\\0 & 0 & 1\end{bmatrix}T_{\alpha\beta/\mathrm{abc}}\begin{bmatrix}u_\alpha\\u_\beta\end{bmatrix}-T_{\mathrm{abc}/\alpha\beta}\begin{bmatrix}1 & 0 & 0\\0 & 1 & 0\\0 & 0 & 1\end{bmatrix}T_{\alpha\beta/\mathrm{abc}}\begin{bmatrix}e_\alpha\\e_\beta\end{bmatrix}\end{aligned}\tag{4-6}$$

化简可得：

$$\begin{bmatrix}L\dfrac{\mathrm{d}i_\alpha}{\mathrm{d}t}\\L\dfrac{\mathrm{d}i_\beta}{\mathrm{d}t}\end{bmatrix}=\begin{bmatrix}-R & 0\\0 & -R\end{bmatrix}\begin{bmatrix}i_\alpha\\i_\beta\end{bmatrix}+\begin{bmatrix}1 & 0\\0 & 1\end{bmatrix}\begin{bmatrix}u_\alpha\\u_\beta\end{bmatrix}-\begin{bmatrix}1 & 0\\0 & 1\end{bmatrix}\begin{bmatrix}e_\alpha\\e_\beta\end{bmatrix}\tag{4-7}$$

式（4-7）就是变换器在 $\alpha\beta$ 坐标系下的低频状态方程。

3．在 dq 同步旋转坐标系下的低频数学模型

通过坐标变换，可以将两相静止坐标下的物理量变换为同步旋转的两相 dq 坐标系下的物理量，这种坐标变换称为 Park 变换，Park 变换如图 4-4 所示，

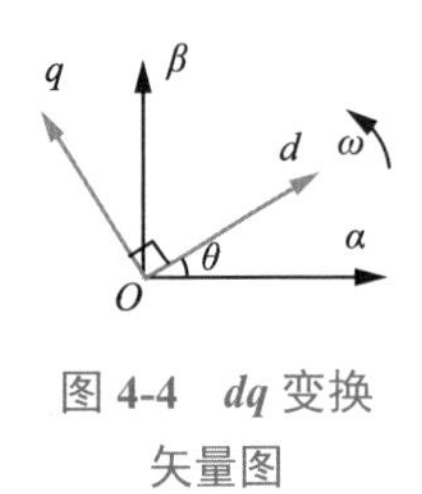

图 4-4　*dq* 变换矢量图

变换后电路中正弦交流的电量转变成对应的直流量。

两相静止坐标系到两相旋转坐标系的变换矩阵为：

$$T_{\alpha\beta/dq}=\begin{bmatrix}\cos\omega t & \sin\omega t\\ -\sin\omega t & \cos\omega t\end{bmatrix} \tag{4-8}$$

两相旋转坐标系到两相静止坐标系的变换矩阵为：

$$T_{dq/\alpha\beta}=\begin{bmatrix}\cos\omega t & -\sin\omega t\\ \sin\omega t & \cos\omega t\end{bmatrix} \tag{4-9}$$

两种坐标系下的输入电流之间的关系是：

$$\begin{aligned}T_{\alpha\beta/dq}L\frac{\mathrm{d}}{\mathrm{d}t}\begin{bmatrix}i_\alpha\\ i_\beta\end{bmatrix}&=L\frac{\mathrm{d}}{\mathrm{d}t}\left(T_{\alpha\beta/dq}\begin{bmatrix}i_\alpha\\ i_\beta\end{bmatrix}\right)-L\frac{\mathrm{d}T_{\alpha\beta/dq}}{\mathrm{d}t}\begin{bmatrix}i_\alpha\\ i_\beta\end{bmatrix}\\ &=L\frac{\mathrm{d}}{\mathrm{d}t}\begin{bmatrix}i_d\\ i_q\end{bmatrix}-\begin{bmatrix}0 & \omega L\\ -\omega L & 0\end{bmatrix}\begin{bmatrix}i_d\\ i_q\end{bmatrix}\end{aligned} \tag{4-10}$$

结合式（4-6）～式（4-10），可得 PWM 变换器在 *dq* 坐标系下的交流侧状态方程为：

$$\begin{bmatrix}L\dfrac{\mathrm{d}i_d}{\mathrm{d}t}\\ L\dfrac{\mathrm{d}i_q}{\mathrm{d}t}\end{bmatrix}=\begin{bmatrix}-R & \omega L\\ -\omega L & -R\end{bmatrix}\begin{bmatrix}i_d\\ i_q\end{bmatrix}+\begin{bmatrix}1 & 0\\ 0 & 1\end{bmatrix}\begin{bmatrix}u_d\\ u_q\end{bmatrix}-\begin{bmatrix}1 & 0\\ 0 & 1\end{bmatrix}\begin{bmatrix}e_d\\ e_q\end{bmatrix} \tag{4-11}$$

式（4-11）就是变换器在 *dq* 旋转坐标系下的低频状态方程，*dq* 变换可以简化控制系统的分析和设计，但从式中可以看出 d 轴与 q 轴分量是耦合的，这对系统的稳定性及动态特性是不利的，具体变量的解耦将在后面讨论。

4.1.2　三相并网逆变器的高频数学模型

低频数学模型实际上是忽略了变换器的高频谐波，可以用作系统分析和设计，但是不能准确反映变换器的高频工作机理。三相并网逆变器的高频数学模型包括了反映每个开关周期开关器件工作情况的开关函数。因此能够精确描述逆变器开关器件的开关过程和状态变量之间的关系，适合于逆变器的波形仿真和谐波分析，下面将基于开关函数建立变换器的高频数学模型。做同样的假设：①电网电动势为三相对称的工频正弦波电动势；②所有的电感电容均为理想器件；③开关管均为理想器件，忽略开关死区时间。

1．在 ABC 静止坐标系下的数学模型

在三相 ABC 静止坐标系中，利用电路基本定律对三相并网逆变器建立数学模型。三相并网逆变器拓扑如图 4-1 所示，E 为直流侧输入电压，U_D 为直流侧电容两端电压，R_E 为直流侧电源等效阻抗。考虑到高频开关状态，由于同一桥臂上下管互补，设 S_a、S_b、S_c 分别表示 ABC 三相桥臂的开关函数，1 为上桥臂导通，0 为下桥臂导通。根据开关变量的定义，有下式成立：

$$\begin{cases} u_{aN} = S_a \cdot U_D \\ u_{bN} = S_b \cdot U_D \\ u_{cN} = S_c \cdot U_D \end{cases} \tag{4-12}$$

根据基尔霍夫电压定律，得到三相并网逆变器 A 相电感两端电压回路方程为：

$$L\frac{di_a}{dt} + Ri_a = u_{ao} - e_a = u_{aN} + u_{No} - e_a \tag{4-13}$$

根据开关函数的定义，式（4-13）可以写为：

$$L\frac{di_a}{dt} + Ri_a = S_a \cdot U_D + u_{No} - e_a \tag{4-14}$$

同理可得 B，C 两相方程如下：

$$L\frac{di_b}{dt} + Ri_b = S_b \cdot U_D + u_{No} - e_b \tag{4-15}$$

$$L\frac{di_c}{dt} + Ri_c = S_c \cdot U_D + u_{No} - e_c \tag{4-16}$$

考虑三相对称系统，则有：

$$\begin{cases} e_a + e_b + e_c = 0 \\ i_a + i_b + i_c = 0 \end{cases} \tag{4-17}$$

联立式（4-14）～式（4-17），得到：

$$u_{No} = -\frac{1}{3}U_D(S_a + S_b + S_c) = -\frac{1}{3}U_D\sum_{k=a,b,c} S_k \tag{4-18}$$

在三相并网逆变器中，任何瞬间总有三个开关管导通，直流侧电流 i_D 可描述为

$$i_{\mathrm{D}}=i_{\mathrm{a}}S_{\mathrm{a}}+i_{\mathrm{b}}S_{\mathrm{b}}+i_{\mathrm{c}}S_{\mathrm{c}} \tag{4-19}$$

对直流侧电容正极点 P 列写基尔霍夫电流方程得到：

$$C\frac{\mathrm{d}U_{\mathrm{D}}}{\mathrm{d}t}=i_{\mathrm{E}}-i_{\mathrm{D}}=\frac{E-U_{\mathrm{D}}}{R_{\mathrm{E}}}-(i_{\mathrm{a}}S_{\mathrm{a}}+i_{\mathrm{b}}S_{\mathrm{b}}+i_{\mathrm{c}}S_{\mathrm{c}}) \tag{4-20}$$

综合式（4-14）～式（4-16），式（4-18）和式（4-20），三相并网逆变器在 ABC 静止坐标系下的数学模型的状态变量表达式为：

$$\begin{bmatrix} L\dfrac{\mathrm{d}i_{\mathrm{a}}}{\mathrm{d}t} \\ L\dfrac{\mathrm{d}i_{\mathrm{b}}}{\mathrm{d}t} \\ L\dfrac{\mathrm{d}i_{\mathrm{c}}}{\mathrm{d}t} \\ C\dfrac{\mathrm{d}V_{\mathrm{D}}}{\mathrm{d}t} \end{bmatrix}=\begin{bmatrix} -R & 0 & 0 & S_{\mathrm{a}}-\dfrac{1}{3}U_{\mathrm{D}}\sum\limits_{\mathrm{k=a,b,c}}S_{\mathrm{k}} \\ 0 & -R & 0 & S_{\mathrm{b}}-\dfrac{1}{3}U_{\mathrm{D}}\sum\limits_{\mathrm{k=a,b,c}}S_{\mathrm{k}} \\ 0 & 0 & -R & S_{\mathrm{c}}-\dfrac{1}{3}U_{\mathrm{D}}\sum\limits_{\mathrm{k=a,b,c}}S_{\mathrm{k}} \\ -S_{\mathrm{a}} & -S_{\mathrm{b}} & -S_{\mathrm{c}} & -\dfrac{1}{R_{\mathrm{E}}} \end{bmatrix}\begin{bmatrix} i_{\mathrm{a}} \\ i_{\mathrm{b}} \\ i_{\mathrm{c}} \\ V_{\mathrm{D}} \end{bmatrix}+\begin{bmatrix} -1 & 0 & 0 & 0 \\ 0 & -1 & 0 & 0 \\ 0 & 0 & -1 & 0 \\ 0 & 0 & 0 & \dfrac{1}{R_{\mathrm{E}}} \end{bmatrix}\begin{bmatrix} e_{\mathrm{a}} \\ e_{\mathrm{b}} \\ e_{\mathrm{c}} \\ E \end{bmatrix} \tag{4-21}$$

而输出电容假想中点 G 与电网中点 O 之间的电压为：

$$U_{\mathrm{Go}}=U_{\mathrm{GN}}+U_{\mathrm{No}}=\frac{U_{\mathrm{D}}}{2}-\frac{U_{\mathrm{D}}}{3}(S_{\mathrm{a}}+S_{\mathrm{b}}+S_{\mathrm{c}}) \tag{4-22}$$

从式（4-21）可以看出每相输入电流都是由三相开关函数共同控制的，变换器是一个相互耦合的多阶非线性时变系统，而由式（4-22）可以看出，不带中线的三相并网逆变器的电容中点电位与电网中点电位不相等，两电位差是高频脉动量，由三相开关函数共同决定。可见从高频角度看，三相并网逆变器三相之间是互相耦合的。在 ABC 静止坐标系下其高频等效电路模型如图 4-5 所示。

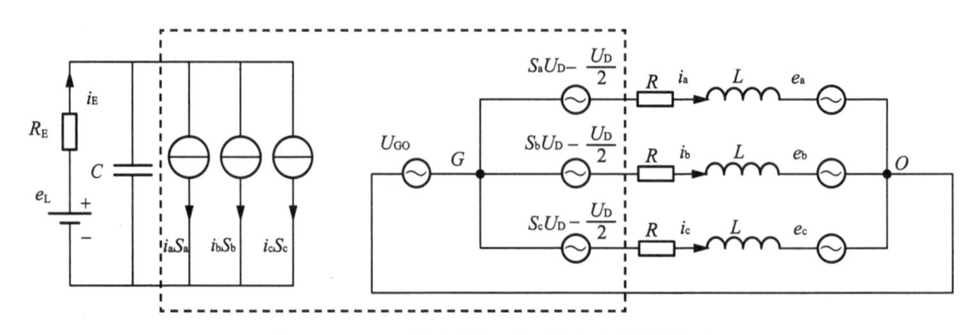

图 4-5　ABC 静止坐标系下的高频等效模型

2．在 $\alpha\beta$ 静止坐标系下的数学模型

运用坐标变换公式（4-4）、式（4-5），可将（4-22）表示的三相坐标系下的高频模型转换为两相静止坐标系下的高频数学模型：

$$\begin{bmatrix} L\dfrac{\mathrm{d}i_\alpha}{\mathrm{d}t} \\ L\dfrac{\mathrm{d}i_\beta}{\mathrm{d}t} \\ C\dfrac{\mathrm{d}U_\mathrm{D}}{\mathrm{d}t} \end{bmatrix} = \begin{bmatrix} -R & 0 & S_\alpha \\ 0 & -R & S_\beta \\ -S_\alpha & -S_\beta & -\dfrac{1}{R_\mathrm{E}} \end{bmatrix} \begin{bmatrix} i_\alpha \\ i_\beta \\ U_\mathrm{D} \end{bmatrix} + \begin{bmatrix} -1 & 0 & 0 \\ 0 & -1 & 0 \\ 0 & 0 & \dfrac{1}{R_\mathrm{E}} \end{bmatrix} \begin{bmatrix} e_\alpha \\ e_\beta \\ E \end{bmatrix} \tag{4-23}$$

由式（4-23）可见，在两相 $\alpha\beta$ 静止坐标系下输入电流 i_α、i_β 只与各自的开关函数 S_α、S_β 有关，实现了有关量的解耦，但变换后的两相电压和电流仍是正弦变化量。并且由式中的关系可知，变换器桥臂输出电压在两相静止坐标系下表示为：

$$\begin{cases} u_\alpha = S_\alpha U_\mathrm{D} \\ u_\beta = S_\beta U_\mathrm{D} \end{cases} \tag{4-24}$$

变换器输入电流为：

$$i_\mathrm{D} = S_\alpha i_\alpha + S_\beta i_\beta \tag{4-25}$$

三相并网逆变器在两相 $\alpha\beta$ 静止坐标系下的高频等效电路模型如图 4-6 所示。

3．在 dq 同步旋转坐标系下的高频数学模型

通过坐标变换，将两相静止坐标下的物理量变换为同步旋转的两相旋转坐标系下的物理量，由前面定义可知，三相电网电压为：

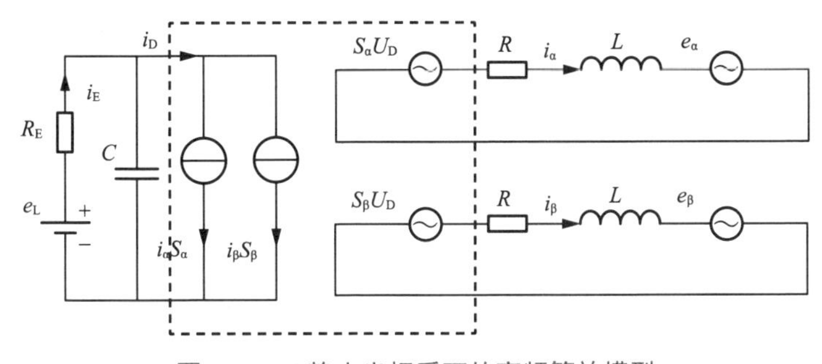

图 4-6　$\alpha\beta$ 静止坐标系下的高频等效模型

$$\begin{cases} e_{\mathrm{a}} = E_{\mathrm{m}} \cos(\omega t) \\ e_{\mathrm{b}} = E_{\mathrm{m}} \cos(\omega t - 2\pi/3) \\ e_{\mathrm{c}} = E_{\mathrm{m}} \cos(\omega t + 2\pi/3) \end{cases} \tag{4-26}$$

三相电网电压综合矢量定义为：

$$\vec{e} = \frac{2}{3}(\mathrm{e_a} \cdot \mathrm{e}^{\mathrm{j}0} + \mathrm{e_b} \cdot \mathrm{e}^{\mathrm{j}\frac{2}{3}\pi} + \mathrm{e_c} \times \mathrm{e}^{\mathrm{j}\frac{4}{3}\pi}) = E_{\mathrm{m}}\left(\cos\omega t + \mathrm{j}\sin\omega t\right) \tag{4-27}$$

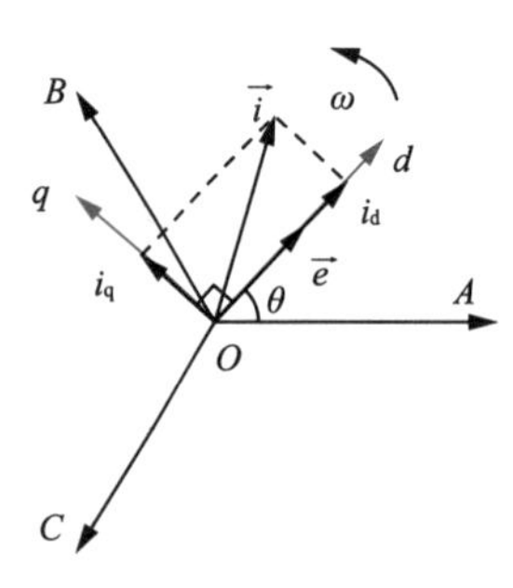

图 4-7　*dq* 坐标系矢量图

可见三相电网电压矢量是一个在复平面旋转的矢量，矢量的模值为 E_{m}，矢量与 A 轴夹角为 θ，这样电网电压综合矢量在 ABC 坐标轴上的投影即为三相电网电压的瞬时值，将 d 轴定于 A 轴旋转 θ 角度后的矢量方向上，q 轴与之垂直，如图 4-7 所示，定义 d 轴与电网电动势矢量重合，三相电网电流合成矢量的 d 轴方向的电流分量 i_{d} 为有功电流，q 轴方向的电流分量 iq 为无功电流，初始条件 t=0 时，d 轴与 A 轴重合。

将式（4-10）代入式（4-23）得三相并网逆变器在两相旋转坐标系下的高频数学模型为：

$$\begin{bmatrix} L\dfrac{\mathrm{d}i_{\mathrm{d}}}{\mathrm{d}t} \\ L\dfrac{\mathrm{d}i_{\mathrm{q}}}{\mathrm{d}t} \\ C\dfrac{\mathrm{d}U_{\mathrm{D}}}{\mathrm{d}t} \end{bmatrix} = \begin{bmatrix} -R & \omega L & S_{\mathrm{d}} \\ -\omega L & -R & S_{\mathrm{q}} \\ -S_{\mathrm{d}} & -S_{\mathrm{q}} & -\dfrac{1}{R_{\mathrm{E}}} \end{bmatrix} \begin{bmatrix} i_{\mathrm{d}} \\ i_{\mathrm{q}} \\ U_{\mathrm{D}} \end{bmatrix} + \begin{bmatrix} -1 & 0 & 0 \\ 0 & -1 & 0 \\ 0 & 0 & \dfrac{1}{R_{\mathrm{E}}} \end{bmatrix} \begin{bmatrix} e_{\mathrm{d}} \\ e_{\mathrm{q}} \\ E \end{bmatrix} \tag{4-28}$$

从式（4-28）中可以看出，*dq* 坐标系下变换器桥臂输出电压可以表示为：

$$\begin{cases} u_{\mathrm{d}} = S_{\mathrm{d}} U_{\mathrm{D}} \\ u_{\mathrm{q}} = S_{\mathrm{q}} U_{\mathrm{D}} \end{cases} \tag{4-29}$$

变换器输入电流为：

$$i_{\mathrm{D}} = S_{\mathrm{d}} i_{\mathrm{d}} + S_{\mathrm{q}} i_{\mathrm{q}} \tag{4-30}$$

由式（4-28）知在两相旋转坐标系下的高频模型也是耦合的，输出电流 i_{d}、i_{q} 相互影响，这在一定程度上会影响控制器的设计。但是从另一方面看，通过坐标变换，系统的控制量变为直流量，并且变换后系统的有功和无功分量概念很清晰。系统在 dq 同步旋转坐标系下的高频等效电路模型如图 4-8 所示。

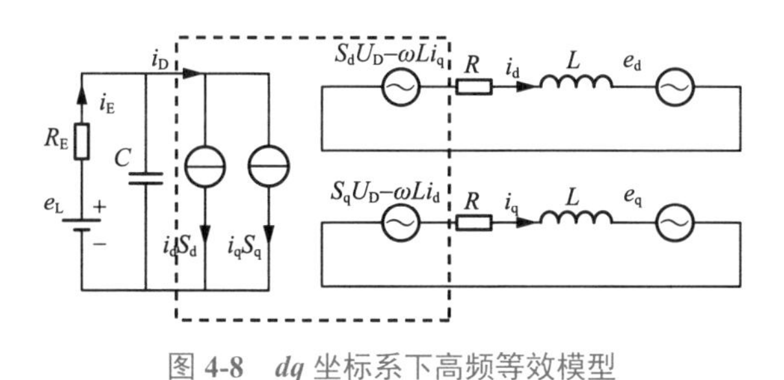

图 4-8　dq 坐标系下高频等效模型

4.2　自同步电压源控制小信号模型

图 4-9 所示为单台光伏自同步电压源逆变器输出等效电路，可等效为一个理想电压源与其输出阻抗串联。其中，Z_o 为逆变器输出阻抗，Z_g 为电网阻抗，定义 $Z=Z_o+Z_g=r+jX_s$，其中 r 逆变器输出阻抗与电网阻抗中阻性分量，X_s 为逆变器输出阻抗与电网阻抗中感性分量。

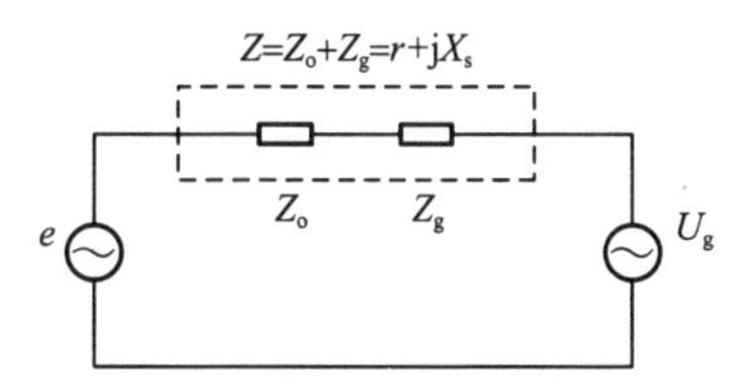

图 4-9　单台光伏自同步电源逆变器交流侧等效电路

定义光伏自同步电压源逆变器桥臂中点电压基波的相量为 $E\angle\delta$，电网交流母线电压的相量为 $U_g\angle 0$，其中 δ 为两个电压相量之间的相位差（亦称功角），其表达式为：

$$\delta=\int(\omega-\omega_g)\mathrm{d}t \tag{4-31}$$

根据三相复功率的定义，有

$$\langle S_e\rangle_{T_{line}/2}=\langle P_e\rangle_{T_{line}/2}+j\langle Q_e\rangle_{T_{line}/2}=3EI^*=3\frac{E^2-EU_g(\cos\delta+j\sin\delta)}{r-jX_s} \tag{4-32}$$

这样，当逆变器输出线路阻抗为阻感性一般情况时：

$$S_e=P_e+jQ_e\approx\frac{3(A\cdot r+B\cdot X_s)}{r^2+{X_s}^2}+j\frac{3(A\cdot X_s-B\cdot r)}{r^2+{X_s}^2} \tag{4-33}$$

式中：$A=E^2-EU_g\cos\delta$；$B=EU_g\sin\delta$。

因而有光伏自同步电压源 PV-SVI 输出有功和无功表示为：

$$P_{\mathrm{e}}=\frac{3(A\cdot r+B\cdot X_{\mathrm{s}})}{r^2+X_{\mathrm{s}}^2}=\frac{3[(E^2-EU_{\mathrm{g}}\cos\delta)\cdot r+EU_{\mathrm{g}}\sin\delta\cdot X_{\mathrm{s}}]}{r^2+X_{\mathrm{s}}^2} \tag{4-34}$$

$$Q_{\mathrm{e}}=\frac{3(A\cdot X_{\mathrm{s}}-B\cdot r)}{r^2+X_{\mathrm{s}}^2}=\frac{3[(E^2-EU_{\mathrm{g}}\cos\delta)\cdot X_{\mathrm{s}}-EU_{\mathrm{g}}\sin\delta\cdot r]}{r^2+X_{\mathrm{s}}^2} \tag{4-35}$$

这样，将式（3-9）、式（3-24）、式（4-31）、式（4-34）、式（4-35）给出的自同步电压源状态方程集中在一起，就完整地描述了光伏自同步电压源 PV-SVI 的控制结构，如下式（4-36）：

$$\begin{cases}P_{\mathrm{ref}}+D_{\mathrm{p}}(\omega_{\mathrm{n}}-\omega)-P_{\mathrm{e}}\approx J\omega_{\mathrm{n}}\dfrac{\mathrm{d}\omega}{\mathrm{d}t}\\ \delta=\int(\omega-\omega_{\mathrm{g}})\mathrm{d}t\\ K\dfrac{\mathrm{d}(\sqrt{2}E_{m})}{\mathrm{d}t}=[D_{\mathrm{q}}(\sqrt{2}U_{\mathrm{n}}-\sqrt{2}U_{\mathrm{o}})+(Q_{\mathrm{ref}}-Q_{\mathrm{e}})]\\ E=K_{\mathrm{PWM}}E_{\mathrm{m}}\\ P_{\mathrm{e}}=\dfrac{3[(E^2-EU_{\mathrm{g}}\cos\delta)\cdot r+EU_{\mathrm{g}}\sin\delta\cdot X_{\mathrm{s}}]}{r^2+X_{\mathrm{s}}^2}\\ Q_{\mathrm{e}}=\dfrac{3[(E^2-EU_{\mathrm{g}}\cos\delta)\cdot X_{\mathrm{s}}-EU_{\mathrm{g}}\sin\delta\cdot r]}{r^2+X_{\mathrm{s}}^2}\end{cases} \tag{4-36}$$

如果光伏自同步电压源 PV-SVI 正常运行时遭到干扰，各状态量均产生偏差，表达式（4-36）中的状态变量表示为稳态值和小扰动变量之和，如式（4-37）：

$$\begin{cases}P_{\mathrm{ref}}=\bar{P}_{\mathrm{ref}}+\hat{P}_{\mathrm{ref}}\\ P_{\mathrm{e}}=\bar{P}_{\mathrm{e}}+\hat{P}_{\mathrm{e}}\\ Q_{\mathrm{ref}}=\bar{Q}_{\mathrm{ref}}+\hat{Q}_{\mathrm{ref}}\\ Q_{\mathrm{e}}=\bar{Q}_{\mathrm{e}}+\hat{Q}_{\mathrm{e}}\\ \omega=\bar{\omega}+\hat{\omega}\\ \delta=\bar{\delta}+\hat{\delta}\\ E_{\mathrm{m}}=\bar{E}_{\mathrm{m}}+\hat{E}_{\mathrm{m}}\\ E=\bar{E}+\hat{E}\end{cases} \tag{4-37}$$

式中：$\bar{P}_{\mathrm{ref}}$、$\bar{P}_{\mathrm{e}}$、$\bar{Q}_{\mathrm{ref}}$、$\bar{Q}_{\mathrm{e}}$、$\bar{\omega}$、$\bar{\delta}$、$\bar{E}_{\mathrm{m}}$、$\bar{E}$ 为状态变量的稳态值，分别为光伏自同步电压源 PV-SVI 稳态工作时的有功给定、输出有功功率、无功给定、输出无功功率、电压的角频率、功角、调制波的有效值、桥臂中点电压基波的

有效值；$\hat{P}_{\text{ref}}$、$\hat{P}_{\text{e}}$、$\hat{Q}_{\text{ref}}$、$\hat{Q}_{\text{e}}$、$\hat{\omega}$、$\hat{\delta}$、$\hat{E}_{\text{m}}$、$\hat{E}$分别为对应直流稳态工作点附近的小扰动量。

为了对自同步电压源控制进行小信号建模，首先需要对时域方程进行扰动分析和线性化。将式（4-37）代入式（4-36）中，并考虑如下近似关系：$\sin\bar{\delta}\approx\bar{\delta}$、$\sin\hat{\delta}\approx\hat{\delta}$、$\cos\bar{\delta}\approx 1$、$\cos\hat{\delta}\approx 1$、$U_{\text{o}}\approx E$（PV-SVI 机端输出电压幅值与桥臂基波电压幅值近似相同），在等式两边消去直流量并忽略二次以上的高次扰动量，则可以得到各状态量的线性化偏差方程：

$$\begin{cases}
\hat{P}_{\text{ref}}-D_{\text{p}}\hat{\omega}-\hat{P}_{\text{e}}=J\omega_{\text{n}}\dfrac{\text{d}\hat{\omega}}{\text{d}t}\\
\hat{\delta}=\int\hat{\omega}\text{d}t\\
\hat{Q}_{\text{ref}}-D_{\text{q}}(\sqrt{2}\hat{E})-\hat{Q}_{\text{e}}=\sqrt{2}K\dfrac{\text{d}\hat{E}_{\text{m}}}{\text{d}t}\\
\hat{E}=\dfrac{U_{\text{in}}}{2U_{\text{tri}}}\hat{E}_{\text{m}}\\
\hat{P}_{\text{e}}=\dfrac{3[(2\bar{E}-U_{\text{g}})r+U_{\text{g}}X_{\text{s}}\bar{\delta}]}{r^2+X_{\text{s}}^2}\hat{E}+\dfrac{3\bar{E}U_{\text{g}}(X_{\text{s}}+\bar{\delta}r)}{r^2+X_{\text{s}}^2}\hat{\delta}\\
\hat{Q}_{\text{e}}=\dfrac{3[(2\bar{E}-U_{\text{g}})X_{\text{s}}-U_{\text{g}}r\bar{\delta}]}{r^2+X_{\text{s}}^2}\hat{E}+\dfrac{3\bar{E}U_{\text{g}}(X_{\text{s}}\bar{\delta}-r)}{r^2+X_{\text{s}}^2}\hat{\delta}
\end{cases}\tag{4-38}$$

然后，对线性化后的时域方程式进行拉普拉斯变换。令 $D_{\text{q1}}=U_{\text{in}}D_{\text{q}}/(2U_{\text{tri}})$，对式（4-38）进行拉氏变换，可表示为：

$$\begin{cases}
\hat{\omega}(s)=\dfrac{\hat{P}_{\text{ref}}(s)-\hat{P}_{\text{e}}(s)}{J\omega_{\text{n}}s+D_{\text{p}}}\\
\hat{\delta}(s)=\dfrac{\hat{\omega}(s)}{s}\\
\hat{E}_{\text{m}}(s)=\dfrac{\hat{Q}_{\text{ref}}(s)-\hat{Q}_{\text{e}}(s)}{\sqrt{2}(Ks+D_{\text{q1}})}\\
\hat{E}(s)=\dfrac{U_{\text{in}}}{2U_{\text{tri}}}\hat{E}_{\text{m}}(s)\\
\hat{P}_{\text{e}}(s)=\dfrac{3[(2\bar{E}-U_{\text{g}})r+U_{\text{g}}X_{\text{s}}\bar{\delta}]}{r^2+X_{\text{s}}^2}\hat{E}(s)+\dfrac{3\bar{E}U_{\text{g}}(X_{\text{s}}+\bar{\delta}r)}{r^2+X_{\text{s}}^2}\hat{\delta}(s)\\
\hat{Q}_{\text{e}}(s)=\dfrac{3[(2\bar{E}-U_{\text{g}})X_{\text{s}}-U_{\text{g}}r\bar{\delta}]}{r^2+X_{\text{s}}^2}\hat{E}(s)+\dfrac{3\bar{E}U_{\text{g}}(X_{\text{s}}\bar{\delta}-r)}{r^2+X_{\text{s}}^2}\hat{\delta}(s)
\end{cases}\tag{4-39}$$

上述式（4-39），组成了光伏自同步电压源PV-SVI在s域内的小信号模型，如图4-10所示。

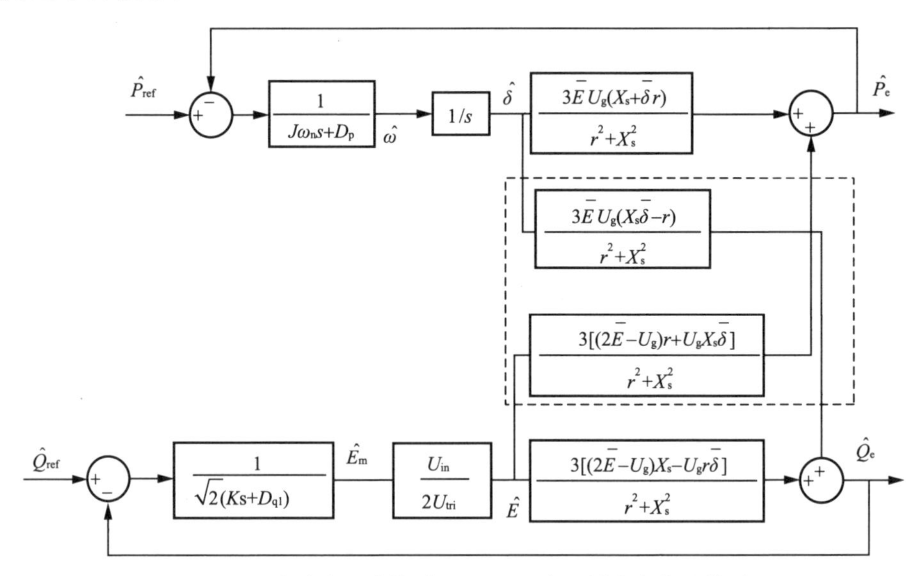

图4-10　线路为阻感性时，PV-SVI在s域内小信号模型

若只考虑线路阻抗为感性，即X_s>>r时，图4-10所示的PV-SVI小信号模型即可简化为图4-11所示的小信号模型框图。

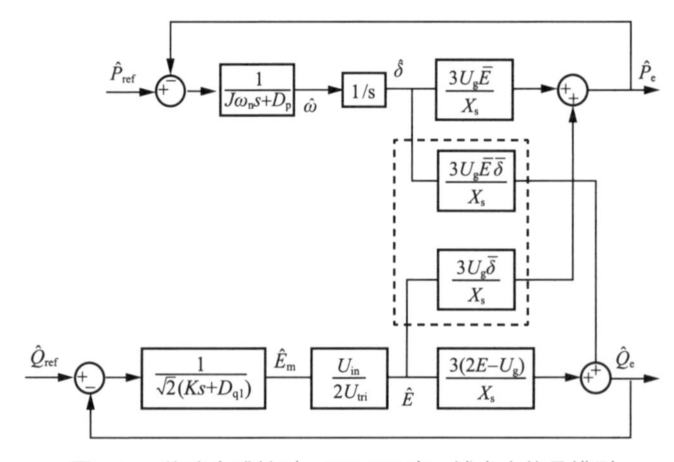

图4-11　线路为感性时，PV-SVI在s域内小信号模型

4.3　自同步电压源功率环环路分析

从图4-10和图4-11中可以看出，当PV-SVI输出线路呈阻感或感性时，

系统均存在一定的耦合关系，为简化分析，首先分析当线路呈感性时的系统环路情况。

如果不考虑耦合，图 4-11 所示环路的有功环和无功环的环路增益 $T_p(s)$ 和 $T_q(s)$ 分别为：

$$T_p(s)=\frac{3U_g\bar{E}}{X_s}\cdot\frac{1}{D_p}\cdot\frac{1}{[(J\omega_n/D_p)s+1]}\cdot\frac{1}{s} \tag{4-40}$$

$$T_q(s)=\frac{3U_{in}(2\bar{E}-U_g)}{2\sqrt{2}U_{tri}X_s}\cdot\frac{1}{D_{q1}}\cdot\frac{1}{[(K/D_{q1})s+1]} \tag{4-41}$$

推导考虑耦合时有功环的环路增益。此时，除了自身的输入参考信号 $\hat{P}_{ref}$ 之外，其他输入信号均视为扰动信号。假设图 4-11 中无功环的参考信号 $\hat{Q}_{ref}=0$，则可推导出考虑耦合后有功环的环路增益 $T_{p\_coup}(s)$ 的表达式为：

$$T_{p\_coup}(s)=T_p(s)\left[1-\frac{U_g}{(2\bar{E}-U_g)}\frac{T_q(s)}{1+T_q(s)}\bar{\delta}^2\right] \tag{4-42}$$

PV-SVI 稳态工作时，有 $\bar{E}\approx U_g$，则式（4-42）可以近似为：

$$T_{p\_coup}(s)=T_p(s)\left[1-\frac{T_q(s)}{1+T_q(s)}\bar{\delta}^2\right] \tag{4-43}$$

在式（4-43）中，$T_q/(1+T_q)$ 为不考虑耦合时无功环的闭环传递函数，其最大值约为 $1/\sin PM$，其中 PM 为 T_q 的相角裕度。若保证 $PM>30°$，则有：

$$\left|\frac{T_q(s)}{1+T_q(s)}\right|\leqslant 2 \tag{4-44}$$

$\bar{\delta}$ 为 PV-SVI 稳态工作时的功角，一般很小，有 $\sin\bar{\delta}\approx\bar{\delta}$，因此有：

$$\bar{P}_e\approx\frac{3\bar{E}U_g}{X_s}\bar{\delta} \tag{4-45}$$

从而功角稳态值可表示为：

$$\bar{\delta}=\frac{\bar{P}_eX_s}{3\bar{E}U_g}\leqslant\frac{S_nX_s}{3\bar{E}U_g}\approx\frac{X_s}{\dfrac{3\bar{E}^2}{S_n}}=X_{s(p.u.)} \tag{4-46}$$

式中：S_n 是 PV-SVI 的额定容量；$X_{s(p.u.)}$ 是 X_s 的标幺值。上节已经指出，X_s 包括 PV-SVI 的输出阻抗（X_o）和电网阻抗（X_g）。

对于电网阻抗来说，有 X_g<0.1（标幺值）（电源并网点的短路电流与电源额定电流之比不宜低 10）。对于开环控制的 PV-SVI 来说，其基波处的输出阻抗为 $X_o=X_{L1}+X_{L2}$（滤波电容在基波处的阻抗很大可以忽略），根据滤波器的设计原则，为了防止在滤波器上有过大的基波压降，$X_{L1}+X_{L2}$ 一般小于 0.1（标幺值），即 X_o<0.1（标幺值）。因此，对于开环控制的自同步电压源逆变器，总有 X_s<0.2（标幺值），代入式（4-46），则有：

$$\bar{\delta} \leqslant 0.2\text{rad} \tag{4-47}$$

综合式（4-44）和式（4-47），从而可得出：

$$\left|\frac{T_q(s)}{1+T_q(s)}\bar{\delta}^2\right| \leqslant 2\times 0.2\times 0.2 = 0.08 << 1 \tag{4-48}$$

这样，式（4-43）可以近似为：

$$T_{p\_coup}(s) \approx T_p(s) \tag{4-49}$$

式（4-49）表明，设计有功环时，可以不考虑无功环的影响。

推导考虑耦合时无功环的环路增益。此时，除了自身的输入参考信号 $\hat{Q}_{ref}$ 之外的其他输入信号均可以视为扰动信号。因此，令图 4-10 中的有功环参考信号 $\hat{P}_{ref}=0$，则可推导出考虑耦合后无功环的环路增益 T_{q_coup}（s）的表达式为：

$$T_{q\_coup}(s) = T_q(s)\left[1-\frac{U_g}{(2\bar{E}-U_g)}\frac{T_p(s)}{1+T_p(s)}\bar{\delta}^2\right] \approx T_q(s)\left[1-\frac{T_p(s)}{1+T_p(s)}\bar{\delta}^2\right] \tag{4-50}$$

与有功环的分析类似，若保证 $T_p(s)$ 的相角裕度 PM>30°，则可保证 $|T_p/(1+T_p)| \leqslant 2$。又因为前面已论证 $\bar{\delta} \leqslant 0.2\text{rad}$，则有：

$$\left|\frac{T_p(s)}{1+T_p(s)}\bar{\delta}^2\right| \leqslant 2\times 0.2\times 0.2 = 0.08 << 1 \tag{4-51}$$

因此式（4-51）可以近似为：

$$T_{q\_coup}(s) \approx T_q(s) \tag{4-52}$$

式（4-52）表明，设计无功环时，可以不考虑有功环对其的影响。

以上对功率环路的分析表明，当满足以下两个条件时，自同步电压源逆变器的有功环和无功环之间可以认为是近似解耦的：

1）自同步电压源逆变器的有功环和无功环有足够的相角裕度（PM>30°）。

2）$X_{s(p.u.)}$<0.2（标幺值）。为验证上述分析，以有功环为例，结合所推导的系统模型，同时代入相关主电路参数（模型中有功 / 无功环路下垂系数，以及一次调压积分系数计算将在下一节给予详细讨论），可得当 PV-SVI 输出阻抗为纯感时，考虑环路耦合情况下有功环与不考虑环路耦合情况下有功环的单位阶跃响应曲线，如图 4-12 所示。

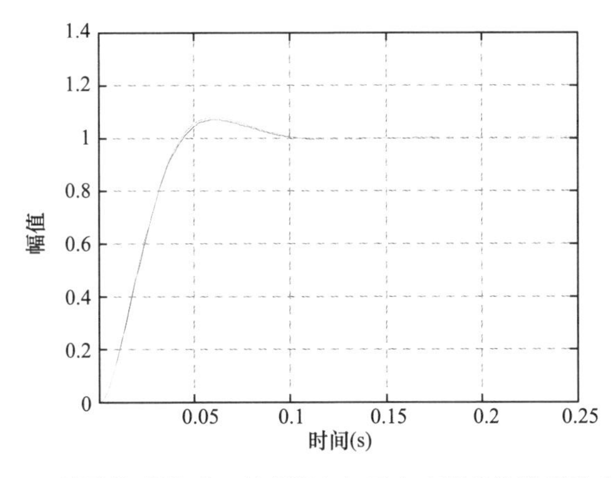

图 4-12　线路为感性时，考虑耦合与否有功环单位阶跃响应曲线

图 4-12 表明，当 PV-SVI 输出线路为纯感时，考虑环路耦合和不考虑环路耦合两种情况下的有功 / 无功单位阶跃响应基本完全一致，从而验证了上述关于有功 / 无功近似解耦的理论分析。

在上述讨论基础上，考虑 PV-SVI 输出阻抗为阻感性的一般情况，继续将主电路参数和模型中各控制参数代入到图 4-10 所示的控制环路中，从而得出考虑环路耦合情况下有功环与不考虑环路耦合情况下有功环的单位阶跃响应曲线，如图 4-13 所示。

图 4-13 表明，当 PV-SVI 输出线路为一般性阻感状态时，考虑环路耦合和不考虑环路耦合两种情况下的有功 / 无功单位阶跃响应在稳态同样基本完全一致，即在稳态仍然是解耦状态，但是在动态调节中存在区别，从而表明有功环

在动态调节过程中与无功环存在一定的耦合。

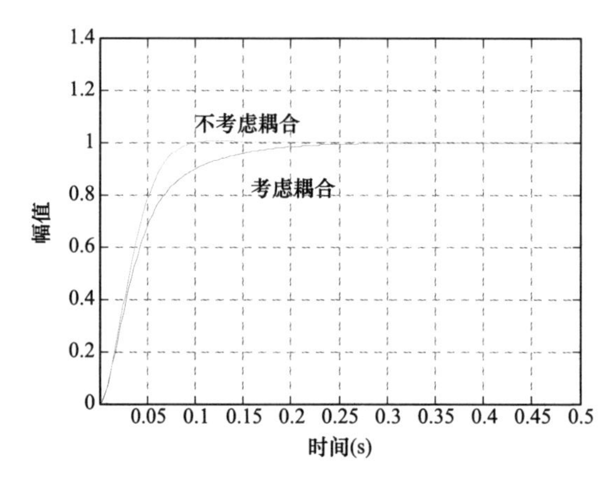

图 4-13　线路为阻感性时，考虑耦合与否有功环单位阶跃响应曲线

在上述基础上，进一步考察线路阻抗不同时，考虑环路耦合情况下有功环与不考虑环路耦合情况下有功环的单位阶跃响应曲线，如图 4-14 所示。

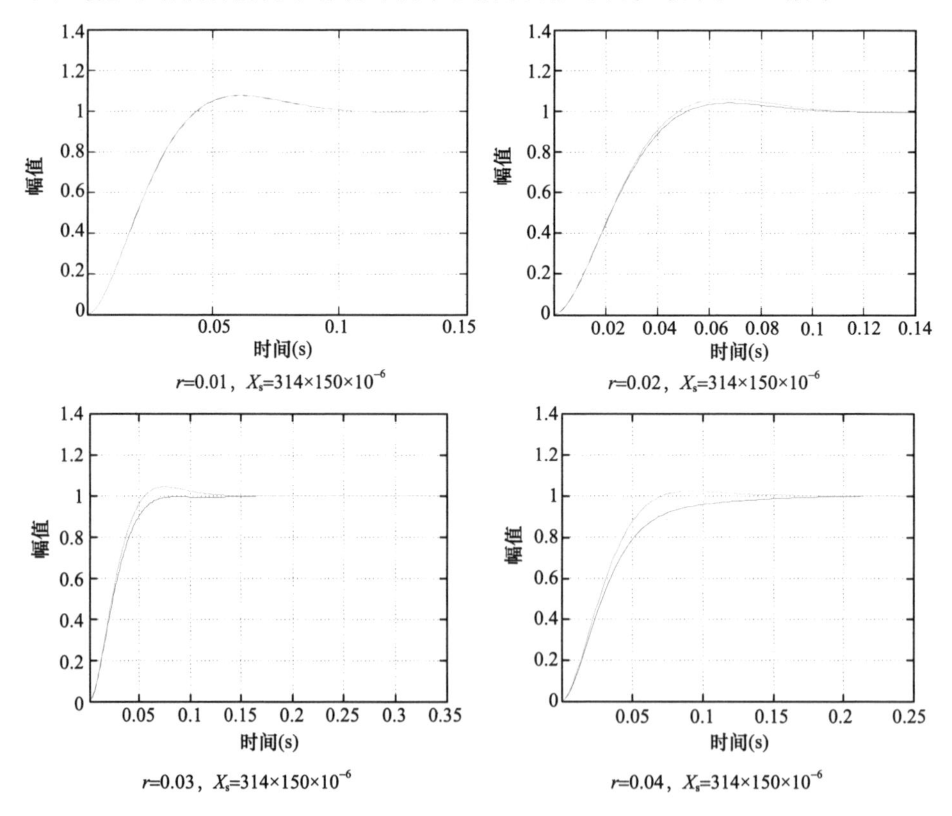

图 4-14　改变线路电阻，考虑耦合与否有功环单位阶跃响应曲线（一）

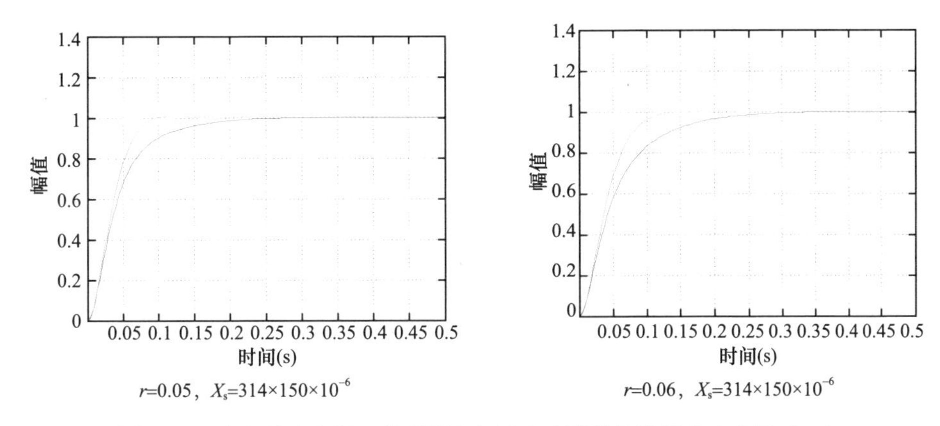

图 4-14　改变线路电阻，考虑耦合与否有功环单位阶跃响应曲线（二）

图 4-14 表明，当线路阻抗中电阻分量 r 发生变化时，考虑环路耦合和不考虑环路耦合两种情况下的有功环单位阶跃响应在稳态仍然完全一致，从而验证了上述关于功率环路静态解耦的理论分析。此外，随着电阻分量的增大，整个环路在动态响应过程中呈现过阻尼趋势，这也是与常理分析保持一致。

基于 Matlab Simuink 所搭建的仿真模型，进一步对功率环路静态解耦进行仿真验证。

如图 4-15 所示，PV-SVI 工作在并网模式，初始有功给定为 200kW，无功给定为 100kvar，在 0.8s 时刻，有功给定阶跃至 400kW。仿真波形显示：在有功阶跃瞬间，有功环和无功环存在耦合，故使得无功随之发生波动。当有功进入稳态后，无功功率继续恢复到最初的给定 100kvar，从而表明有功和无功为静态解耦，很好的证明了上述理论分析。

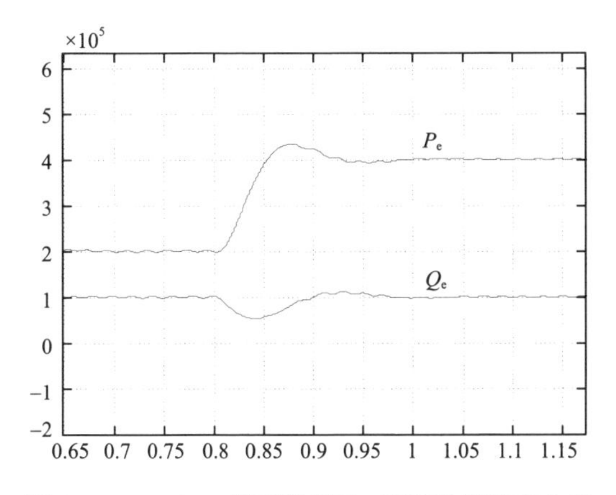

图 4-15　PV-SVI 并网模式下，有功阶跃响应曲线

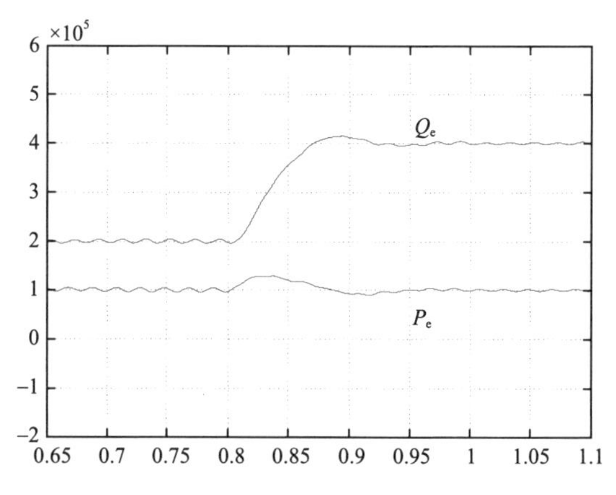

图 4-16　PV-SVI 并网模式下，无功阶跃响应曲线

同理，如图 4-16 所示，PV-SVI 工作在并网模式，初始无功给定为 200kvar，有功给定为 100kW，在 0.8s 时刻，无功给定阶跃至 400kvar。仿真波形表明：在无功阶跃瞬间，有功环和无功环存在耦合，故使得有功随之发生波动。当无功进入稳态后，有功功率继续恢复到最初的给定 100kW，从而表明有功和无功为静态解耦，很好的证明了上述理论分析。

4.4　自同步电压源控制环参数设计实例

设计电流环参数。并网逆变器和独立逆变器不同的是，逆变器的输出端连接电网，而电网是个扰动量，并网逆变器采用电流控制模式，根据前面经过解耦后得到 d 轴控制器和 q 轴控制器，考虑到对称性，下面以 d 轴为例设计电流环，解耦后的 d 轴控制框图如图 4-17 所示。其中 T_s 为电流内环采样周期（即为 PWM 开关周期），采样延时环节 $G_h(s)=1/1+T_s \cdot s$，K_{PWM} 为变换器 PWM 等效增益，H_c 为电流反馈系数，PI 调节器传递函数为 $K_{pi}(1+1/\tau_{pi} \cdot s)$。从简化后的传递函数框图中可以看出，电网电压相当于一个扰动输入。

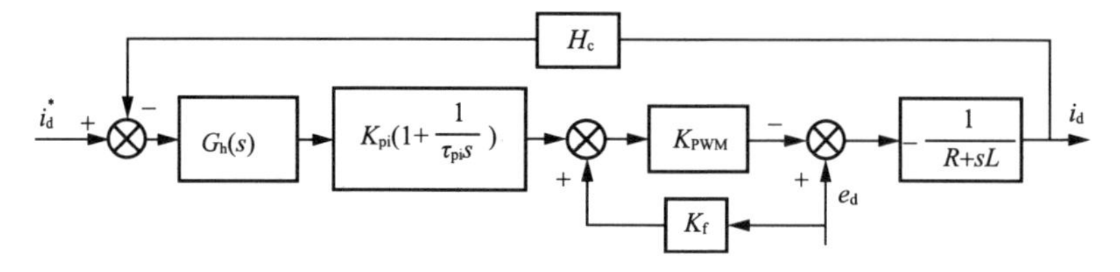

图 4-17　解耦后的 d 轴控制框图

从图 4-17 可以看出，电网电压的前馈补偿系数为 K_f，前馈补偿的目的就是让电网电压扰动下的输出为 0，求出从电网电压到输出传递函数为：

$$C(s)=\frac{(K_f\cdot K_{PWM}-1)/R+sL}{1+G_h(s)K_{pi}\left(1+\frac{1}{\tau_{pi}s}\right)\frac{K_{PWM}H_c}{R+sL}} \tag{4-53}$$

若令 $C(s)=0$，则可以得到电网电压前馈系数：

$$K_f=\frac{1}{K_{PWM}} \tag{4-54}$$

按照式（4-54）选取电网电压前馈系数，在稳态时，系统输出完全不受电网扰动影响。从补偿的原理来看，前馈补偿并不改变反馈控制系统的特性，从抑制扰动的角度来看，前馈控制可以减轻反馈控制的负担，有利于系统的稳定性。

求出补偿之前系统的开环传递函数：

$$G_o(s)=\frac{H_c\cdot K_{PWM}}{(1+T_s s)(R+sL)} \tag{4-55}$$

系统中包含 2 个极点，滤波器电感的时间常数可以认为是主导极点。根据传递函数的形式，利用 PI 调节器的零点抵消控制对象传递函数的主导极点，校正后开环传递函数为：

$$G_o'(s)=\frac{H_c\cdot K_{PWM}K_{pi}(1+\tau_{pi}s)}{\tau_{pi}(1+T_s s)(R+sL)s} \tag{4-56}$$

令 $\tau_{pi}=L/R$，

$$G_o'(s)=\frac{H_c\cdot K_{PWM}K_{pi}}{L(1+T_s s)s} \tag{4-57}$$

系统闭环传递函数为：

$$\Phi_d(s)=\frac{1}{H_c}\frac{\dfrac{H_c\cdot K_{PWM}\cdot K_{pi}}{LT_s}}{s^2+\dfrac{1}{T_s}s+\dfrac{H_c\cdot K_{PWM}\cdot K_{pi}}{LT_s}}=\frac{1}{H_c}\frac{\omega_n^2}{s^2+2\xi\omega_n s+\omega_n^2} \tag{4-58}$$

式中：

$$\xi = \frac{1}{2}\sqrt{\frac{L}{H_c K_{PWM} K_{pi} T_s}} \quad \omega_n = \sqrt{\frac{H_c K_{PWM} K_{pi}}{L T_s}}$$

根据二阶最佳整定法，取 ξ=0.707，得到：

$$K_{pi} = \frac{L}{2H_c K_{PWM} T_s} \tag{4-59}$$

积分时间常数 τ_{pi} 为：

$$\tau_{pi} = \frac{L}{R} \tag{4-60}$$

设计中取 K_{PWM}=300，H_c=0.1，R=0.1Ω，L=5mH，T_s=50μs，根据式（4-59）和式（4-60）初步选定的调节器参数为 K_{pi}=1.83，τ_{pi}=0.055，考虑到电流环要具有较快的动态响应，求出系统闭环传递函数在阶跃信号下的响应，如图 4-18 所示。

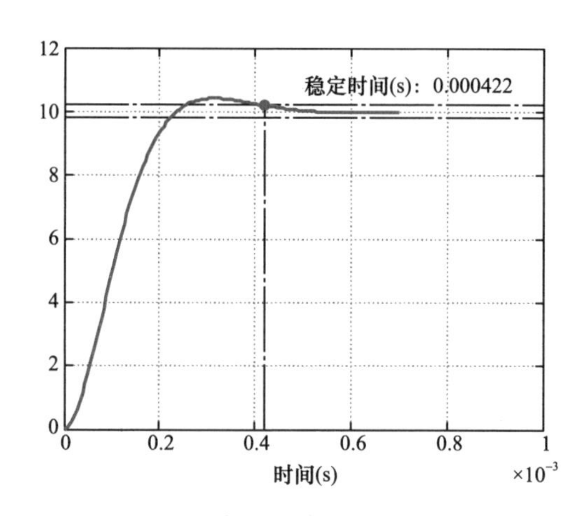

图 4-18　闭环传递函数阶跃响应

从图 4-18 中可见系统调节时间在 0.4ms，为了保证系统的稳定运行，必须对系统的稳定裕量进行检验，以符合稳定运行条件。系统开环波特图如图 4-19 所示，由开环波特图得知，系统相位裕量为 65.5°。根据稳定裕量特性，系统具有良好的稳定性。

设计有功环参数，从式（4-40）可以看出，有功环环路增益由比例环节 $3U_g\bar{E}/(X_s D_p)$、积分环节 1/s 和一阶低通滤波环节 1/［($J\omega_n/D_p$) s+1］构成。其中，D_p 决定有功环的开环增益，而 J 和 D_p 决定一阶低通滤波器的转折频率

f_{LP}，其表达式为：

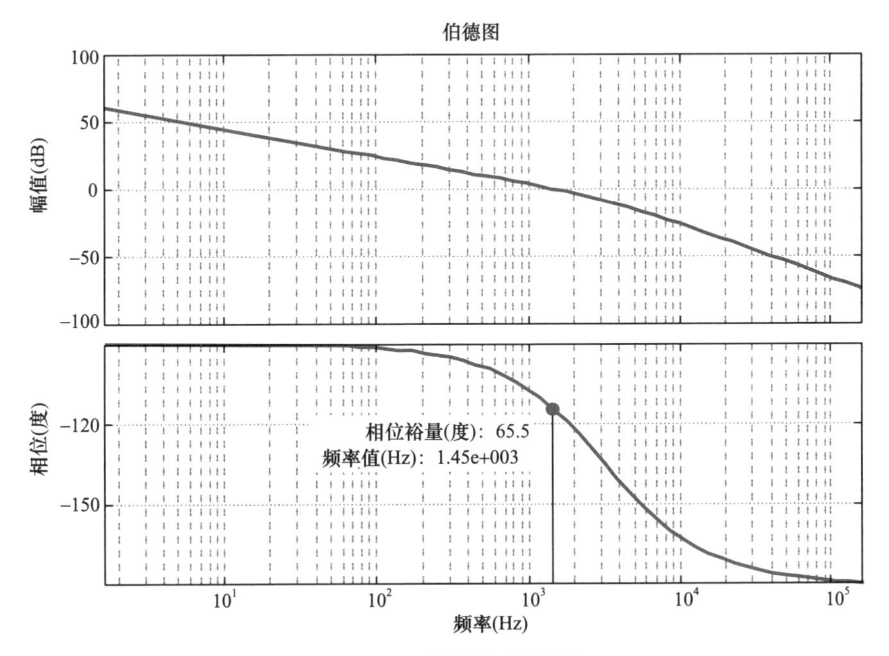

图 4-19　系统开环伯德图

$$f_{LP}=\frac{D_p}{2\pi J\omega_n} \tag{4-61}$$

在有功环截止频率 f_{cp} 处，系统环路增益的幅值等于 1，代入式（4-40）可得：

$$\left|T_p(j2\pi f_{cp})\right|=\frac{3U_g\bar{E}}{X_s}\cdot\frac{1}{D_p}\left|\frac{1}{j2\pi f_{cp}}\cdot\frac{1}{(j2\pi f_{cp}\cdot J\omega_n/D_p+1)}\right|=1 \tag{4-62}$$

从而有：

$$J=\frac{D_p}{2\pi f_{cp}\omega_n}\sqrt{\left(\frac{3U_g\bar{E}}{2\pi f_{cp}D_pX_s}\right)^2-1} \tag{4-63}$$

为了保证式（4-63）中根号内的表达式大于零，要求 f_{cp} 满足：

$$f_{cp}\leqslant\frac{3U_g\bar{E}}{2\pi D_pX_s}=f_{cp\max} \tag{4-64}$$

为保证系统稳定性，需考虑有功环相位裕度 PM_{req} 要求，在有功环截止频

率 f_{cp} 处需要满足：

$$PM = 180 + \angle T_p(\mathrm{j}2\pi f_{cp}) \geqslant PM_{req} \tag{4-65}$$

将式（4-40）代入式（4-65），并在不等式两边同时取正切，整理得到：

$$90 - \arctan\frac{2\pi f_{cp} J\omega_n}{D_p} \geqslant PM_{req} \tag{4-66}$$

从而有：

$$J \leqslant \frac{D_p}{2\pi f_{cp}\omega_n}\cot PM_{req} \tag{4-67}$$

式（4-67）表明相角裕度限制了 J 的取值上限。观察式（4-61）可知，如果 D_p 相同，那么 J 越大，一阶低通滤波器的转折频率越低，其在截止频率处造成的相角滞后就越大，系统的相角裕度就越小，故系统的稳定性越差。综上，过大的转动惯量将引起系统稳定性下降，因此，为了满足系统相角裕度的要求，J 不能取太大。

以 500kW 逆变器主电路参数为例，其中逆变器输出相电压峰值为 257V，滤波器感抗为 $314\times150\times10^{-6}$。

对下垂参数 D_p 和 D_q 进行设计。标准 EN50438 规定逆变器接入电网连续运行电网条件为：电网电压频率在 49 ～ 51Hz 之间，电网电压幅值在 90% ～ 110% 额定电压幅值之间。根据 GB/T 31464—2022 要求，将 D_p 和 D_q 的设计原则定为：电网电压频率变化 1Hz，逆变器输出有功功率变化 100%；电网电压幅值变化 10%，逆变器输出无功功率变化 100%。那么容量为 500kW 的逆变器，其下垂系数为：

$$D_p = \frac{\Delta P_{max}}{\Delta\omega_{max}} = \frac{500000}{2\pi} = 79617$$

$$D_q = \frac{\Delta Q_{max}}{\Delta E_{max}} = \frac{500000}{257\times10\%} = 19455$$

对有功环参数设计。综合式（4-63）和式（4-67）同时结合上述主电路参数以及 D_p 取值，从而可得两条曲线如图 4-20 所示，其中（4-67）中的相位裕度选择 30°。图 4-20 中点画线代表式（4-67）所描述的相角裕度对 J 的约束，红线代表式（4-63）所描述的 J 与 f_{cp} 的函数关系曲线，且 J 与 f_{cp} 一一对应。

这两条曲线清晰给出了为满足所提出的相位裕度 30°，转动惯量 J 以及有功环路穿越频率 f_{cp} 的可选取值范围，符合相角裕度约束的区域为点画线下方所对应的红色实心曲线部分。

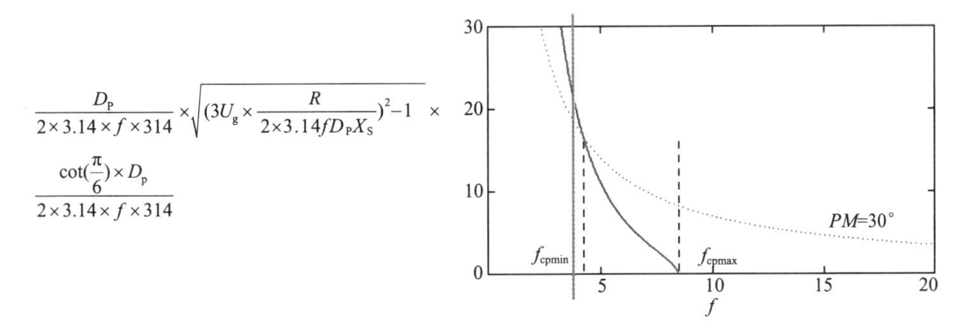

图 4-20　J 与 f_{cp} 可选取值区域分析

根据二阶参数整定法进一步定量整定虚拟转动惯量，由环路分析式（4-40）得有功环路增益为：

$$T_p(s)=\frac{3U_g\bar{E}}{X_s}\frac{1}{D_p}\frac{1}{[(J\omega_n/D_p)s+1]}\frac{1}{s}$$

从而有功环路闭环传递函数为：

$$T_{pclosed}(s)=\frac{T_p(s)}{1+T_p(s)} \tag{4-68}$$

将式（4-68）写成标准形式：

$$T_{pclosed}(s)=\frac{\omega^2}{s^2+2\zeta\omega s+\omega^2} \tag{4-69}$$

式中：$\zeta=\frac{D_p}{2J\omega_nU_g}\square\sqrt{\frac{J\omega_nX_s}{3}}$。

根据典型 I 型系统二阶最佳整定法对参数进行整定，取系统阻尼比 $\zeta=0.707$，有：

$$J=\frac{D_p^2X_s}{12\omega_nU_g^2\zeta^2} \tag{4-70}$$

同样代入上述主电路参数，可得根据最佳整定法求出有功环参数虚拟转动

惯量 $J=1.638$。

对无功环参数设计。从式（4-41）可以看出，无功环中含有比例环节 $\frac{3U_{\text{in}}(2\bar{E}-U_{\text{g}})}{2\sqrt{2}U_{\text{tri}}X_{\text{s}}}\frac{1}{D_{\text{q1}}}$ 和一阶低通滤波环节 1/［（K/D_{q1}）s+1］。其中，D_{q1} 决定无功环的开环增益，K 和 D_{q1} 决定一阶低通滤波器的转折频率 f_{LQ}，其表达式为：

$$f_{\text{LQ}}=\frac{D_{\text{q1}}}{2\pi K} \tag{4-71}$$

考虑到无功环相较于有功环而言只存在一阶惯性环节而不含积分环节，故无功环中的一阶低通滤波环节在截止频率处最多引入 –90° 相移，因此无功环相角裕度最小为 90°，其相角裕度要求总是满足的，因此无须考虑稳定性的需求，只需要根据在截止频率处系统环路增益幅值等于 1 的约束求出 K 即可。

在无功环截止频率 f_{cq} 处，系统环路增益的幅值等于 1，根据式（4-41）可得：

$$\left|T_{\text{q}}(\text{j}2\pi f_{\text{cq}})\right|=\frac{3U_{\text{in}}(2\bar{E}-U_{\text{g}})}{2\sqrt{2}U_{\text{tri}}X_{\text{s}}}\cdot\frac{1}{D_{\text{q1}}}\left|\frac{1}{\text{j}2\pi f_{\text{cq}}K/D_{\text{q1}}+1}\right|=1 \tag{4-72}$$

从而有：

$$K=\frac{D_{\text{q1}}}{2\pi f_{\text{cq}}}\sqrt{[\frac{3U_{\text{in}}(2\bar{E}-U_{\text{g}})}{2\sqrt{2}U_{\text{tri}}X_{\text{s}}D_{\text{q1}}}]^2-1} \tag{4-73}$$

对于式（4-73），可分两种情况来讨论：

1）根号内表达式结果大于零，则可根据式（4-73）计算出 K。此外，为了抑制瞬时无功功率中 2 倍工频脉动量对输出电压幅值的影响，无功环的截止频率 f_{cq} 一般选在 2 倍工频的 1/10 以内。

2）根号内表达式结果小于零，则表明无功环不存在截止频率，其环路增益在全频段内均低于 0dB。为了满足对无功功率中的 2 倍工频脉动量的抑制要求，无功环中的一阶低通滤波器的转折频率 f_{LQ} 一般选在 2 倍工频的 1/10 以内。根据式（4-71）有：

$$\frac{D_{\text{q1}}}{2\pi K}\leqslant\frac{1}{10}2f_{\text{line}} \tag{4-74}$$

即：

$$K \geqslant \frac{5D_{q1}}{2\pi f_{line}} \tag{4-75}$$

根据式（4-75）代入本例相关主电路参数，从而取无功环参数积分系数 K=318。

4.5　2MW 直驱风机自同步电压源现场实证

4.5.1　现场示范系统介绍

天润安陆第二风电场是瓜州县润浩新能源有限公司投资的风电场，风电场装机容量 200MW，共安装金风科技股份有限公司提供的永磁直驱型风电机组 89 台，包括 49 台 2.0MW、40 台 2.5MW 和 1 台 4MW 风机，其中：2MW 风机型号为 GW121-2000，风轮直径 121m，轮毂高度 85m，启动风速 8.8m/s；2.5MW 风机型号为 GW140-2500，风轮直径 140m，轮毂高度 90m，启动风速 8.5m/s；4MW 风机型号为 GW171-4000，风轮直径 171m，轮毂高度 140m，启动风速 9m/s。89 台机组通过 8 回 35kV 馈线接入安陆 330kV 变电站送出。71 号和 75 号 2 台 2.5MW 风机进行自同步电压源改造。

以第 71 号机组为例，不进行机组硬件的改动，仅通过对变流器的软件升级实现机组的自同步电压源功能实现。使用变流器监控软件 HMI，控制变流器网侧解调和机侧解调，对机组启动及有功功率和无功功率响应特性进行测试。有功功率响应特性的测试通过变桨限制功率输出实现，可以保证一段时间内功率输出的上限值；无功功率响应特性的测试通过改变无功功率指令的方式实现，观察无功指令值和给定值的具体变化情况。

根据测试需求，考核点为风电机组变流器端口测试数据，重点考核指标包括：风电机组端口输出电压电流、有功无功功率、直流母线电压等波形。结合测试数据和考核指标，针对永磁直驱风电机组的自同步电压源控制方法，开展基于 RTDS 的风电机组自同步电压源控制器硬件在环仿真测试，测试按照 GB/T 36994-2018《风力发电机组　电网适应性测试规程》GB/T 36995-2018《风力发电机组　故障电压穿越能力测试规程》以及 NB/T 10315-2019《风电机组一次调频技术要求与测试规程》等标准开展，具体测试包括如表 4-1 所示。

表 4-1　　自同步电压源风电机组现场测试内容

序号	标准	测试内容
1	GB/T 36994-2018《风力发电机组 电网适应性测试规程》	电网偏差适应性测试 频率偏差适应性测试 三相电压不平衡适应性测试 闪变适应性测试 谐波电压适应性测试
2	GB/T 36995-2018《风力发电机组 故障电压穿越能力测试规程》	低电压穿越测试 高电压穿越测试
3	NB/T 10315-2019《风电机组一次调频技术要求与测试规程》	频率单次变化时的惯量响应测试 频率连续变化时的惯量响应测试 频率单次变化时的一次调频测试 频率连续变化时的一次调频测试

4.5.2 风力发电机组现场运行自测试

1．机组稳定运行波形

（1）网侧运行数据。网侧变换器可录变量包括电网电压、滤波电感电流、直流母线电压等采样量，以及控制器计算得到的功率、有效值和内部算法控制变量，相关波形如图 4-21 ～图 4-26 所示。

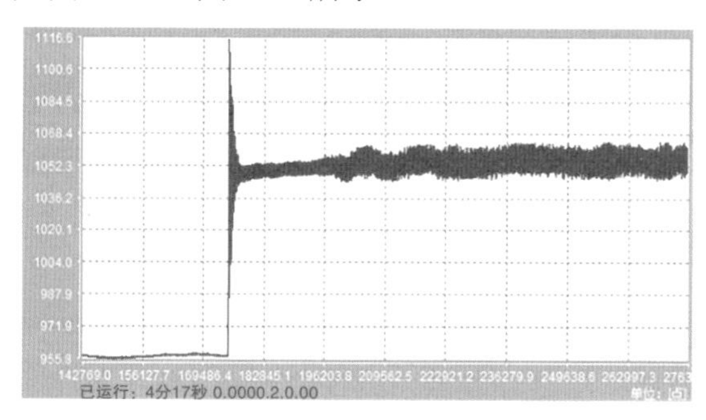

图 4-21　直流电压波形

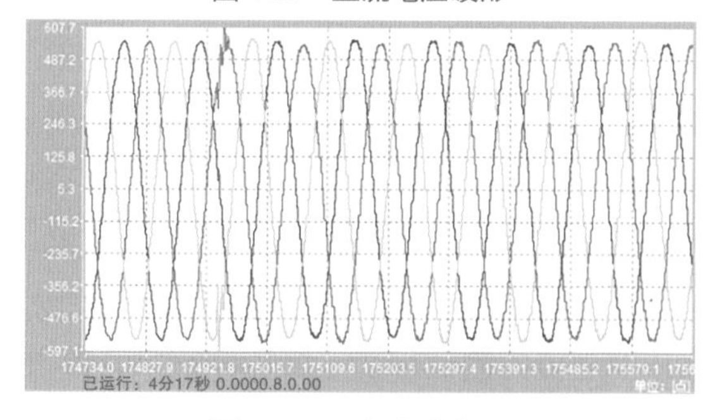

图 4-22　三相交流电压

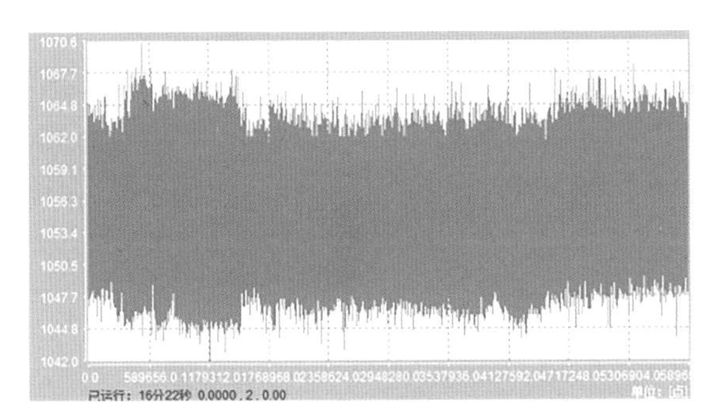

图 4-23　直流母线电压

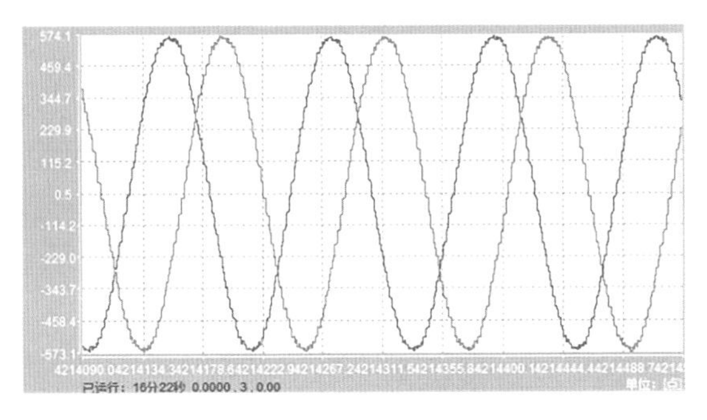

图 4-24　两相交流电压

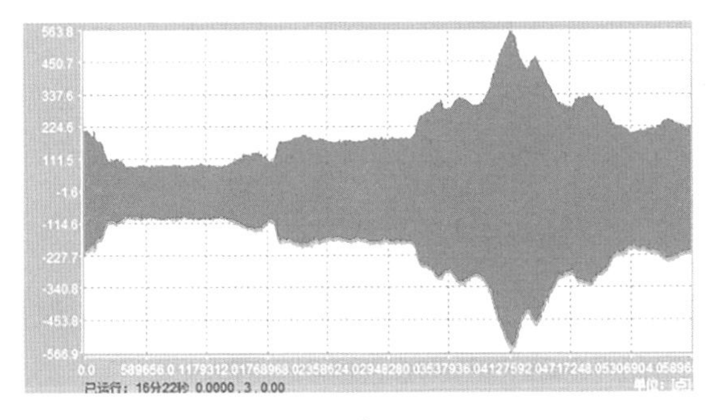

(a) 全局

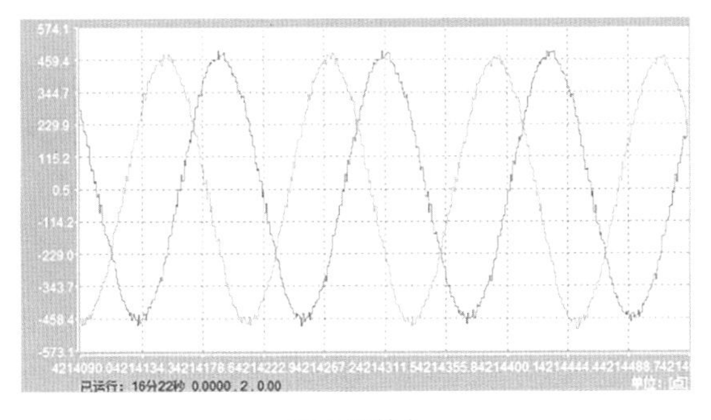

(b) 局部放大

图 4-25　两相交流电流

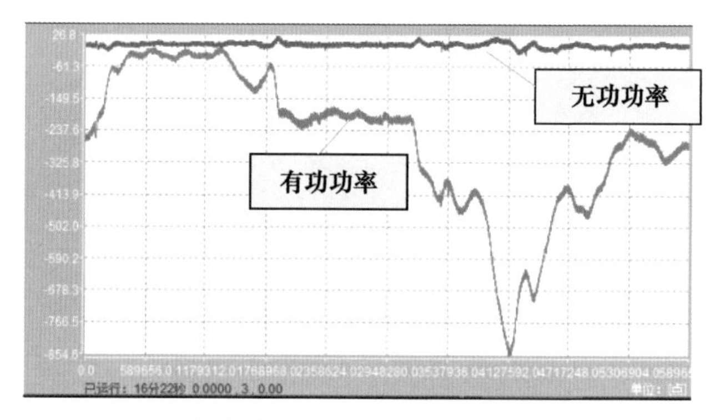

图 4-26　箱式变压器低压侧有功功率和无功功率

（2）机侧运行数据。机侧变换器可录变量包括电动机电流、直流母线电压等采样量，以及控制器计算得到的功率、转速、扭矩、有效值和内部算法控制变量，机侧变换器相关波形如图 4-27 ～图 4-30 所示。

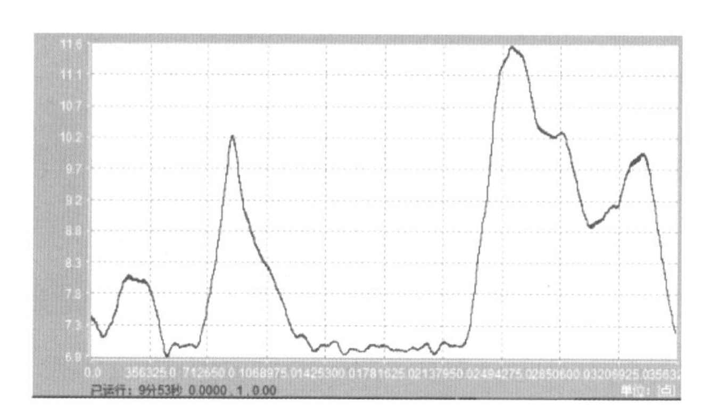

图 4-27　发电机转速

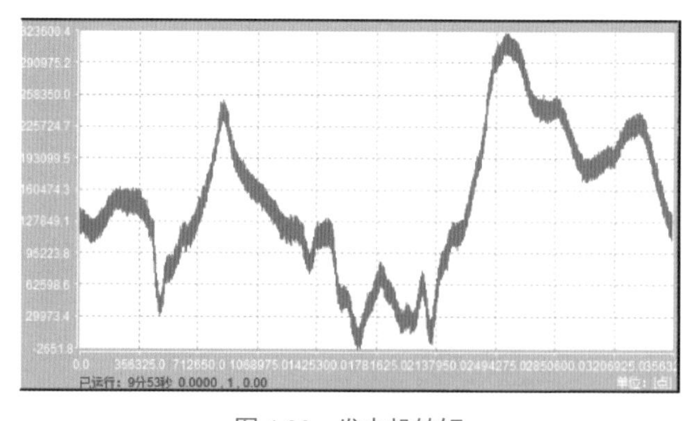

图 4-28　发电机转矩

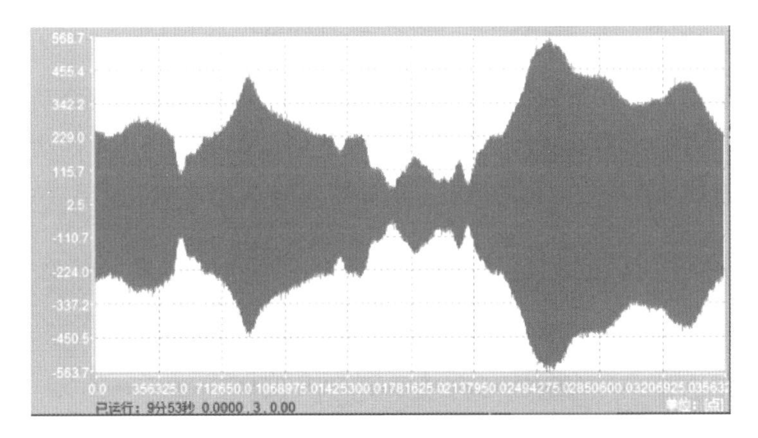

(a) 全局

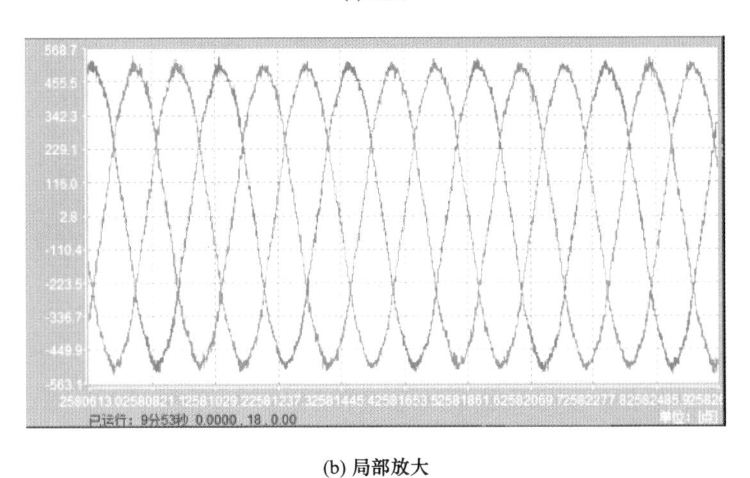

(b) 局部放大

图 **4-29**　发电机端交流电流

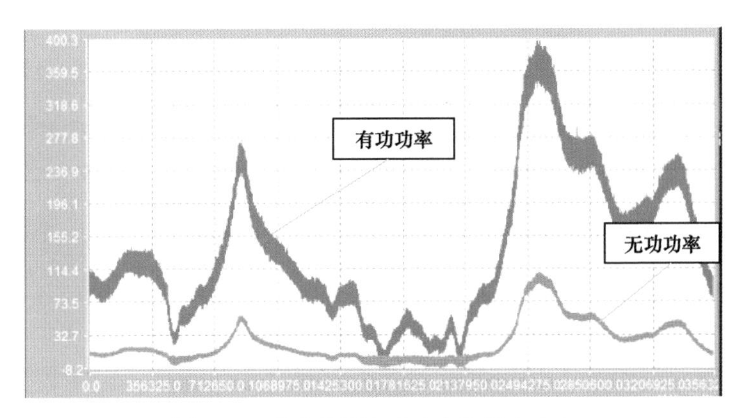

图 **4-30**　发电机侧有功功率和无功功率

2. 有功功率响应特性测试

通过修改主控后台限功率指令可调节整机输出有功功率；风机有功功率调节录波，现场测试人员向主控后台就地下发限功率指令，前两个功率限制为600kW，后两个功率限制为200kW，风机能够按照下发指令正确动作输出有功功率，有功功率响应特性的测试波形如图4-31～图4-33所示。

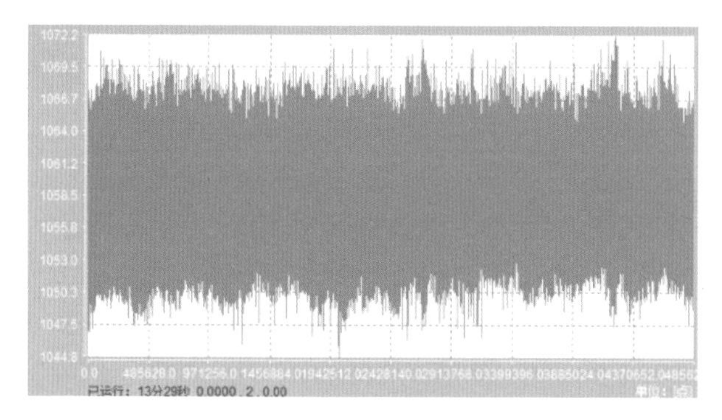

图4-31　直流母线电压

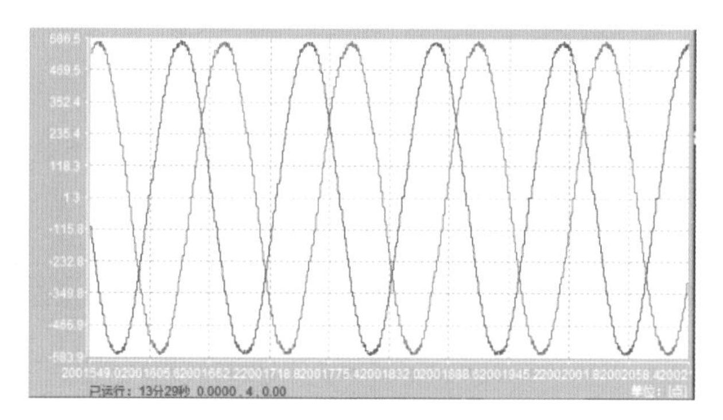

图4-32　两相交流电压

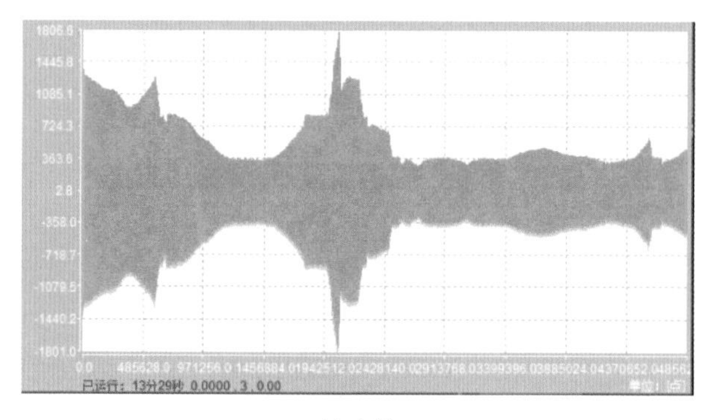

(a) 全局

图4-33　两相交流电流（一）

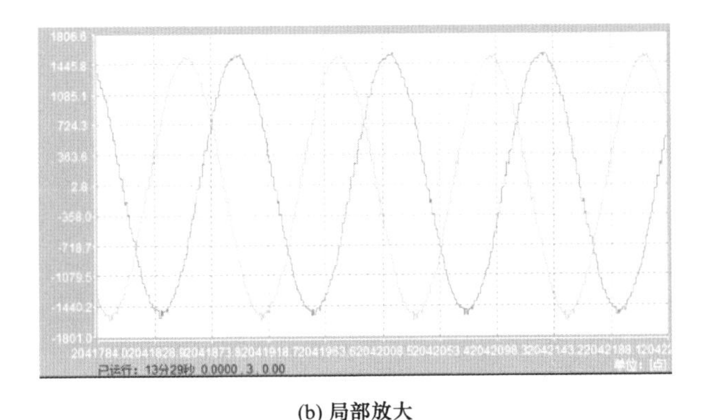

(b) 局部放大

图 4-33　两相交流电流（二）

图 4-34 所示为风机有功功率调节录波，白色方框标记处为有功功率调节响应测试段，实施手段为现场测试人员向主控后台就地下发限功率指令，前两个功率限制为 600kW，后两个功率限制为 200kW，风机能够按照下发指令正确动作输出有功功率，200kW 阶跃响应时间约为 4.23s。

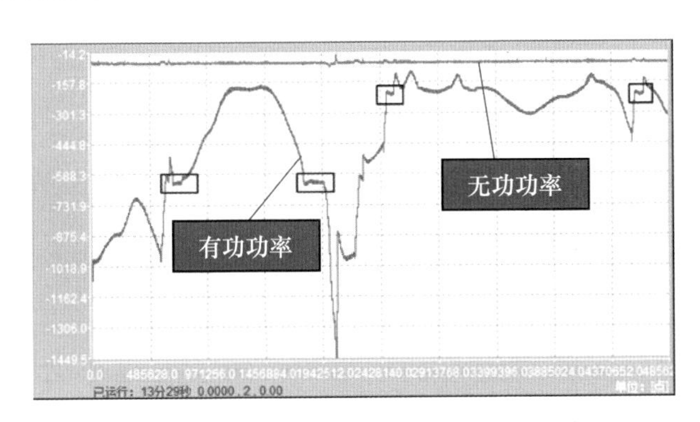

图 4-34　箱变低压侧有功功率和无功功率

3．无功功率响应特性测试

通过修改变流后台无功功率指令可调节输出无功功率；现场测试人员向变流器后台就地下发无功功率指令，通过测试指令阶跃变化时无功功率实际值跟踪指令值的情况，可测试无功功率响应特性。无功功率响应特性的测试波形如图 4-35 ～图 4-38 所示。

图 4-39 所示为风机无功功率调节录波，实施手段为现场测试人员向变流器后台就地下发无功功率指令，分别为 100kvar 和 −100kvar，风机能够按照下发指令正确动作输出无功功率，200kvar 阶跃响应时间约为 50ms。

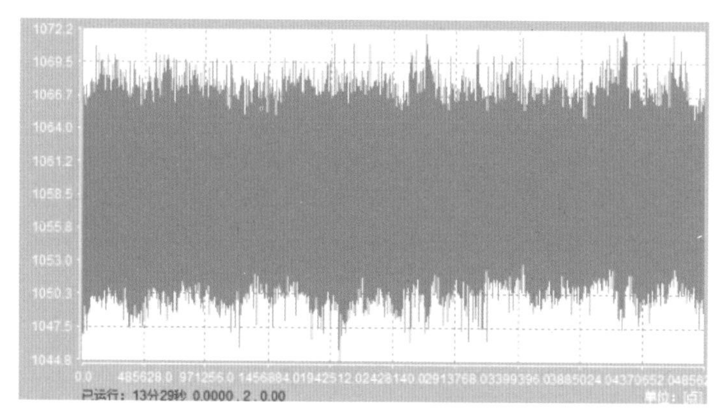

图 4-35　直流母线电压

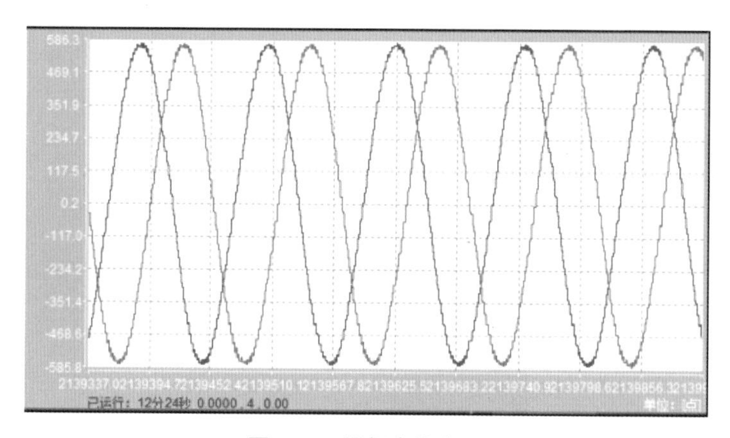

图 4-36　两相交流电压

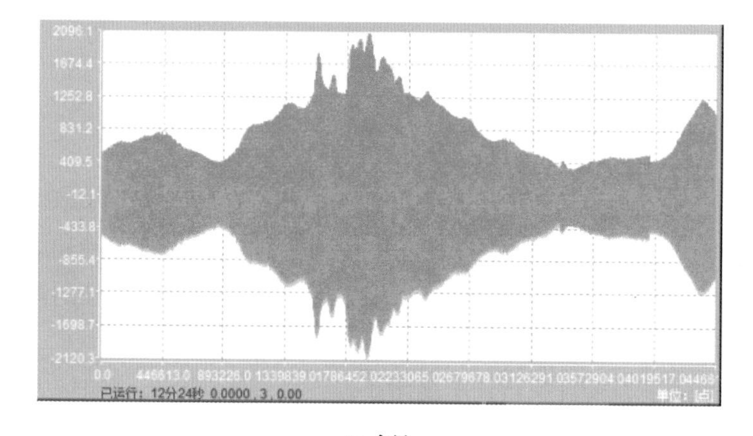

(a) 全局

图 4-37　两相交流电流（一）

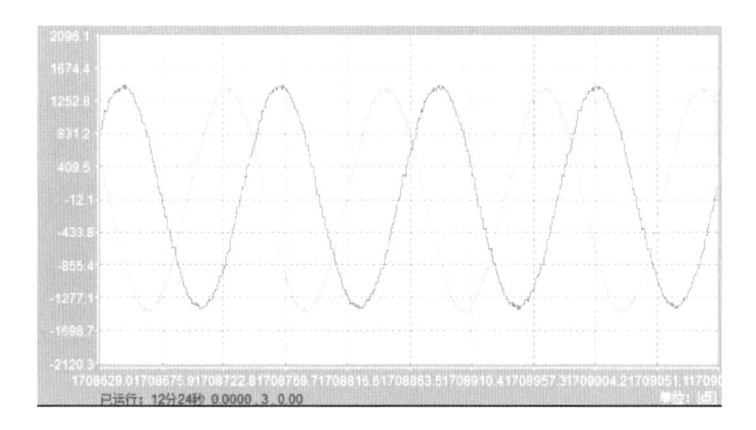

(b) 局部放大

图 4-37　两相交流电流（二）

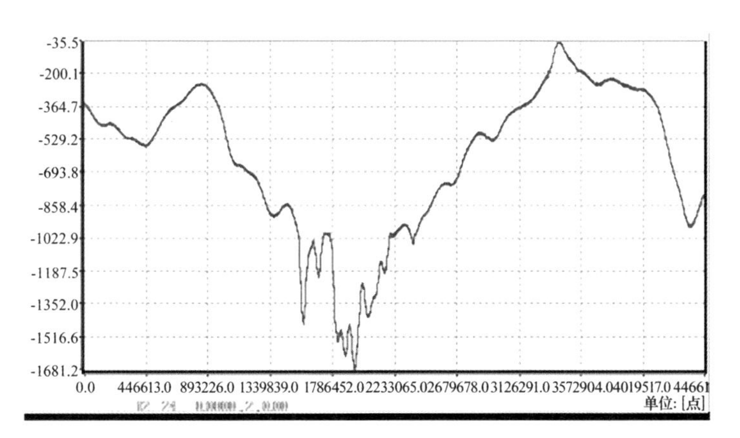

图 4-38　箱式变压器低压侧有功功率

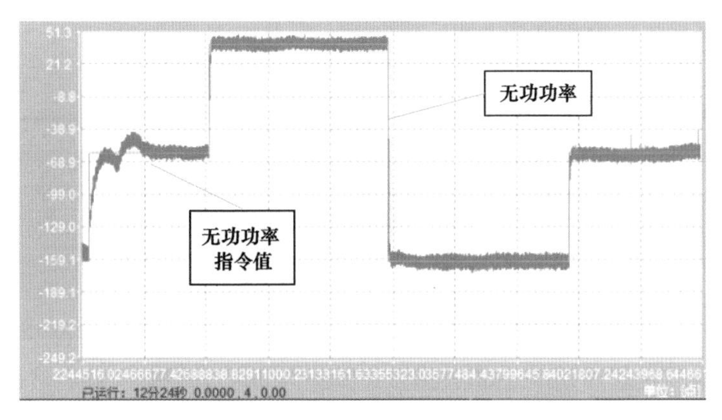

图 4-39　箱式变压器低压侧无功功率给定值和实际值变化

4.5.3 风电机组现场运行标准测试

本次并网试验依据和方法是参考现行常规电流源机组测试标准证，试验项目包括机组高 / 低电压穿越、电网适应性、有功 / 无功控制、惯量响应等。

依据现场测试结果，对电压源机组高 / 低电压穿越、电网适应性、惯量响应和有功控制能力进行对比分析，具体情况如下。

1. 电网适应性测试

机组电网适应性测试期间未脱网。惯量支撑方面，当频率变化时电压源型风电具有惯量支撑能力，能够达到同步发电机的阻尼性和惯性。

试验数据分析如表 4-2 所示。

表 4-2　　电网适应性测试结果

频率变化（Hz）	频率变化率设定值（Hz/s）	频率变化率实测值（Hz/s）	扰动前有功值（标幺值）	有功调节量实测值（标幺值）	恢复过程与扰动前最大有功差值（标幺值）	响应时间（s）
50-48-50	–0.10	–0.10	—	—	—	—
	–0.50	–0.48	0.406	0.102	0.034	0.490
50-51.5-50	0.10	0.10	—	—	—	—
	0.50	0.49	0.371	0.107	0.020	0.480
50-48-50	–0.10	–0.10	—	—	—	—
	–0.50	–0.50	0.996	0.107	0.006	0.410
50-51.5-50	0.10	0.10	—	—	—	—
	0.50	0.50	0.987	0.126	0.007	0.429

试验数据录波数据如图 4-40 ～图 4-42 所示。

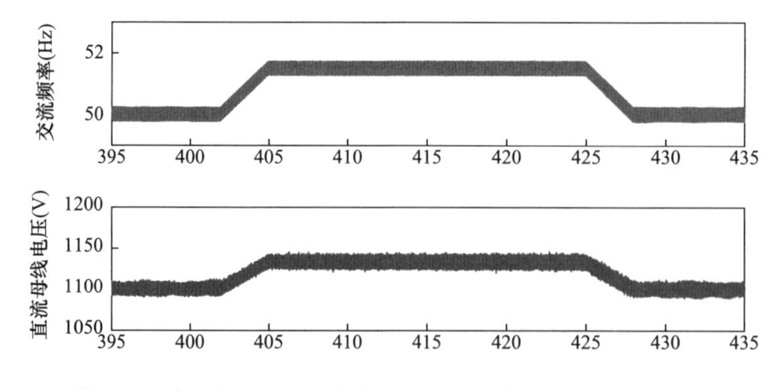

图 4-40　电网频率 50Hz 上升至 51.5Hz，变化率 0.5Hz/s（一）

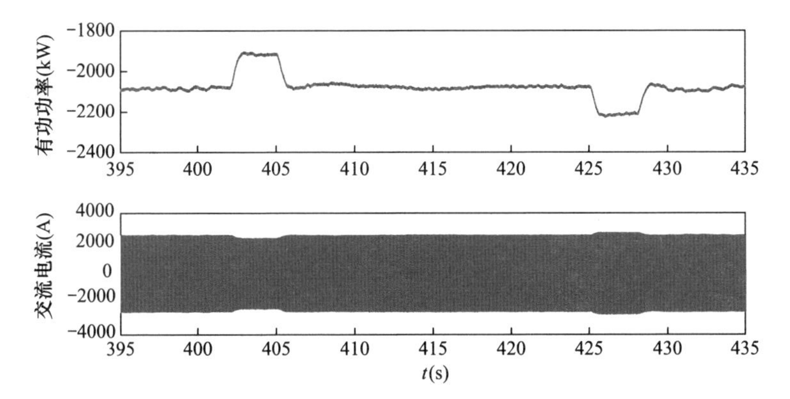

图 4-40　电网频率 50Hz 上升至 51.5Hz，变化率 0.5Hz/s（二）

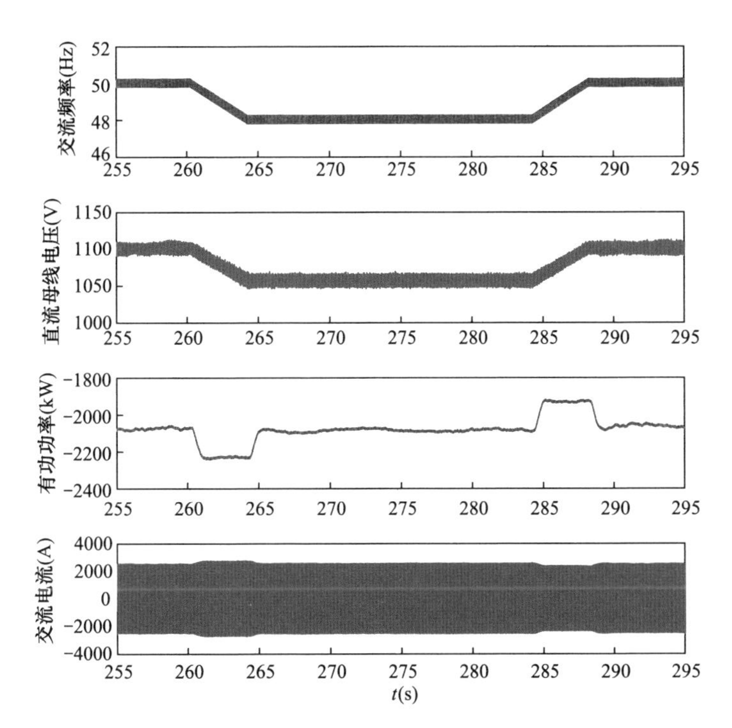

图 4-41　电网频率 50Hz 下降至 48Hz，变化率 0.5Hz/s

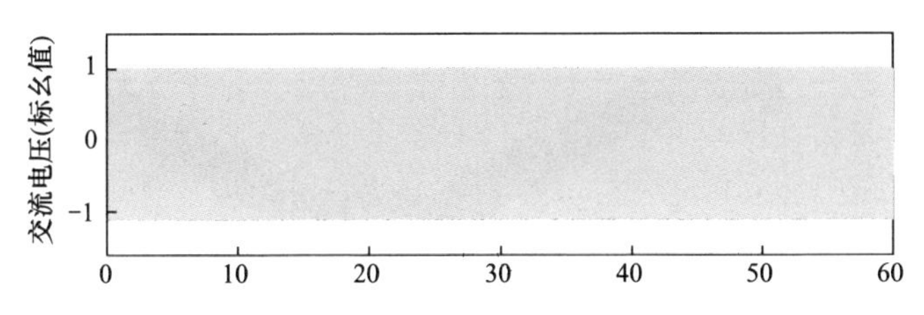

图 4-42　电网频率 50Hz 上升至 51.5Hz，变化率 0.1Hz/s（一）

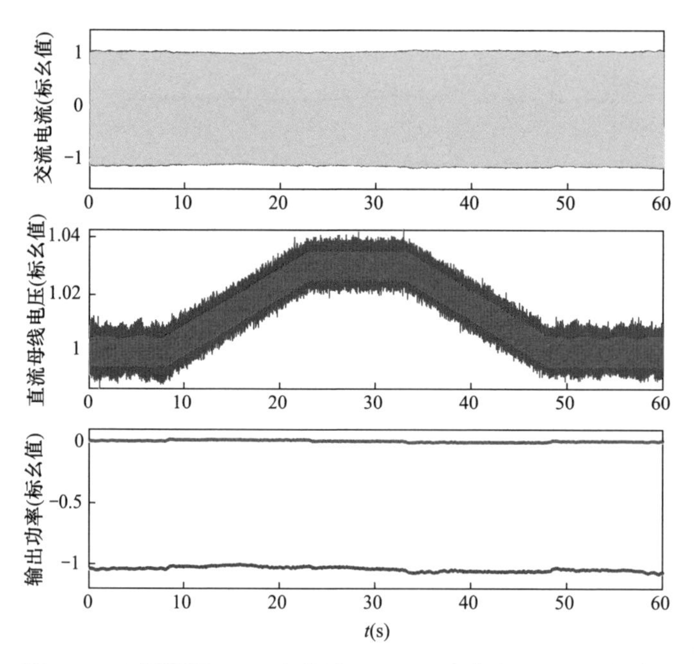

图 4-42　电网频率 50Hz 上升至 51.5Hz，变化率 0.1Hz/s（二）

2．有功功率控制测试

自同步电压源风电机组有功功率控制的录波图和试验数据分析分别如图 4-33、图 4-44 和表 4-3 所示。

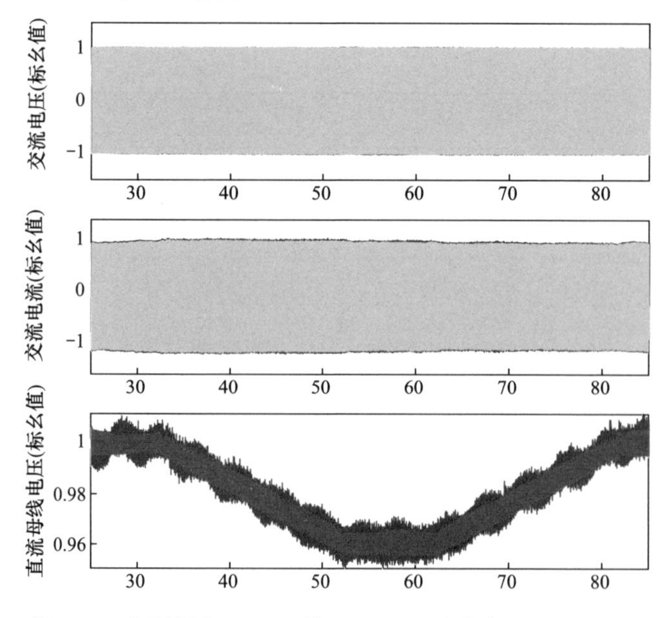

图 4-43　电网频率 50Hz 下降至 48Hz，变化率 0.1Hz/s（一）

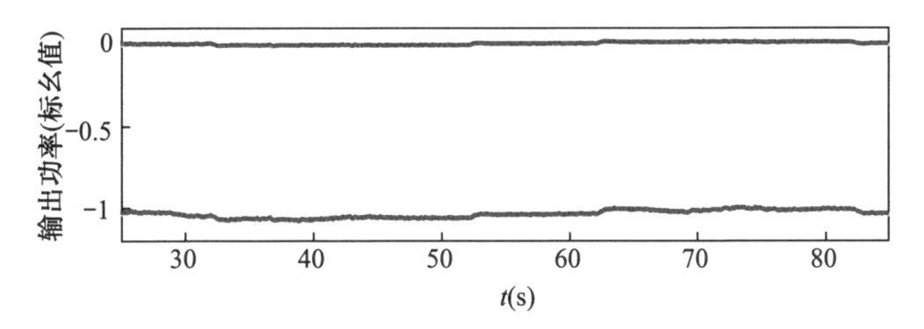

图 4-43　电网频率 50Hz 下降至 48Hz，变化率 0.1Hz/s（二）

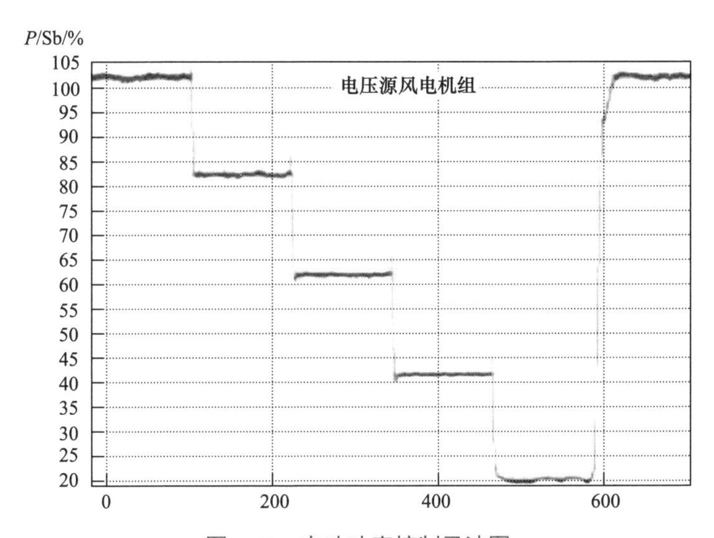

图 4-44　有功功率控制录波图

表 4-3　有功功率控制测试结果

测试点（kW）	功率偏差最大值（kW）	控制精度（%）	响应时间（s）	超调量（%）
2000	2058	2.9	—	—
2000 → 1600	1624	1.2	13.56	1.05
1600 → 1200	1221	1.05	11.93	0.5
1200 → 800	807	0.35	14.15	1.55
800 → 400	405	0.25	13.32	1.1
400 → 2000	2031	1.55	34.43	-0.6

3. 低电压故障穿越测试

低电压穿越期间机组未脱网，电压源和电流源机组低穿过程无功支撑能力相近，但电流源无功支撑更稳，电压源无功支撑呈现出先高后低的情况。

试验数据分析如表 4-4 和表 4-5 所示，录波图如图 4-45 ～图 4-54 所示。

表 4-4　　试验数据分析

故障类型	故障前有功功率		实际跌幅值①		故障持续时间（s）	电压恢复时刻到功率恢复稳态值的时间（s）	风电机组是否未脱网连续运行
	标幺值	有名值（MW）	标幺值	有名值（kV）			
电压源 3 相	0.205	0.410	0.219	7665	0.623	0.089	是

① 升压幅值指线电压最大升压值。

表 4-5 故障期间动态无功支撑能力（风力发电机组升压变压器低压侧标幺值/有名值）

故障类型	故障前有功功率		实际跌落幅值		无功电流响应时间（ms）	无功电流持续时间（ms）	无功电流稳态均值	
	标幺值	有名值（MW）	标幺值	有名值（kV）			标幺值	有名值（A）
电压源 3 相	0.205	0.410	0.219	7665	0.034	610	1.045	34.788

以下各测试量以标幺值标注时，基准值取为：风电机组升压变压器低压侧电压 U_b=35kV，功率 S_b=2.0MVA。

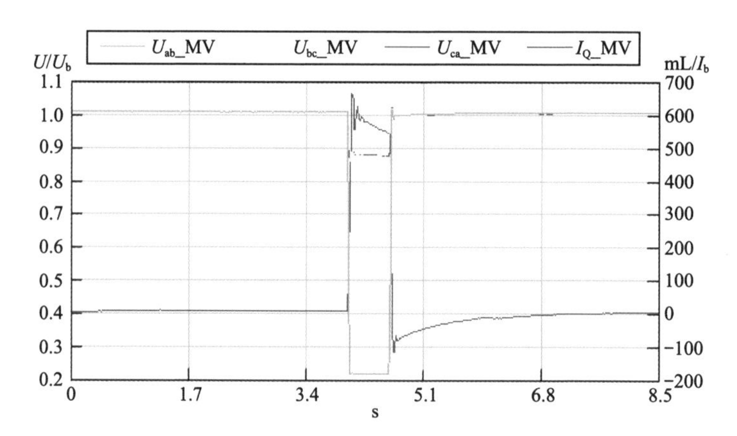

图 4-45　电压源 3 相电压跌落，20%U_n，0.1P_n<P<0.3P_n，风力发电机组升压变压器高压侧线电压、无功电流

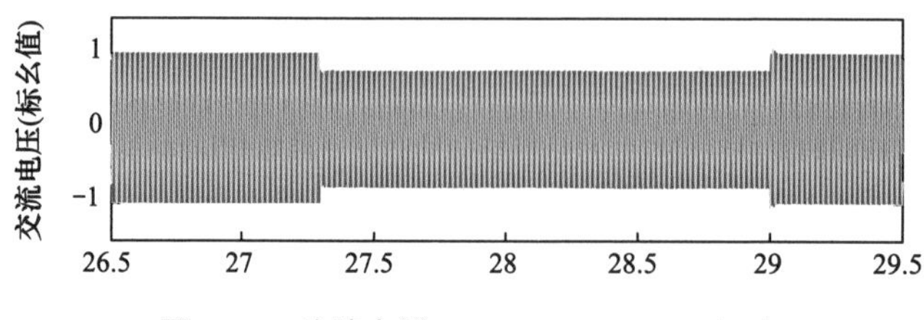

图 4-46　故障电压 75%U_n，P<0.3P_n（一）

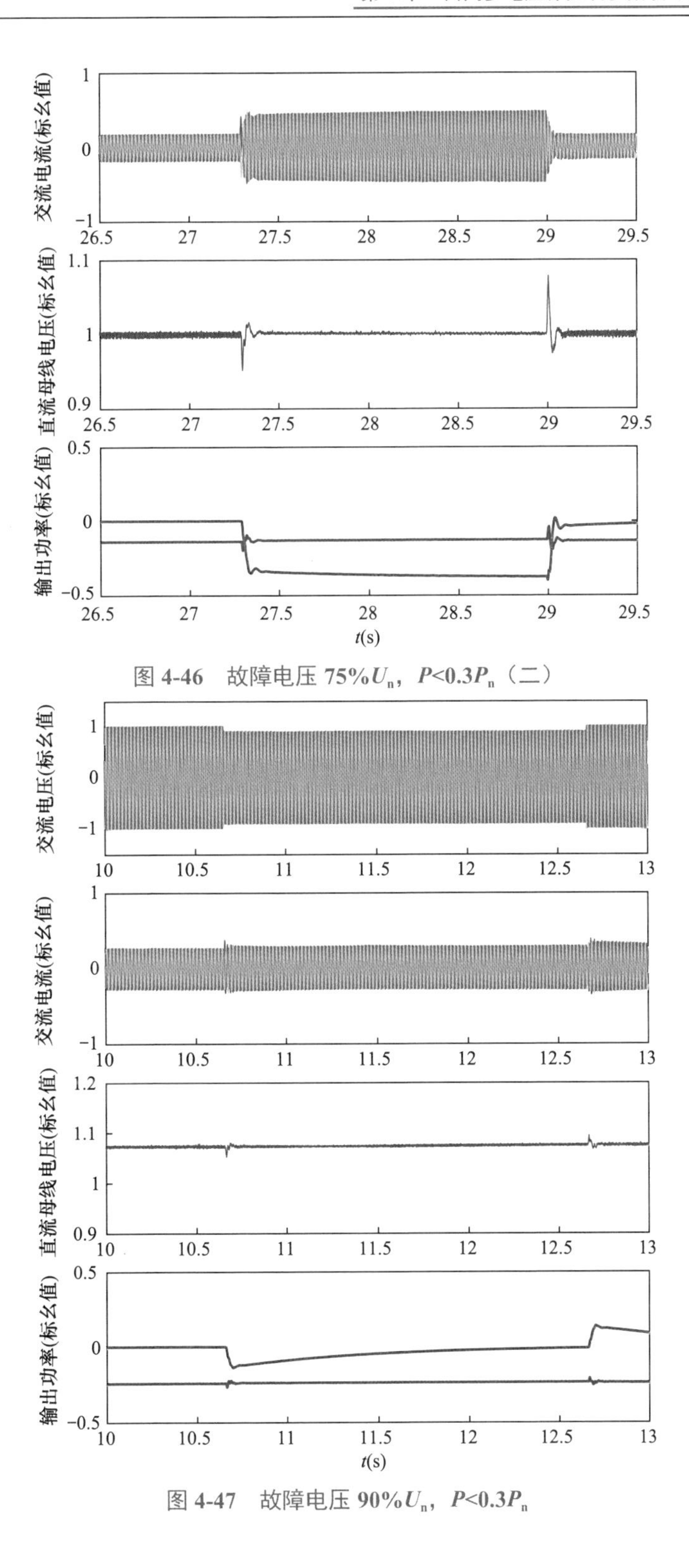

图 4-46 故障电压 75%U_n，$P<0.3P_n$（二）

图 4-47 故障电压 90%U_n，$P<0.3P_n$

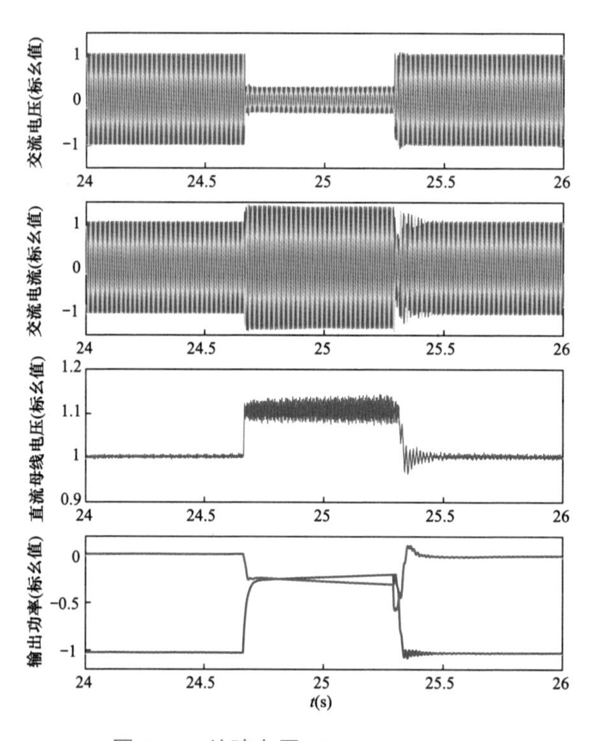

图 4-48　故障电压 20%U_n，P>0.9P_n

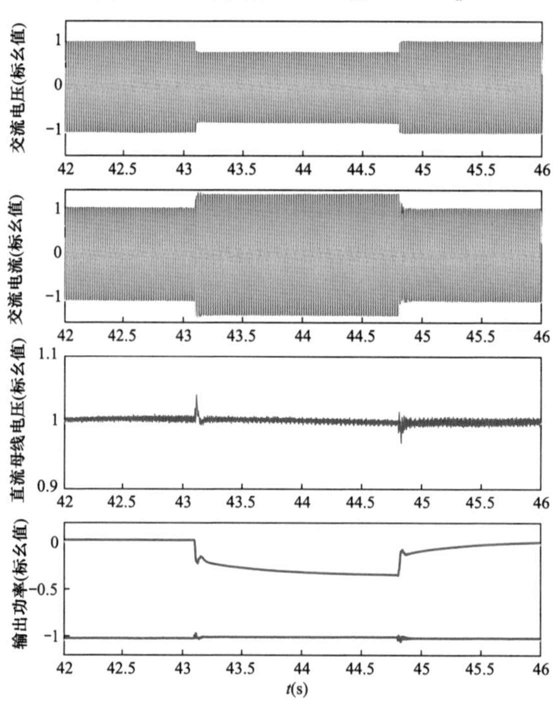

图 4-49　故障电压 75%U_n，P>0.9P_n

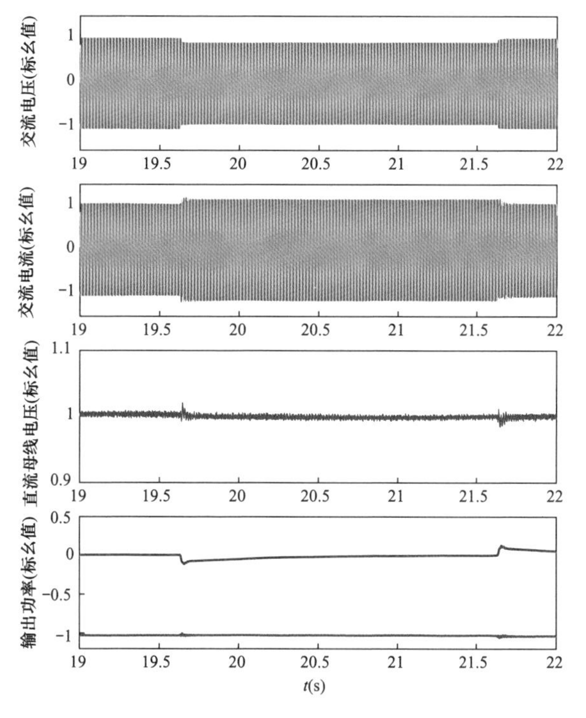

图 4-50　故障电压 $90\%U_n$，$P>0.9P_n$

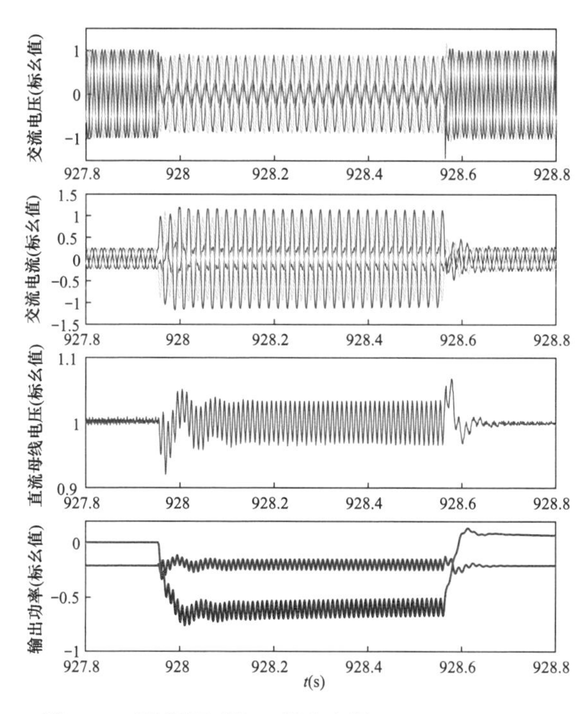

图 4-51　两相不对称，故障电压 $20\%U_n$，$P<0.3P_n$

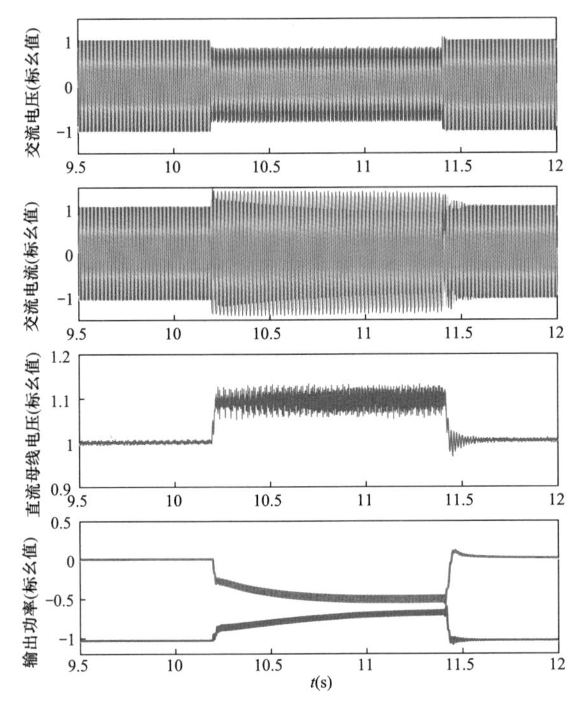

图 4-52　两相不对称，故障电压 50%U_n，P>0.9P_n

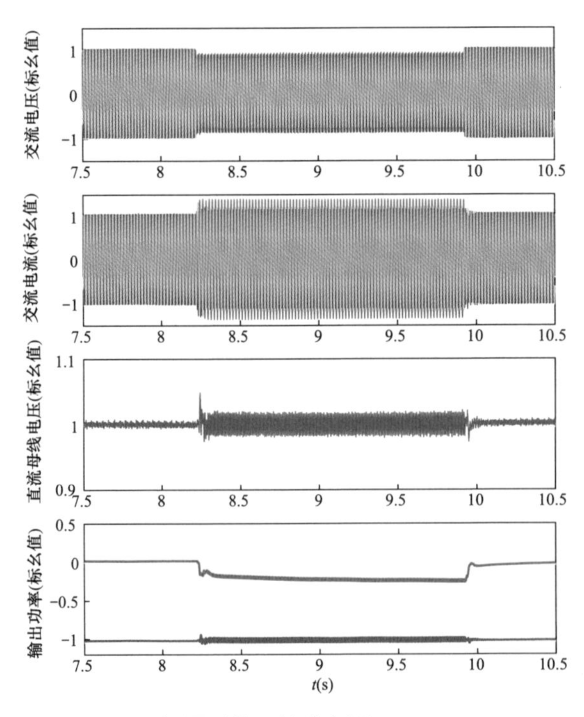

图 4-53　两相不对称，故障电压 75%U_n，P>0.9P_n

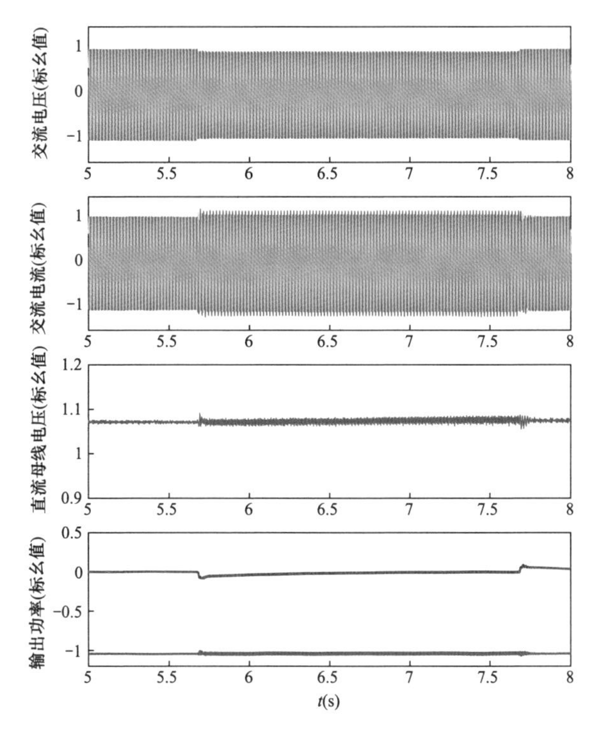

图 4-54 两相不对称，故障电压 $90\%U_n$，$P>0.9P_n$

4．高电压故障穿越测试

高电压穿越期间机组未脱网，电压源风机的试验数据分析和录波图如表 4-6、表 4-7 所示。

表 4-6 电压源风机的试验数据分析

故障类型	故障前有功功率		实际升高幅值①		故障持续时间（s）	电压恢复时刻到功率恢复稳态值的时间（s）
	标幺值	有名值（MW）	标幺值	有名值（kV）		
电压源 3 相	0.998	1.996	1.332	46.620	0.501	0.035

① 升压幅值指线电压最大升压值。

表 4-7 故障期间动态无功支撑能力（风力发电机组升压变压器低压侧标幺值 / 有名值）

故障类型	故障前有功功率		实际跌落幅值		无功电流响应时间（ms）	无功电流持续时间（ms）	无功电流稳态均值	
	标幺值	有名值（MW）	标幺值	有名值（kV）			标幺值	有名值（A）
电压源 3 相	0.998	1.996	1.332	46.620	18	505	-0.705	-23.258

以下各测试量以标幺值标注时，基准值取为：风力发电机组升压变压器低压侧电压 U_b=35kV，功率 S_b=2.0MVA。

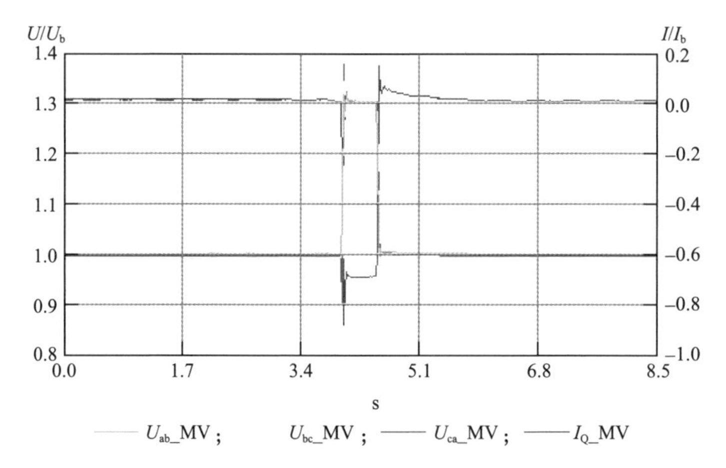

图 4-55 电压源 3 相电压升高，**130%**U_n，P>**0.5**P_n，风力发电机组升压变压器高压侧线电压、无功电流

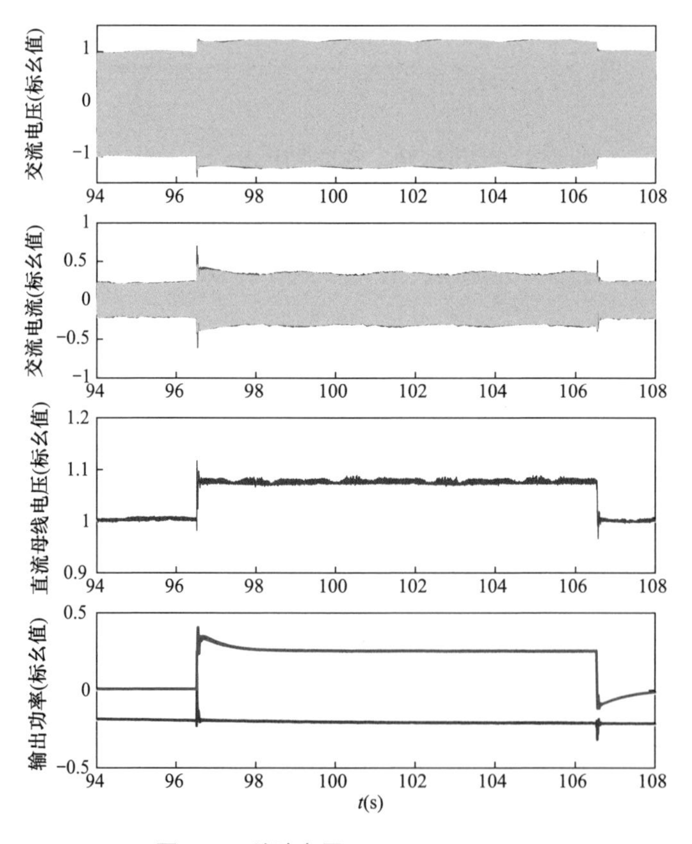

图 **4-56** 故障电压 **120%**U_n，P<**0.3**P_n

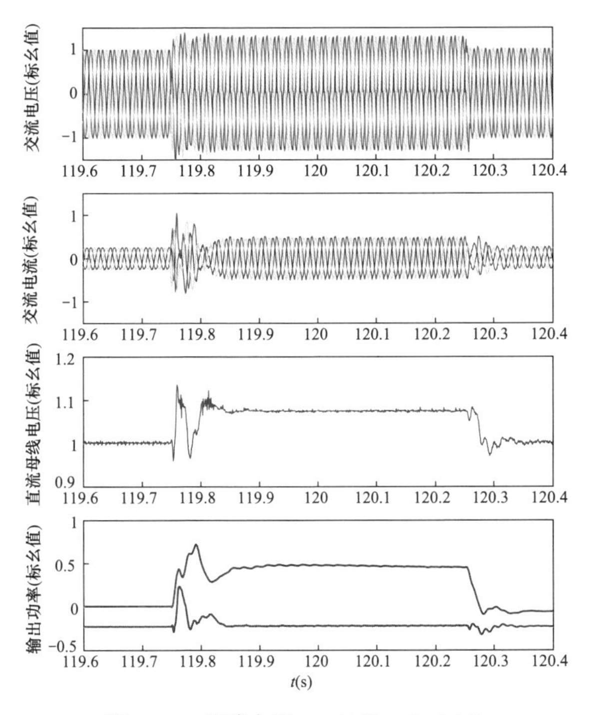

图 4-57　故障电压 125%U_{n}，$P<0.3P_{\mathrm{n}}$

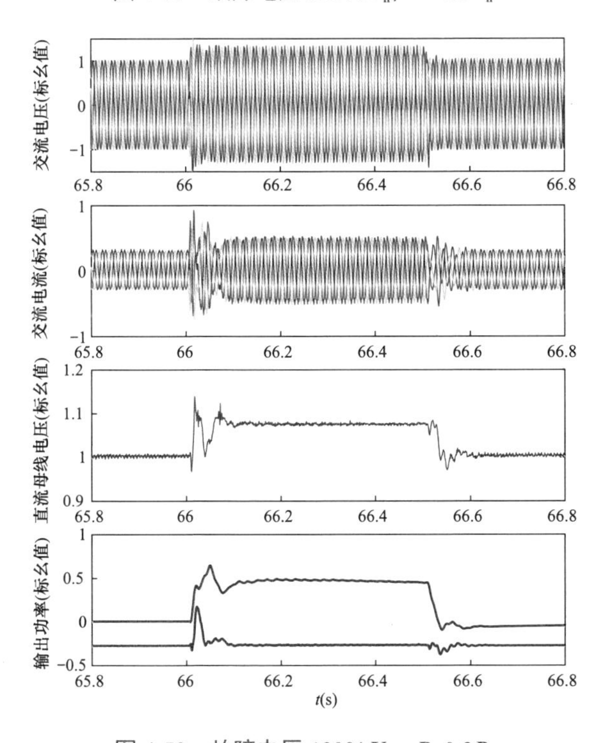

图 4-58　故障电压 130%U_{n}，$P<0.3P_{\mathrm{n}}$

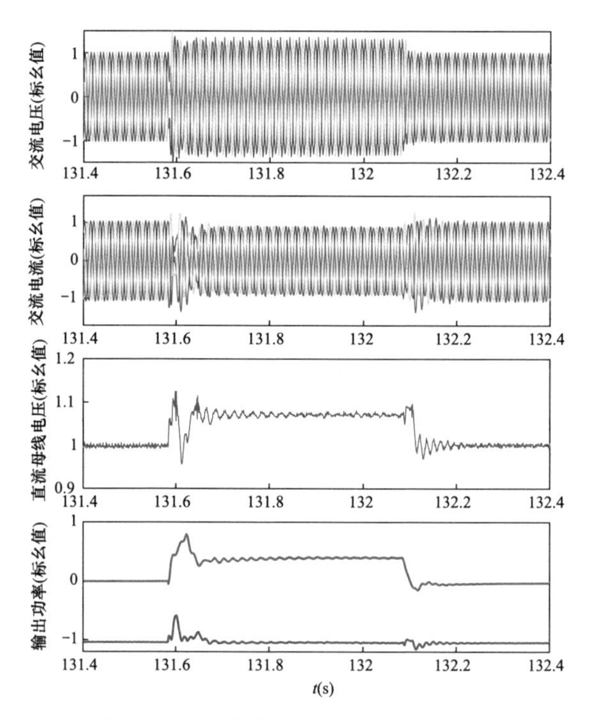

图 4-59　故障电压 130%U_n，P>0.9P_n

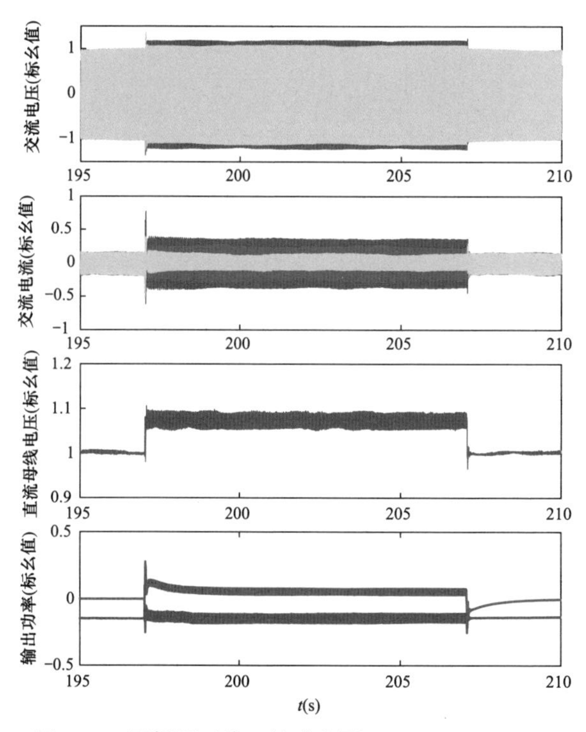

图 4-60　两相不对称，故障电压 120%U_n，P<0.3P_n

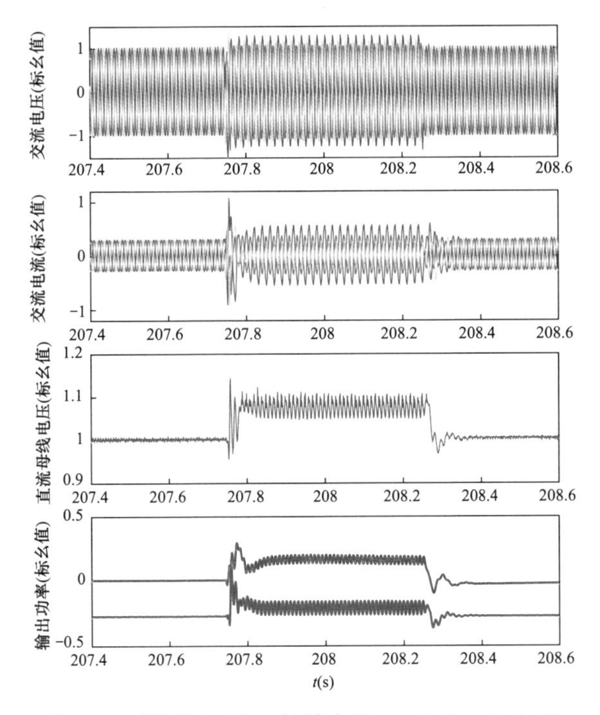

图 4-61　两相不对称，故障电压 130%U_n，P<0.3P_n

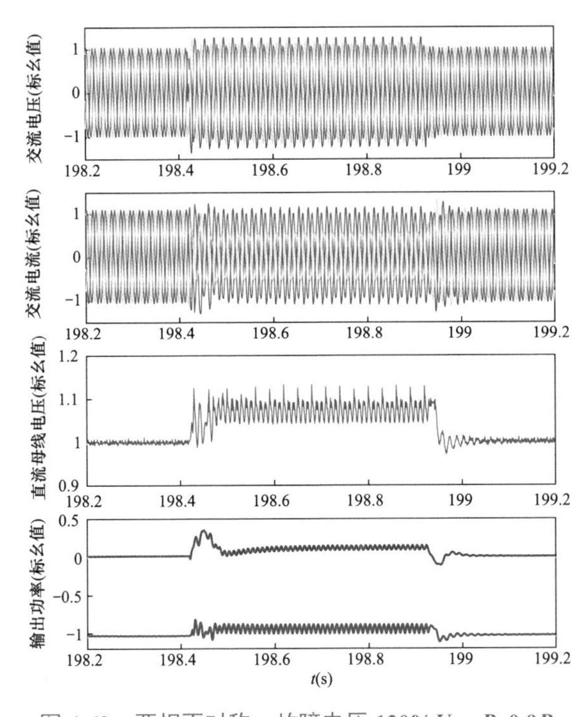

图 4-62　两相不对称，故障电压 130%U_n，P>0.9P_n

4.5.4 测试结论

由以上试验测试波形可以得出如下结论：

1）电网适应性测试期间机组未脱网，惯量支撑方面，电压源风机惯量支撑性能优于电流源型，当频率变化时电压源型风电能够达到同步发电机的阻尼性和惯性。

2）有功功率响应方面，电流源有功控制响应时间优于电压源，电压源有功功率控制精度优于电流源。

3）低电压穿越期间机组未脱网，电压源和电流源机组低穿过程无功支撑能力相近，但电流源无功支撑更稳，电压源无功支撑呈现出先高后低的情况。

4）高电压穿越期间机组未脱网，电压源风机无功支撑能力优于电流源风机，但电压源高穿在投入高穿和切出高穿功能的瞬间会有较大的冲击，可能对风机造成影响。

4.6 500kW 自同步电压源光伏逆变器现场实证

4.6.1 现场示范系统介绍

2022 年 9 月 7 日，南瑞集团成功研制我国首台套无储能支撑光伏自同步电压源及其场站控制系统，并在张北国家风光储输示范电站成功示范运行。从源端通过并网控制技术变革，提高新能源发电的电网支撑能力，是破解新能源高比例并网难题的有效途径之一。

本次示范成功完成了光伏发电单元主动支撑构网控制、多机集群自主构网与协调控制等全工况试验，全面测试与验证了具备主体电源特性的自同步电压源控制技术在支撑电网运行稳定性的优异性能，为构建新型电力系统提供技术与装备支撑，引领了我国新能源主动支撑控制技术的自主创新。

该示范工程的主回路接线图如图 4-63 所示。采用 10 台 500kW 自同步电压源型光伏逆变器，分别替换原安装于张北风光储输基地 10 个逆变室（编号 G067 ～ G075）的传统电流源型光伏逆变器（注：每个逆变室内有 2 台 500kW 逆变器，更换其中 1 台为自同步电压源型光伏逆变器），逆变器接入 35kV 7 号汇集母线下的 6 号光伏线。

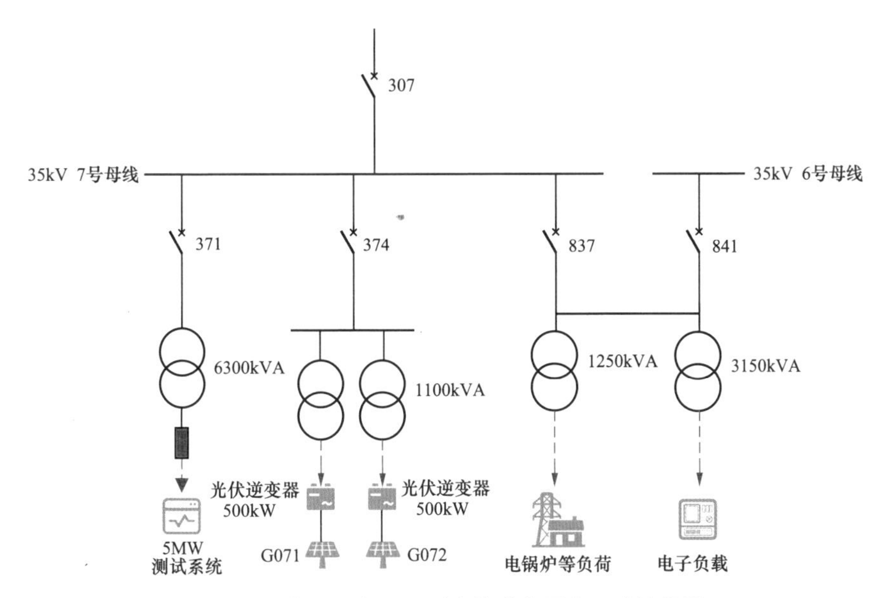

图 4-63　自同步电压源型光伏逆变器主回路接线图

基于示范电站试验能力以及 5MW 储能虚拟同步机，通过切换主接线与相关系统运行方式，模拟构网型场景下的电网正常、扰动及故障运行工况，对自同步电压源型光伏逆变器进行并网运行试验以及独立构网试验，如表 4-8 所示。

表 4-8　　自同步电压源光伏逆变器示范试验内容

试验内容	实验项目
并网运行试验	电压、频率暂态支撑能力试验、高 / 低电压穿越试验等
独立构网试验	并离网切换试验、黑启动试验、多机构网试验等

4.6.2　并网运行控制能力现场实证

1．一次调频有功控制能力

现场实测的光伏自同步电压源并网逆变器一次调频控制能力测试曲线如图 4-64、图 4-65 所示。一次调频控制能力特性分析结果如表 4-9 所示。

表 4-9　　光伏自同步电压源 PV-SVI 一次调频数据结果

当前实时功率（kW）	备用容量（%）	频率波动（Hz）	功率响应范围（kW）	功率调节时间（ms）
132	12.5	–0.1	+18	180

续表

当前实时功率（kW）	备用容量（%）	频率波动（Hz）	功率响应范围（kW）	功率调节时间（ms）
149	12.5	–0.3	+20	180
150	12.5	–0.5	+23	180
113	12.5	+0.1	–42	180
126	12.5	+0.3	–121	180
126	12.5	+0.5	–126	185
154	25	–0.1	+35	190
164	25	–0.3	+44	190
148	25	–0.5	+44	180
120	25	+0.1	–47	190
122	25	+0.3	–116	190
122	25	+0.5	–120	180

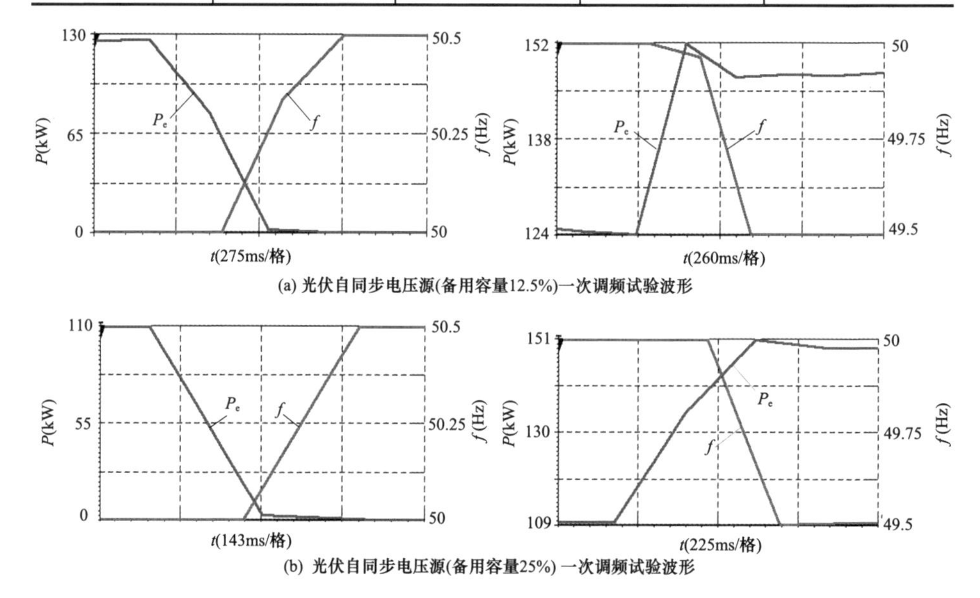

图 4-64　光伏自同步电压源一次调频试验波形

结合一次调频有功功率控制能力在有功备用容量 12.5%、备用容量 25% 两种初始工况的测试结果，重点评估逆变器控制精度、超调量、控制调节时间等特性指标，并对比传统电流源型光伏逆变器，分析光伏自同步电压源一次调频有功功率控制能力。由图 4-64 和表 4-9 可以看出：PV-SVI 具备的一次调频控制策略能够根据电网频率变化自主响应调节，当系统频率偏差大于 0.03Hz，逆变器能调节有功功率输出，且一次调频控制响应时间小于 200ms。

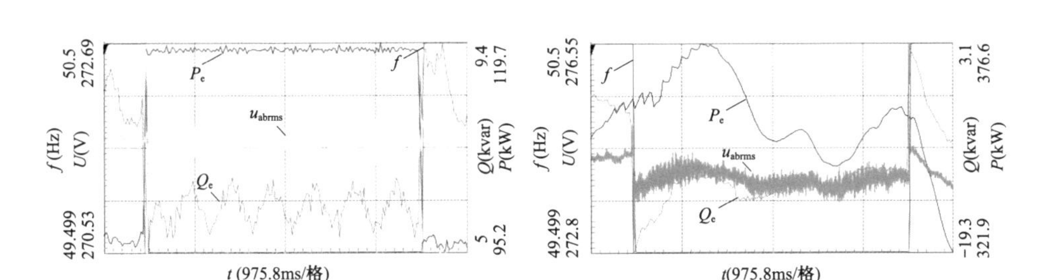

图 4-65　光伏自同步电压源与常规 PQ 电流源一次调频响应比对波形

2. 一次调压无功控制能力

现场实测的光伏自同步电压源并网逆变器一次调压控制能力测试曲线如图 4-66、图 4-67 所示。一次调压控制能力特性分析结果如表 4-10 所示。

表 4-10　　光伏自同步电压源 PV-SVI 一次调压数据结果

电压波动范围（标幺值）	无功响应范围（kvar）	无功调节时间（ms）
+0.03	-53	190
-0.03	55	175
+0.05	-93	195
-0.05	93	200

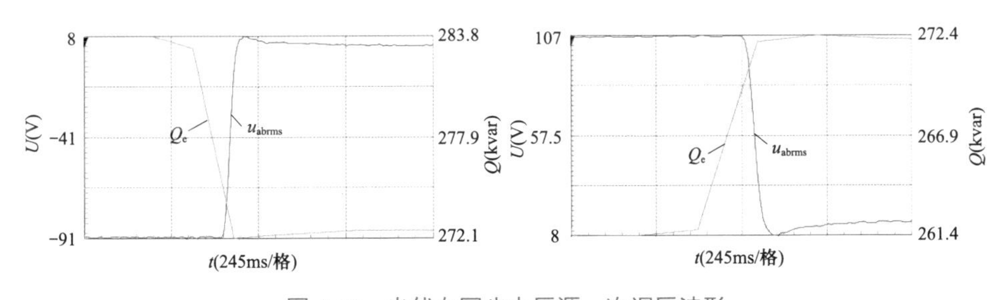

图 4-66　光伏自同步电压源一次调压波形

结合一次调压无功功率控制能力的测试结果，重点评估逆变器无功响应范围、无功控制调节时间等特性指标，并对比传统电流源型光伏逆变器，分析光伏自同步电压源一次调压无功功率控制能力。由图 4-66、图 4-67 和表 4-10 可以看出，PV-SVI 具备的一次调压控制策略能够根据电网电压变化自主响应调节，逆变器能调节无功功率输出，且一次调压控制响应时间小于 200ms。

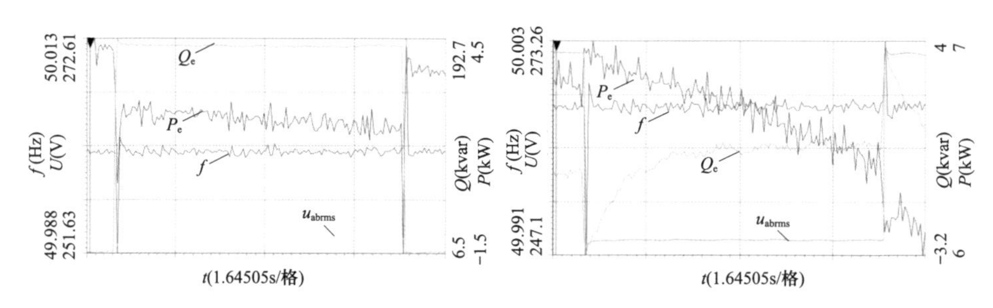

图 4-67　光伏自同步电压源与常规 PQ 源一次调频响应比对波形

3．高低压穿越故障控制能力

现场实测的光伏自同步电压源并网逆变器低电压穿越能力测试曲线如图 4-68 所示，高电压穿越能力测试趋势如图 4-69 所示。

结合高低电压穿越控制能力在并网电压跌落至 20%U_n、40%U_n、60%U_n、80%U_n 或电网电压升高至 120%U_n 时的测试结果，重点评估逆变器故障深度、故障持续时间、故障期间输出无功电流、无功电流注入响应时间及持续时间、故障恢复时间等特性指标，分析光伏自同步电压源高低电压穿越控制能力。由图 4-68、图 4-69 可以看出，按照 GB/T 19964—2024 规定的故障穿越曲线要求，PV-SVI 具备的高低压穿越控制策略在故障发生前后、发生期间、恢复前后的电压、有功功率、无功功率变化波形，均满足现行相关标准规定。

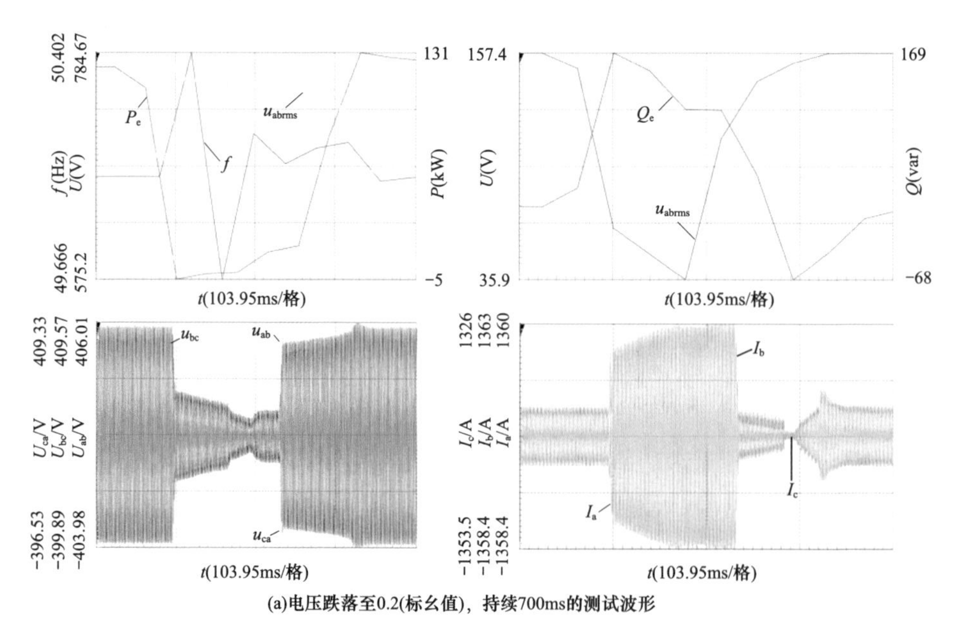

(a)电压跌落至0.2(标幺值)，持续700ms的测试波形

图 4-68　自同步电压源并网逆变器低电压穿越能力测试曲线（一）

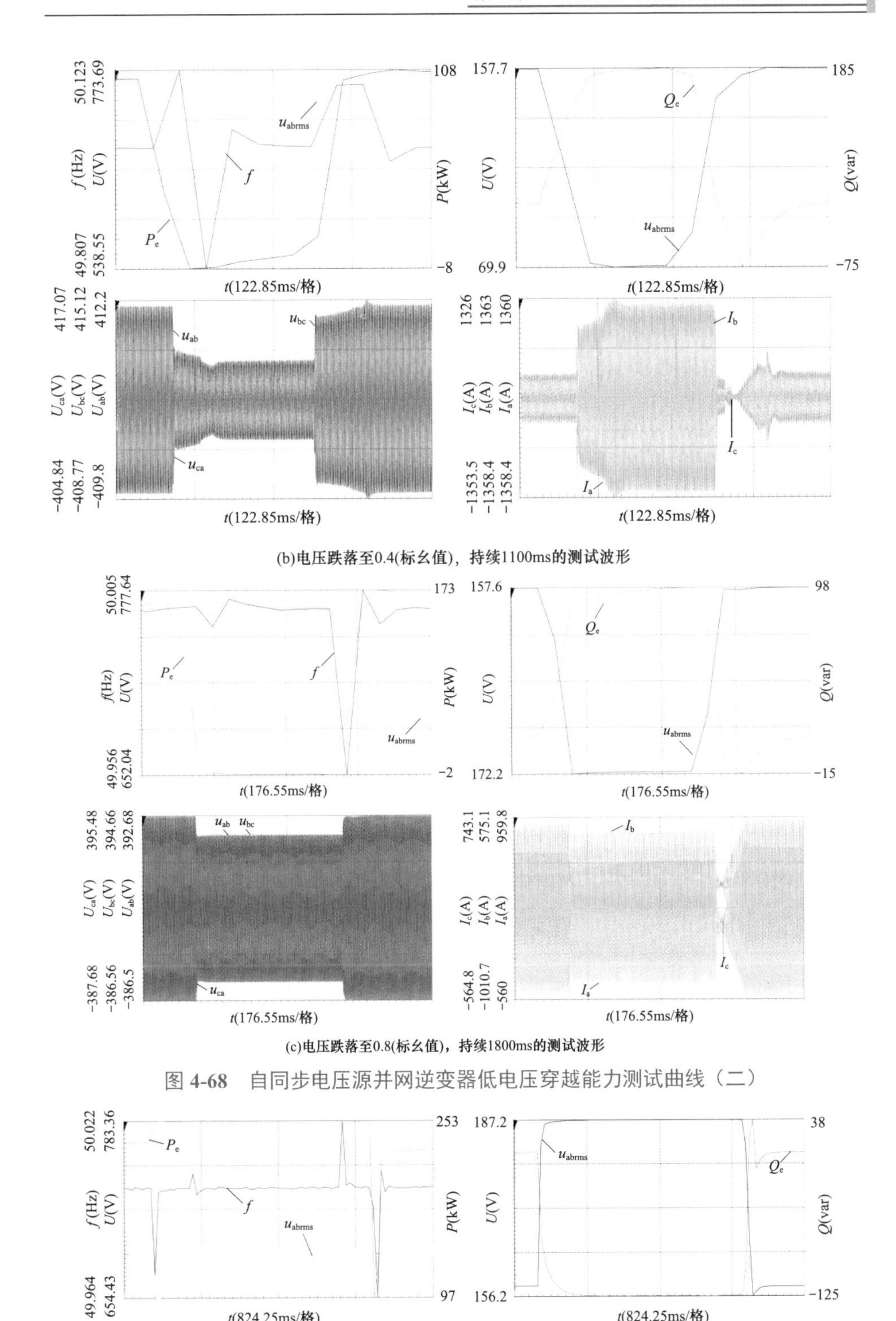

图 4-68 自同步电压源并网逆变器低电压穿越能力测试曲线（二）

图 4-69 自同步电压源并网逆变器高电压穿越能力测试曲线

4.6.3 独立构网控制能力现场实证

1．并离网切换试验

利用张北示范基地的5MW储能变流器构建模拟电网，并将光伏自同步电压源经并网开关并入模拟电网，分断并网开关，多台光伏自同步电压源由并网模态切换至离网模态，现场实测的2台光伏自同步电压源并离网测试曲线如图4-70所示，6台光伏自同步电压源并离网测试曲线如图4-71所示，并离网切换前后结果如表4-11所示。

表4-11　光伏自同步电压源并离网模态切换数据结果

PV-SVI 机组台数	频率波动（Hz）	电压波动（标幺值）
2机	49.195 ～ 50.027	0.08
6机	49.979 ～ 50.002	0.05

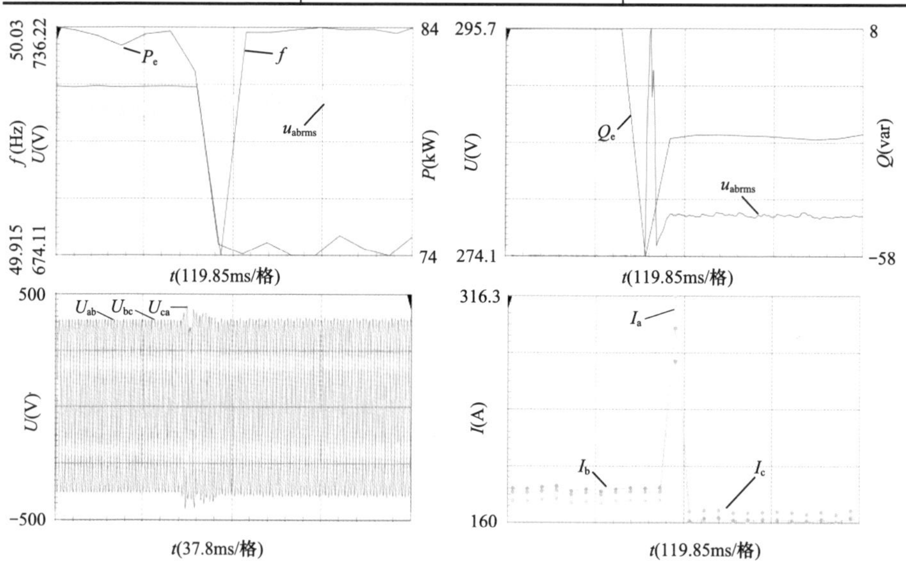

图4-70　自同步电压源并网逆变器两机并离网切换测试曲线

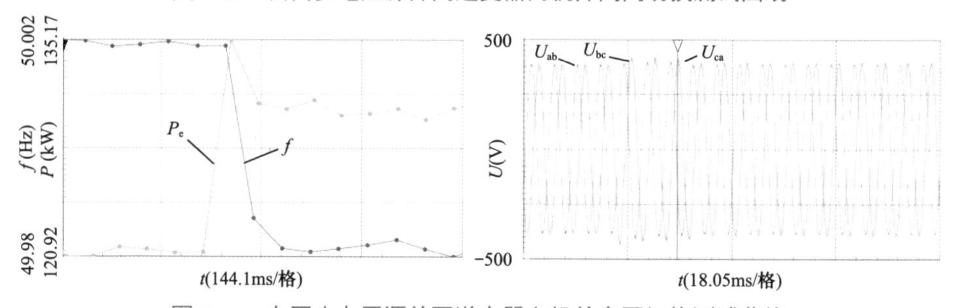

图4-71　自同步电压源并网逆变器六机并离网切换测试曲线

结合并离网切换测试在 2 台机组、6 台机组的测试结果，重点评估 PV-SVI 在并离网切换前后频率波动、电压波动等特性指标，分析光伏自同步电压源并离网切换后构网控制能力。由图 4-70、图 4-71 和表 4-11 可以看出：PV-SVI 具备的并离网切换控制策略能够使 PV-SVI 平稳地从并网状态切至独立构网状态，切换瞬间频率变化小于 0.05Hz，电压标幺值的变化小于 0.1p.u，并实现自组网带载运行。

2．黑启动试验

黑启动是检验自主建压构网能力的重要试验，现场实测的单台光伏自同步电压源黑启动测试曲线如图 4-72 所示，6 台机组 PV-SVI 黑启动顺序如表 4-12 所示，6 台光伏自同步电压源黑启动试验波形如图 7-73 所示。

表 4-12 光伏自同步电压源 6 台机组黑启动顺序

机组号 \ 频率	49.991	49.857	49.881	49.895	49.907	49.948	49.91	49.938	49.966	49.936	49.962	49.964	49.967
67-01	黑启动												
71-01			启动										
72-01				启动									
73-01						启动							
72-02											启动		
73-02													启动
负载		+100kW			–50kW		+30kW	–30kW	–70kW	+50kW		–50kW	

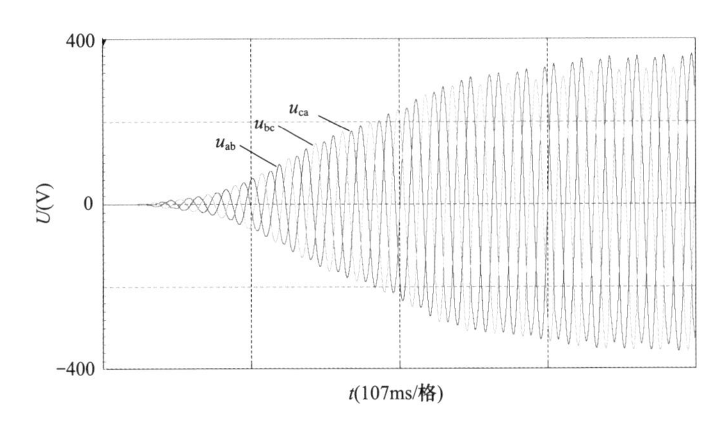

图 4-72 单台光伏自同步电压源黑启动测试曲线

结合黑启动测试在单台机组、6 台机组的测试结果，重点评估光伏自同步电压源在黑启动过程中独立建压时间、电压谐波分量等特性指标，分析光伏自同步电压源黑启动建压构网控制能力。由图 4-72、图 7-73 和表 4-12 可以看出：

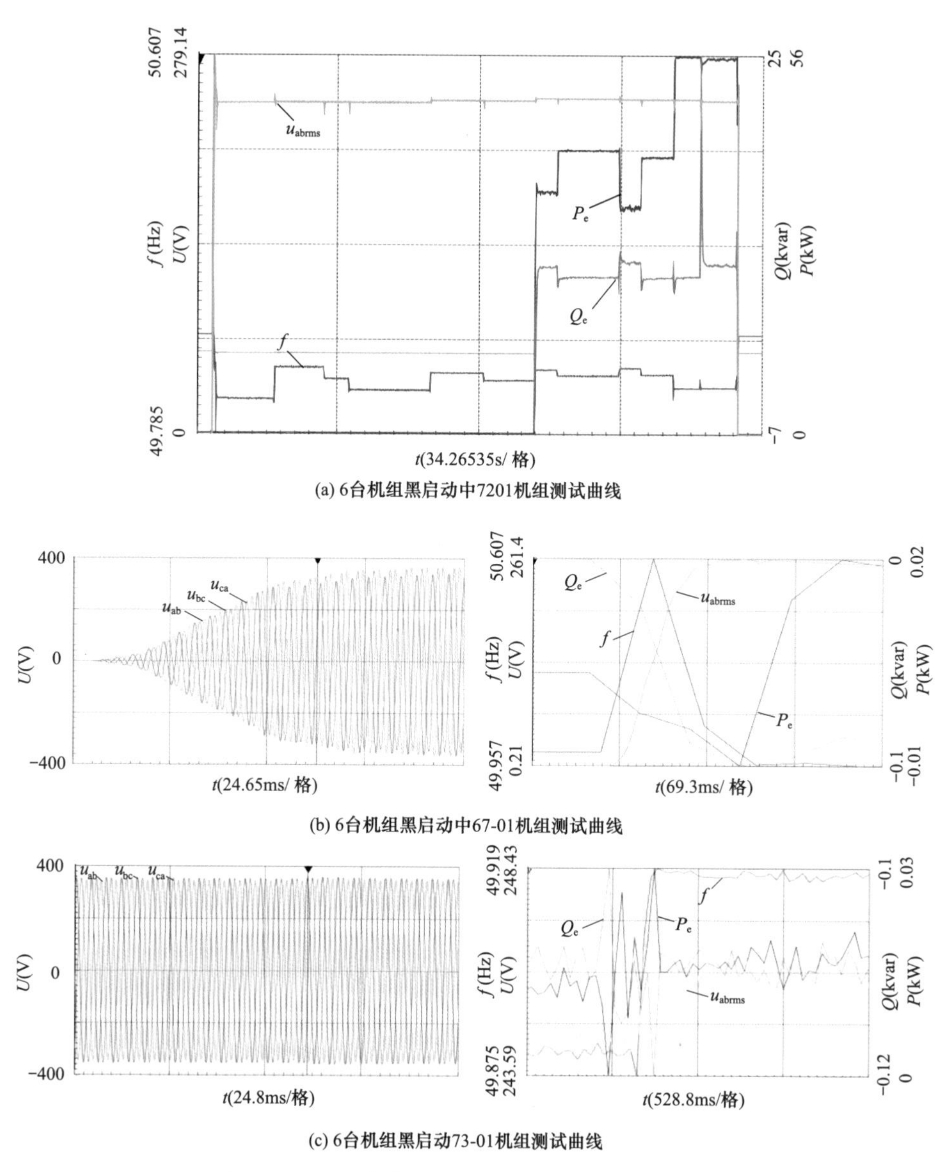

(a) 6台机组黑启动中7201机组测试曲线

(b) 6台机组黑启动中67-01机组测试曲线

(c) 6台机组黑启动73-01机组测试曲线

图 4-73　6 台光伏自同步电压源黑启动测试曲线

（1）由单台光伏自同步电压源独立黑启动，成功实现了对 35kV 线路（包含线路中总容量超过 9Mvar 的变压器）独立建压（软启动时间为 300ms 左右），FFT 显示所构建的电压谐波含量 THD<1。

（2）参与实验的 6 台光伏自同步电压源逆变器逐台启机实现自组网，同时在黑启动过程中，根据当前光照变化情况，适量投入负载以满足源荷平衡。每并入一台光伏自同步电压源，均可实现对负载的功率均分，功率均分系数达到 95% 以上。

3．混合机组构网试验

利用张北示范基地的电压源机组和电流源机组并联混合系统模拟混合式新能源发电系统，测试光伏自同步电压源 PV-SVI 逆变器与光伏常规 PQ 型逆变器混合并联条件下的稳态及动态构网能力。现场实测的单台自同步电压源和等容量单台常规 PQ 型电流源混合并联构网试验波形如图 4-74 所示，3 台自同步电压源和两台常规 PQ 电流源混合并联构网试验波形如图 4-75 所示。

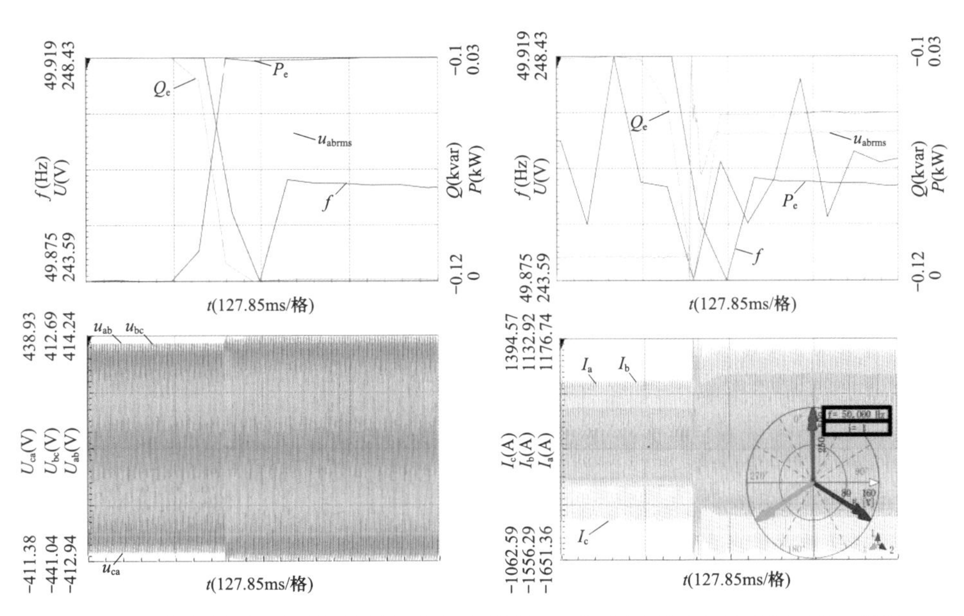

图 4-74　单台自同步电压源和等容量单台常规 PQ 型电流源混合并联构网试验波形

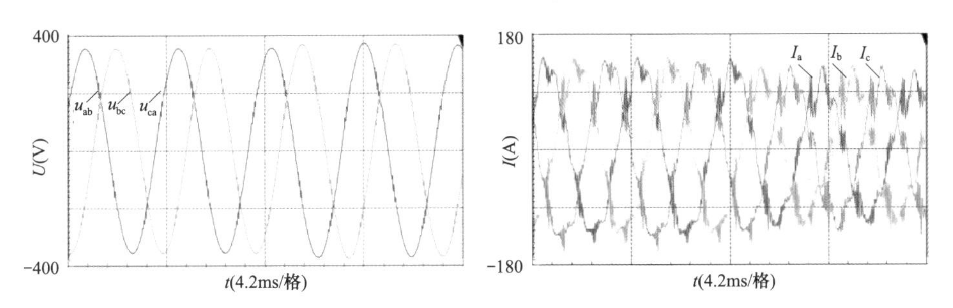

图 4-75　3 台自同步电压源和两台常规 PQ 电流源混合并联构网试验波形（一）

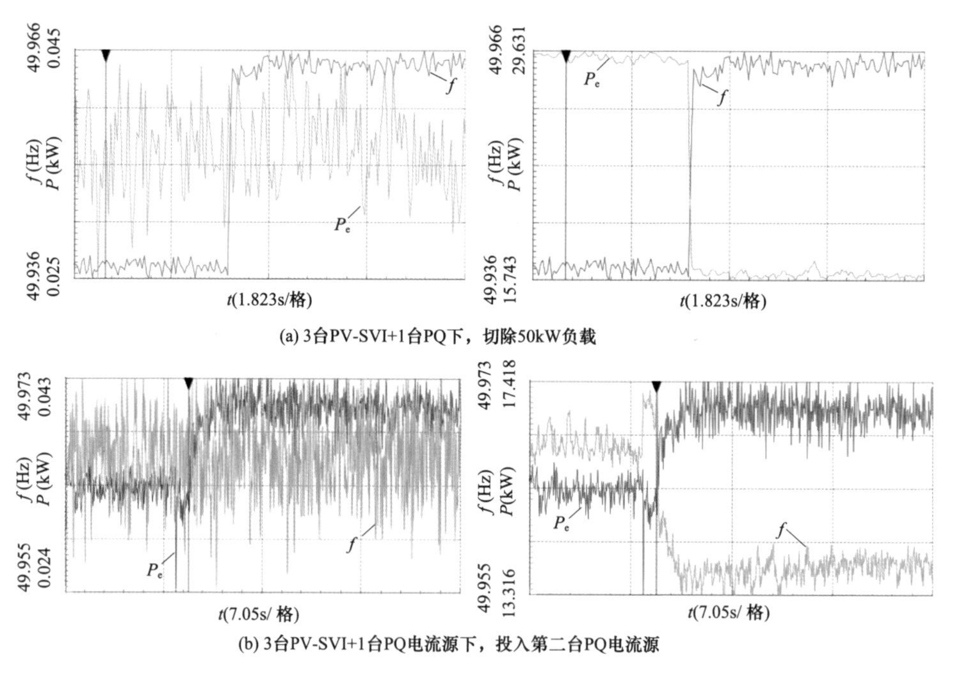

图 4-75　3 台自同步电压源和两台常规 PQ 型电流源混合并联构网试验波形（二）

结合混合机组构网测试在切除电网、投切负载、投切 PQ 电流源机组等工况下的测试结果，重点评估光伏自同步电压源在切换前后频率波动、电压波动、功率变化、构网暂态过渡时间等特性指标，分析光伏自同步电压源和常规电流源在不同容量配比下构网控制能力。由图 4-74 和图 4-75 可以看出：PV-SVI 电压源与 PQ 型电流源混合电源并联系统也能够平稳地从并网状态切至混合构网状态，并实现自组网带载运行，混合机组构网交流频率变化小于 0.5Hz，机端电压波动小于 0.01p.u.，构网暂态过渡时间小于 10ms。

本 章 小 结

现场验证了光伏自同步电压源电压频率暂态支撑、高 / 低电压穿越、带馈线全黑启动等能力；并通过复现锦苏单极闭锁、青豫直流双极闭锁故障等典型电压频率故障场景，世界首次实现了多机独立构网、电压源与电流源混合构网、冲击负载大扰动下集群协调控制等功能。

第 5 章 自同步电压源调频能力分析与实践

5.1 有功 / 频率协调控制对控制参数的要求

当逆变器并联运行系统处于稳态时，各逆变单元的工作频率是相同的，频率是全局变量，使得有功功率的分配不受等效线路阻抗的影响，系统稳定后，频率保持一致，根据下垂特性，有功功率可均分。线路阻抗的差异对并联自同步电压源的有功分配不会产生影响。

以两台自同步电压源并联系统为例分析，对机组输出有功功率的分配策略进行研究。假设两台自同步电压源的额定容量比为 N，即存在 $S_1=NS_2$，S_1 和 S_2 分别为第一台和第二台自同步电压源机组的额定容量。

由额定容量比可知，两台自同步电压源的有功功率参考值满足

$$P_{\mathrm{ref1}} = NP_{\mathrm{ref2}} \tag{5-1}$$

式中：P_{ref1} 和 P_{ref2} 分别为第一台和第二台自同步电压源的额定有功功率。

为使得两台自同步电压源的有功功率出力按照容量比合理分配，根据有功 / 频率控制表达式：

$$\begin{cases} P_{\mathrm{ref}} + D_{\mathrm{p}}(\omega_{\mathrm{n}} - \omega) - P = J\omega\dfrac{\mathrm{d}\omega}{\mathrm{d}t} \\ \theta = \int \omega \mathrm{d}t \end{cases} \tag{5-2}$$

式中：P_{ref} 为有功功率的参考值；P 为电磁功率；D_{p} 为有功频率下垂系数；ω 为自同步电压源的角频率；ω_{n} 为额定角频率；J 为虚拟转动惯量。

$$\frac{P_1}{P_2} = \frac{P_{\mathrm{ref1}} - J_1\omega_{\mathrm{n}}\omega_1 s + D_{\mathrm{P1}}(\omega_{\mathrm{n}} - \omega_1)}{P_{\mathrm{ref2}} - J_2\omega_{\mathrm{n}}\omega_2 s + D_{\mathrm{P2}}(\omega_{\mathrm{n}} - \omega_2)} = N \tag{5-3}$$

频率具有全局变量性质，稳态时两台自同步电压源输出的频率接近，即 $\omega_1 \approx \omega_2$，则需要满足

$$\frac{J_1}{J_2} = \frac{D_{P1}}{D_{P2}} = N \tag{5-4}$$

当虚拟转动惯量 J 和有功下垂控制系数 D_P 分别与自同步电压源额定容量成正比时，两台自同步电压源并联系统即可实现有功功率合理分配，可见多自同步电压源的有功功率分配与线路阻抗参数无关。

因此，新能源多自同步电压源协调运行中有功功率控制可需要根据机组额定容量进行控制参数设计，从而实现场站内多机组的协调控制。

5.2 计及 MPPT 的多自同步电压源有功 / 频率协调控制

5.2.1 最大功率点对多自同步电压源协调控制的影响

最大功率点追踪算法可用于光伏逆变器，该算法持续调整太阳能电池阵列的等效阻抗，以保证光伏系统在各种条件下（例如，不断变化的太阳辐照度、温度和负载）都能以 PV 面板的峰值功率点运行。

最大功率点随光照强度和温度的变化而变化，即在一天 24h 的时段中，最大功率点并不固定，要根据实时变化的点来确定一台设备的实际所能输出的功率。MPPT 现有控制方法包括扰动观察法、电导增量法、模糊控制、遗传算法等，此处暂不考虑具体的 MPPT 算法，仅考虑不同工况下的 MPPT 点变化对多自同步电压源有功频率控制的影响。

在 5.1 节分析了实现有功功率协调控制的参数要求，是在机组额定工作状态下分析的，针对分布式发电实际最大功率输出点与机组额定容量不一致的情况，如何实现多自同步电压源功率输出控制的问题，采用多智能体一致性算法解决计及 MPPT 的多自同步电压源有功 / 频率协调控制问题。

5.2.2 多智能体一致性算法

“智能体”概念在 1986 年出版的 Marvin Minsky 教授著作《The Society of Mind》中被首次提出：在社会中出现的某些经过协商可求的问题的解的个体。智能体具有自主性、协同性、反应性和适应性。

多智能体系统（multi-agent system, MAS）：多个可计算的智能体由通信线路连接构成了系统，每个智能体是物理或抽象的实体，通过感应器获取附近环境的变化，与相邻智能体进行通信，通过效应器作用于自身的系统。由多个具有局部感知能力、有限信息处理能力、相互通信能力的智能体所组成的系统。

MAS 是分布式人工智能的一个重要分支，系统中各个智能体按照某种连接方式，相互传递信息、相互作用、相互影响，进而使多智能体的状态趋于一致。

"一致性"概念首次出现在 1995 年 T. Vicsek 的粒子群运动研究中。Olfati-Saber 等人首先提出了多智能体一致性理论，让各个节点只和相邻节点通信，通过一致性算法实现全局一致性控制。

根据系统特点，多智能体算法可分为一阶算法、二阶算法和高阶算法。根据节点的网络拓扑结构特点，算法应用场景分为有向图、无向图和切换拓扑结构。根据节点之间通信的间隔不同，算法分为基于固定时间周期和基于事件触发机制的。根据算法的指数特点，多智能体算法的收敛特性经过了渐近时间一致性算法、有限时间一致性算法和限定时间一致性算法。依据是否有基准参考，一致性算法可分为领导 - 跟随型和无领导型。领导跟随型一致性算法：至少一个智能体作为领导者接收参考指令，其余智能体跟踪领导者的状态，常用于主从控制。无领导型一致性算法：各个智能体地位平等，根据相邻智能体的状态更新自身状态，其收敛值一般由各个智能体的初值决定，常用于对等控制。

多智能体技术在机器人控制、无线传感器网络、航空航天和交通控制、金融领域、电力网络等。

在电力工程领域，多智能体系统可用于实现电网故障在线诊断、电力市场交易、分布式经济调度和功率的经济分配。

含有多个分布式电源的微电网系统可以看作是一个多智能体系统，每个分布式电源都是一个自治的智能体。微电网的切负荷控制、经济调度问题、电压和频率调整等领域都有一致性算法的应用。

MAS 的特点包括如下 4 点：

1）自主性：MAS 中的个体能够利用自身及收集到的局部相关信息进行自主调节；

2）分布性：MAS 中不使用中央控制器，每个智能体相互独立且具有平等的地位，基于 MAS 架构实现分布式控制；

3）协调性：单个智能体具备一定的解决问题的能力，但无法对实际大规模复杂问题进行描述和求解，需要各智能体之间通过通信互相协调，在达到各自目标的基础上实现整体目标，有效提高问题求解能力，解决大规模复杂问题；

4）可扩展性：MAS 中，智能体可以根据环境的改变做出调整，基于 MAS 的分布式控制可以根据实际需要灵活地实现分布式电源的投切。

把多智能体系统的拓扑结构用图 G 表示，图 G 是一个集合（V，B，A），集合中包含 3 个元素：V（图 G 中所有节点的集合）、B（图 G 中所有边的集合）、A（邻接矩阵）。

邻接矩阵 A 是描述节点间是否有连接关系的矩阵，$A=\left(a_{ij}\right)_{n\times n}$。

$$a_{ij}=\begin{cases}1，\text{节点}v_i\text{与节点}v_j\text{之间有通信连接}\\0，\text{节点}v_i\text{与节点}v_j\text{之间没有通信连接}\\0，\text{对角线元素}\end{cases} \tag{5-5}$$

若有向图的邻接矩阵对角线元素（包括主对角线和次对角线）都为 0，则该有向图中不存在环，而无向图的主对角元素都为 0。

在有向图中，以节点 v_i 为头节点的边数称为节点 v_i 的出度，以节点 v_i 为尾节点的边数称为节点 v_i 的入度，如果 $(v_i, v_j)\in B$，则称 v_j 是 v_i 的一个邻居节点。节点 v_i 的邻居的个数称为 v_i 的度数，度数矩阵 D 的元素 $d_{ii}=\sum_{i\neq j}a_{ij}$，有向图的度数矩阵是一个 $n\times n$ 的对角矩阵，无向图每个节点的出度和入度是相等的，这个时候只需要看节点 v_i 有几条边相连即可。

拉普拉斯矩阵 L 的引入描述了某个节点的所有邻居节点状态变化对该节点产生的影响。

$$L=D-A \tag{5-6}$$

图 5-1 以 4 节点环形网络介绍拉普拉斯矩阵的计算。

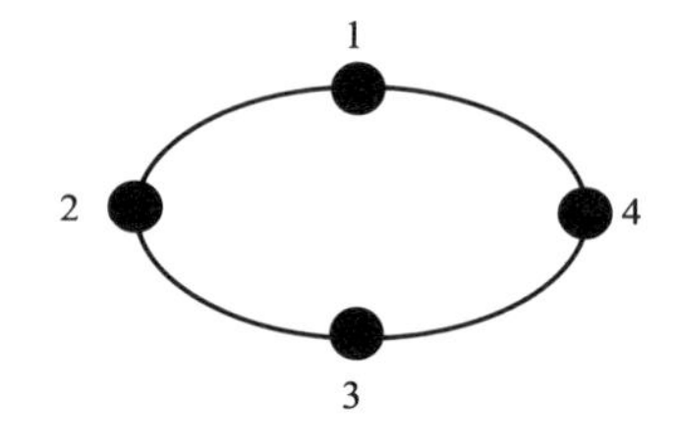

图 5-1　4 节点系统环形网络拓扑

根据邻接矩阵 A、度矩阵 D 和拉普拉斯矩阵 L 的定义，写出图 5-1 对应的

4 节点系统的拉普拉斯矩阵表达式。

$$A=\begin{bmatrix} a_{11} & a_{12} & a_{13} & a_{14} \\ a_{21} & a_{22} & a_{23} & a_{24} \\ a_{31} & a_{32} & a_{33} & a_{34} \\ a_{41} & a_{42} & a_{43} & a_{44} \end{bmatrix}=\begin{bmatrix} 0 & 1 & 0 & 1 \\ 1 & 0 & 1 & 0 \\ 0 & 1 & 0 & 1 \\ 1 & 0 & 1 & 0 \end{bmatrix} \tag{5-7}$$

$$D=\begin{bmatrix} d_{11} & & & \\ & d_{22} & & \\ & & d_{33} & \\ & & & d_{44} \end{bmatrix}=\begin{bmatrix} 2 & & & \\ & 2 & & \\ & & 2 & \\ & & & 2 \end{bmatrix} \tag{5-8}$$

$$L=D-A=\begin{bmatrix} 2 & -1 & 0 & -1 \\ -1 & 2 & -1 & 0 \\ 0 & -1 & 2 & -1 \\ -1 & 0 & -1 & 2 \end{bmatrix} \tag{5-9}$$

因为度矩阵 D 与邻接矩阵 A 存在联系，因此拉普拉斯矩阵 L 可由邻接矩阵 A 直接得出。拉普拉斯矩阵的对角线元素是邻接矩阵对应行中除对角线元素外其余个元素之和；其余元素是对应邻接矩阵各其余元素的相反数。

$$l_{ij}=\begin{cases} \sum\limits_{i\neq j} a_{ij}, & i=j \\ -a_{ij}, & i\neq j \end{cases} \tag{5-10}$$

L 矩阵的各行元素之和为零。若有向图中存在一个节点与其他节点间均存在一条有向路径，则该有向图包含一簇有向生成树。若无向图存在一簇无向生成树等价于无向图是连通的（即每个点都与其他点有连接）。

前面这些图论和矩阵的介绍主要是为通信系数（权重系数）的确定提供依据。而对于一致性算法，也就是一种规则，是 MAS 中各个智能体与相邻智能体进行信息交互的规则。

基于多智能体系统的分布式发电系统结构可分为三层：物理层、信息层和控制层。物理层由基于电力电子变换器的分布式电源、输电线路和负荷构成；信息层包含促进分布式发电之间信息交换的通信结构；控制层含有每个分布式发电的本地控制器。

多智能体一致性算法以两种形式用于分布式控制中：

1）通过多智能体一致性算法获取整个系统输出量的平均值，然后使得系统中每个控制器都可获得全局信息。

2）通过多智能体一致性算法获得每个本地控制器之间的输出量误差，把误差量作为系统反馈量，采用传统控制实现微电网中每个分布式发电之间的协调控制。

多智能体一致性算法通过选择不同的传输变量，如电压、频率、有功功率和无功功率等，以分布式的形式实现微电网中不同的控制目标，如要求电压和频率在额定值附近、功率合理分配等。

该算法可在 PSCAD/EMTDC 和 MATLAB/Simulink 等平台搭建仿真模型实现控制。

基于 PI 一致性的二次电压控制为：

$$\begin{cases}\dot{u}_{vi}=\sum\limits_{j\in N_{Ci}}a_{q}(\bar{Q}_{j}-\bar{Q}_{i})-\sum\limits_{j\in N_{Ci}}b_{q}(\zeta_{vj}-\zeta_{vi})-g_{q}(u_{vi}-\bar{Q}_{i})\\ \dot{\zeta}_{vi}=\sum\limits_{j\in N_{Ci}}b_{q}(\bar{Q}_{j}-\bar{Q}_{i})\end{cases} \tag{5-11}$$

式中：$\bar{Q}_i=n_iQ_i$ 是归一化的无功功率；ζ_{vi} 是中间变量，反映各节点间 $\bar{Q}_i$ 的收敛情况；u_{vi} 是二次电压控制信号。

式（5-11）包含 3 个部分，其中前两项是对无功功率的一致性控制，第一项属于对归一化的无功功率进行比例控制；第二项是对归一化的无功功率进行积分控制，目的是使得 $\bar{Q}_1=\bar{Q}_2=\bar{Q}_3=\bar{Q}_4$，也即是使得无功功率按照下垂系数的反比输出。第三项是电压恢复控制，目的是使得电压平均值达到额定。故 a_q、b_q、g_q 分别表示比例系数、积分系数和反馈系数。

基于 PI 一致性的频率二次控制策略如式（5-12）：

$$\begin{cases}\dot{u}_{\omega i}=\sum\limits_{j\in N_{Ci}}a_{p}(\bar{P}_{j}-\bar{P}_{i})-\sum\limits_{j\in N_{Ci}}b_{p}(\zeta_{\omega j}-\zeta_{\omega i})-g_{p}(u_{\omega i}-\bar{P}_{i})\\ \dot{\zeta}_{\omega i}=\sum\limits_{j\in N_{Ci}}b_{p}(\bar{P}_{j}-\bar{P}_{i})\end{cases} \tag{5-12}$$

式中：$\bar{P}_i=m_iP_i$ 是归一化的有功功率；$\zeta_{\omega i}$ 是中间变量，反映各节点间 $\bar{P}_i$ 的收敛情况；$u_{\omega i}$ 是二次频率控制信号。

式（5-12）包含 3 个部分，其中前两项是对有功功率的一致性控制，第一项属于对归一化的有功功率进行比例控制；第二项是对归一化的有功功率进行积分控制，目的是使得 $\bar{P}_1=\bar{P}_2=\bar{P}_3=\bar{P}_4$，也即是使得有功功率按照下垂系数的反比输出。第三项是频率恢复控制，目的是使得频率达到额定。故 a_{p}、b_{p}、g_{p} 分别表示比例系数、积分系数和反馈系数。

5.2.3　考虑 MPPT 的多智能体一致性算法

考虑机组实际最大功率输出的约束，通过最大输出功率占额定功率的比例优化有功系数，并作为多智能体一致性算法中的控制系数对有功功率归一化，将归一化的有功功率作为有功控制的一致性目标，然后将多智能体一致性算法输出的二次控制量叠加在自同步电压源算法的功率外环上，实现计及最大功率点的新能源多自同步电压源组网运行协调控制。按该方法，能够实现新能源多自同步电压源有功出力按照最大功率点约束下的机组实际输出能力等比例输出，满足新能源多自同步电压源组网下频率和电压稳定运行要求。

当自同步电压源的主电路和控制参数均按照设备额定容量进行参数设计时，首先考虑对一致性算法中的频率二次控制器进行设计。实际方案是根据 MPPT 点自适应下垂系数。由于从获取最大功率点到策略调整，原有控制结构参数未变，仅改变了二次控制器的下垂系数部分。

为减小控制系数的较大范围变动，在设计控制器时考虑了原有设备容量下的下垂控制系数。在一致性算法中的归一化有功功率的归一系数是根据设备额定容量下垂系数等比例设置的，如 500kW 对应的有功下垂系数为 79442，则实际输出 100kW 对应的归一化系数为 15888.4。250kW 额定容量的设备，由最大功率追踪点确定的实际输出 200kW 功率，则归一化系数设置为 31776.8。

对于频率的控制，涉及的变量仍按照设备额定容量参数，最终控制目标是使得输出频率达到额定；而对于有功功率控制，设置 $\bar{P}_{\mathrm{i}}=k_{\mathrm{i}}P_{\mathrm{i}}$，其中 k_{i} 是根据 MPPT 输出功率确定的功率归一化系数。

该系数可进一步统一表示为：

$$k=\frac{P_{\mathrm{MPPT}}}{P_{\mathrm{ref}}}\times D_{\mathrm{pref}} \tag{5-13}$$

式中：P_{MPPT} 表示各台分布式光伏单元使用 MPPT 技术确定的所能输出最大功率；P_{ref} 指设备额定容量；D_{pref} 是指按照设备额定容量设计的下垂系数。

将自适应下垂系数、多智能体一致性算法和自同步电压源算法结合，可得：

$$\begin{cases}\dot{\omega}_{pi}=\sum_{j\in N_i}a_p(\frac{P_j}{k_j}-\frac{P_i}{k_i})-\sum_{j\in N_i}b_p(\gamma_{pj}-\gamma_{pi})-c_p(\omega_{pi}-\frac{P_i}{D_{pi}})\\ \dot{\gamma}_{pi}=\sum_{j\in N_i}b_p(\frac{P_j}{k_j}-\frac{P_i}{k_i})\end{cases} \tag{5-14}$$

$$\begin{cases}\dot{u}_{qi}=\sum_{j\in N_i}a_q(\bar{Q}_j-\bar{Q}_i)-\sum_{j\in N_i}b_q(\gamma_{qj}-\gamma_{qi})-c_q(u_{qi}-\bar{Q}_i)\\ \gamma_{qi}=\sum_{j\in N_i}b_q(\bar{Q}_j-\bar{Q}_i)\\ \bar{Q}_i=Q_i/D_{qi}\end{cases} \tag{5-15}$$

多智能体一致性算法的最大输出功率约束下一致性频率控制单元输出的二次频率控制 ω_p 叠加在自同步电压源算法的有功频率控制单元上，一致性电压控制单元输出的二次电压控制 u_q 叠加在自同步电压源算法的无功电压控制单元上，计及最大功率约束的自同步电压源算法的功率外环表达式为：

$$\begin{cases}P_{ref}+D_p(\omega_n-\omega)-P=J\omega_n\frac{d\omega}{dt}\\ \theta=\int(\omega+\omega_p)\ dt\end{cases} \tag{5-16}$$

$$K\frac{dE_m}{dt}=D_q(U_n+u_q-U_{om})+Q_{ref}-Q \tag{5-17}$$

式中：Q_{ref} 为无功功率的参考值；Q 为输出无功功率；D_q 为无功电压下垂系数；U_{om} 为输出电压幅值；U_n 为额定电压幅值。

为保持频率的额定，频率控制部分的参数不做调整，仅对于有功控制器进行设置。有功二次控制器中的控制参数归一化有功功率表示为 kP，对于参数 k 来说，随着最大功率点的变化，其值会动态调整。在该参数的确定中，需要动态接收光伏发电的最大功率点信息，因此涉及到 MPPT 点的获取与信息反馈。

光伏系统的有功功率与辐照强度和温度有关，辐照强度起决定性作用，温度影响小，所以机组的最大功率点不会出现短时大幅的变化。

5.3　多自同步电压源有功 / 频率协调控制仿真验证

5.3.1　两台自同步电压源有功 / 频率协调控制仿真结果与分析

按照图 5-2 和表 5-1 列出的自同步电压源主电路和控制电路及参数在 MATLAB/Simulink 中建立仿真模型，对上述理论分析和性能分析结论进行验证。

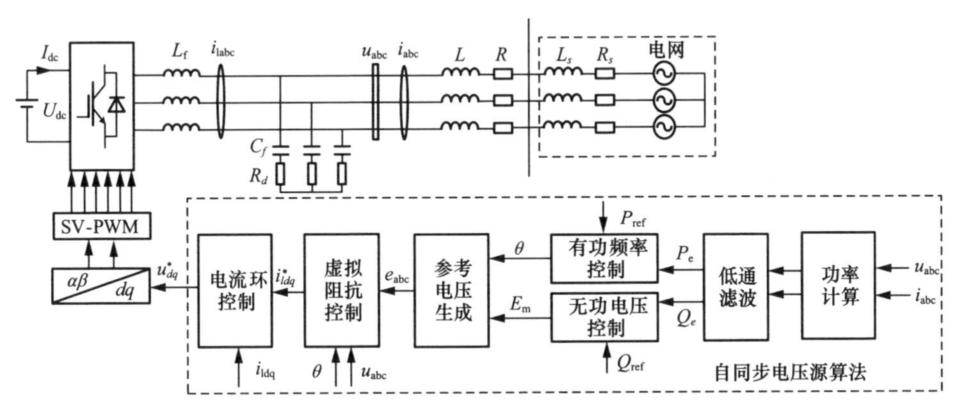

图 5-2　自同步电压源主电路拓扑和控制框架

表 5-1　500kW 自同步电压源参数

系统参数	数值
直流电压 V_{dc}（V）	700
额定功率 S_r（kVA）	500
滤波电感 L_f（μH）	150
滤波电容 C_f（μF）	600
电网频率 f_0（Hz）	50
开关频率 f_s（kHz）	3.2
电流环控制器比例系数 k_{ip}	0.64
电流环控制器积分系数 k_{ii}	100
交流电压有效值 U_{ac}（V）	181
网侧电阻 R_s（Ω）	0.1
网侧电感 L_s（μH）	100
线路电阻 R（Ω）	0.1
线路电感 L（μH）	100
有功功率参考值 P_{ref}（kW）	500
无功功率参考值 Q_{ref}（kvar）	0
有功频率下垂系数 D_p	79442
无功电压下垂系数 D_q	20000

续表

系统参数	数值
转动惯量 J（$kg \cdot m^2$）	0.3
励磁系数 K	318
虚拟电阻 R_v（Ω）	0.01
虚拟电感 L_v（μH）	150

当两台自同步电压源的额定容量比为 N=1 时，即使线路阻抗不同（第一台自同步电压源机组从逆变器输出端到 PCC 点的线路电阻为 0.01Ω，线路电感为 100μH；第二台自同步电压源的线路电阻为 0.02Ω，线路电感为 200μH），两台机组输出的有功功率如图 5-3 所示，图中 P_{e1} 表示第一台自同步电压源输出有功功率，P_{e2} 表示第二台自同步电压源输出的有功功率。从图 5-3 的结果看，无论在 0 ～ 1.5s 并网运行时，两台自同步电压源均按照有功功率参考输出，还是 1.5 ～ 3s 离网带载运行（有功负载 500kW，无功负载 100kvar），两台自同步电压源仍然按照设备额定容量比值输出，即 $P_{e1}:P_{e2}=N$。

可见，多自同步电压源无论在并网运行还是孤岛运行都可实现输出有功功率与线路阻抗无关。因此，新能源场站多自同步电压源的有功功率控制相对是容易的，不需要增加额外的控制策略。

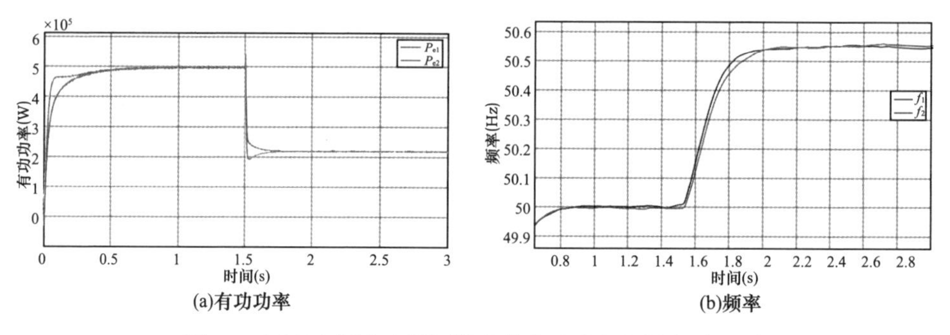

图 5-3　两台自同步电压源输出的有功功率和频率（N=1）

图 5-3 中，f_1 表示自同步电压源 1 的输出频率，f_2 表示自同步电压源 2 的输出频率，频率是对输出电压通过锁相环（phase locked loop, PLL）得到的频率值并经过低通滤波后的结果。从图 5-3 中可以看出，0 ～ 1.5s 并网运行时，自同步电压源输出频率受到大电网钳制，所以并网状态下自同步电压源与电网同步，频率为额定值 50Hz。在 1.5 ～ 3s 自同步电压源离网带载运行，在失去大电网束缚后，自同步电压源的频率随着输出有功功率的减小而提高（根据有功 - 频率下垂特性可得）。

当两台自同步电压源的额定容量比为 N=0.5 时，即 S_2=2S_1。根据上述理论分析，调整控制参数，自同步电压源 1 的 P_{ref1}=250kW，Q_{ref1}=0，D_{p1}=39721，D_{q1}=10000，J_1=0.15，K_1=159；自同步电压源 2 的 P_{ref2}=500kW，Q_{ref2}=0，D_{p2}=79442，D_{q2}=20000，J_2=0.3，K_2=318。按照上述参数设置后，进行仿真分析，仿真时长 3s，其中 0 ～ 1.5s 时并网运行，1.5 ～ 3s 时离网带载运行，自同步电压源输出有功功率如图 5-4 所示，并网状态下两台自同步电压源均按照有功功率参考值输出有功功率，孤岛运行时 P_{e1}=145kW，P_{e2}=290kW，P_{e1}:P_{e2}=0.5=N。可见，根据自同步电压源额定容量设置控制参数，即可实现有功功率的均衡控制，与线路阻抗无关。

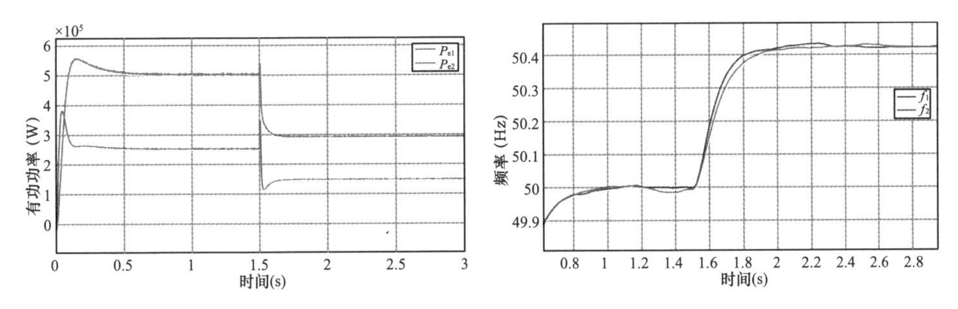

图 5-4　两台自同步电压源输出的有功功率和频率（N=0.5）

图 5-4 给出了 N=0.5 时两台自同步电压源输出频率结果，可见，无论是并网运行还是孤岛运行，f_1≈f_2，所以这也是有功功率保持均衡输出的重要原因。

5.3.2　计及 MPPT 的多自同步电压源有功 / 频率协调控制仿真结果及分析

仿真模型的拓扑结构如图 5-5 所示，每个 DG 单元均采用自同步电压源算法，图 5-6 为多自同步电压源协同控制的系统控制层和通信层。在原有自同步电压源控制的基础上，改进有功频率控制部分和无功电压控制部分，如图 5-7 所示。

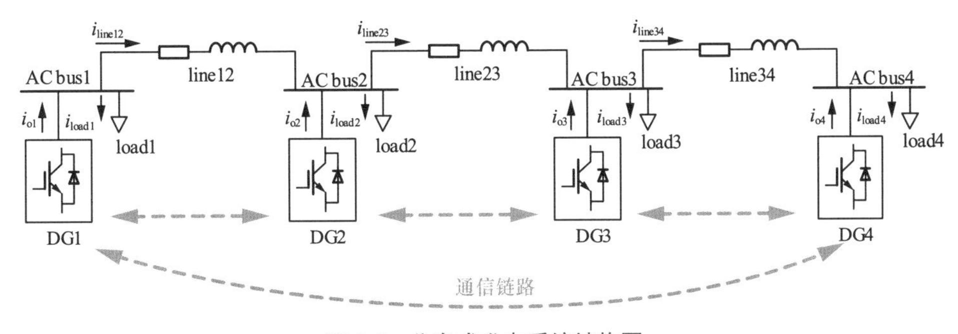

图 5-5　分布式发电系统结构图

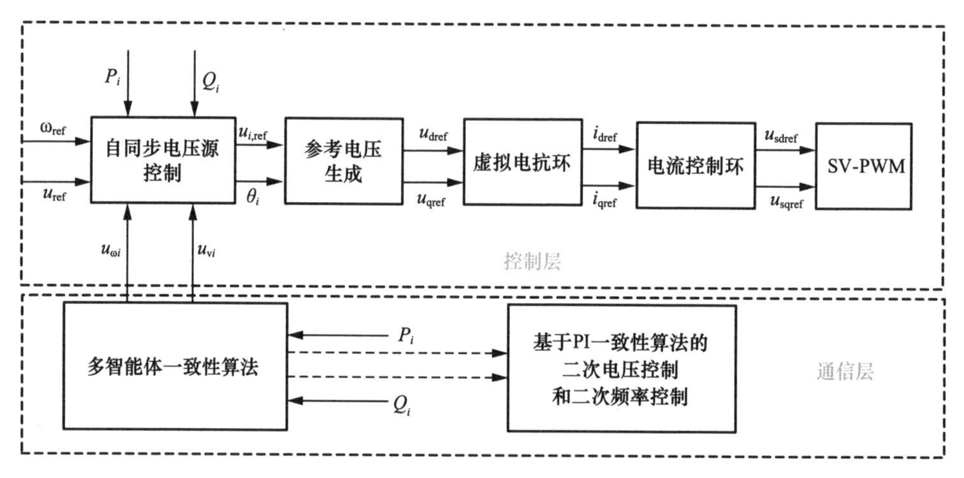

图 5-6　多自同步电压源协同控制的系统控制层和通信层

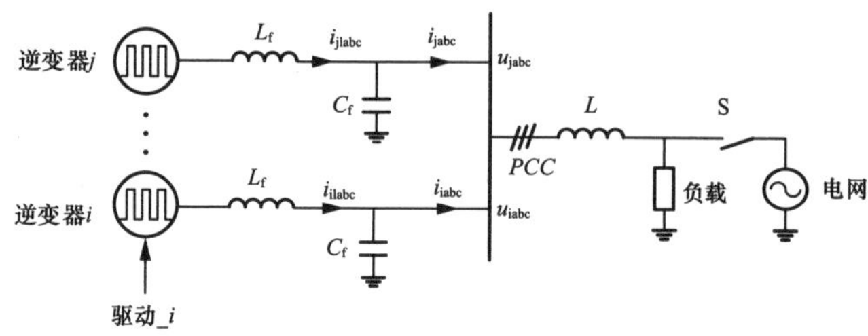

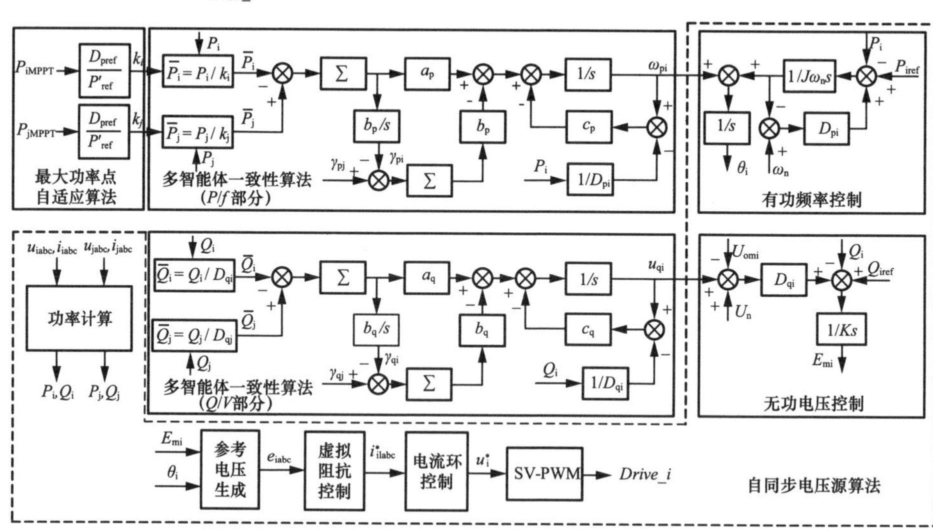

图 5-7　计及 MPPT 的多自同步电压源协调控制框图

表 5-2　　系统主电路和控制参数

控制系统参数	数值
有功负载 P_{load}（kW）	250

续表

控制系统参数	数值
无功负载 Q_{load}（kvar）	50
连线电阻 R_{l12}（Ω）	0.1
连线电阻 R_{l23}（Ω）	0.2
连线电阻 R_{l34}（Ω）	0.2
连线电感 L_l（mH）	1.0
有功一致性系数 a_p	20
频率二次控制系数 b_p	0.01
频率恢复系数 g_p	20
无功一致性系数 a_q	50
电压二次控制系数 b_q	20
电压恢复系数 g_q	50

算例 1：根据一天的光照强度变化按照“弱 - 强 - 弱”的趋势，设置了最大功率点的变化，如图 5-8（a）所示，DG1（DG4）的最大功率点变化为 100kW—500kW—100kW，DG2（DG3）的最大功率点变化为 200kW—250kW—200kW。计算的自适应参数的变化如图 5-8(b)。

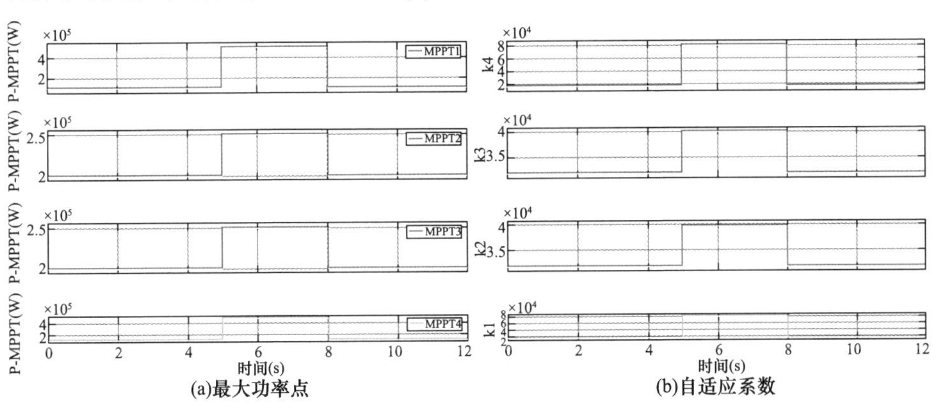

图 5-8　算例 1 最大功率点和自适应系数的变化

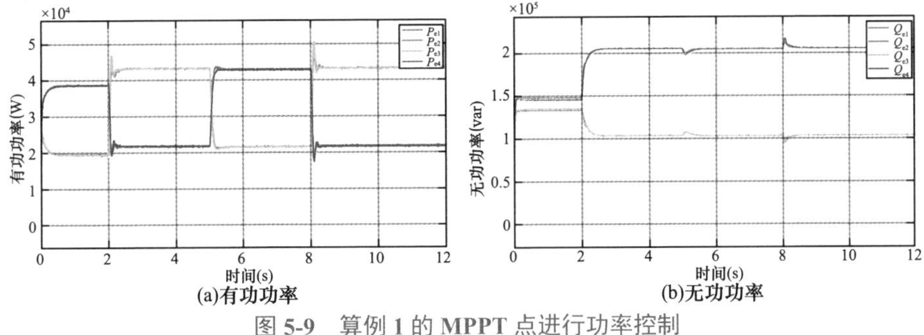

图 5-9　算例 1 的 MPPT 点进行功率控制

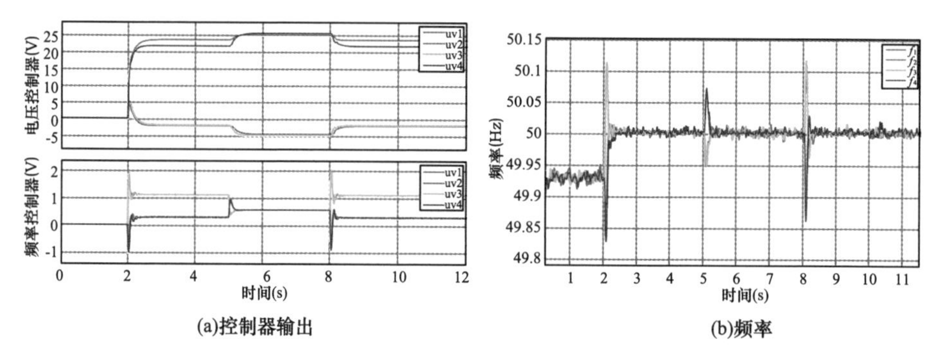

(a)控制器输出　　(b)频率

图 5-10　算例 1 的控制器输出及频率输出

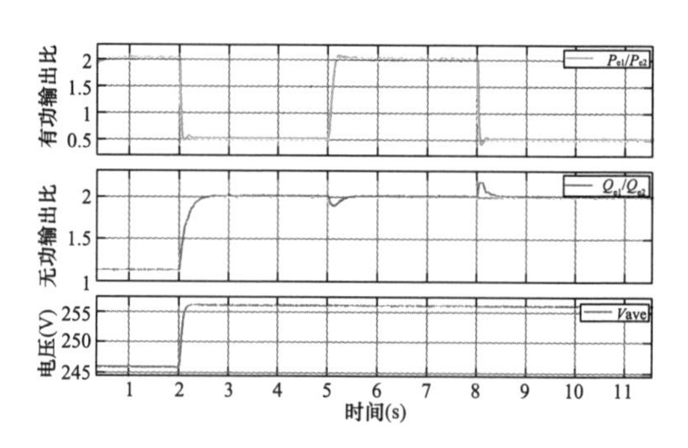

图 5-11　算例 1 的功率输出比、平均电压

由图 5-8～图 5-11 可知，多自同步电压源有功出力按照最大功率输出的比值输出，无功功率仍按照额定容量比合理输出，仿真验证了多智能体算法在考虑最大功率点情况下的有功 / 频率协调控制效果。

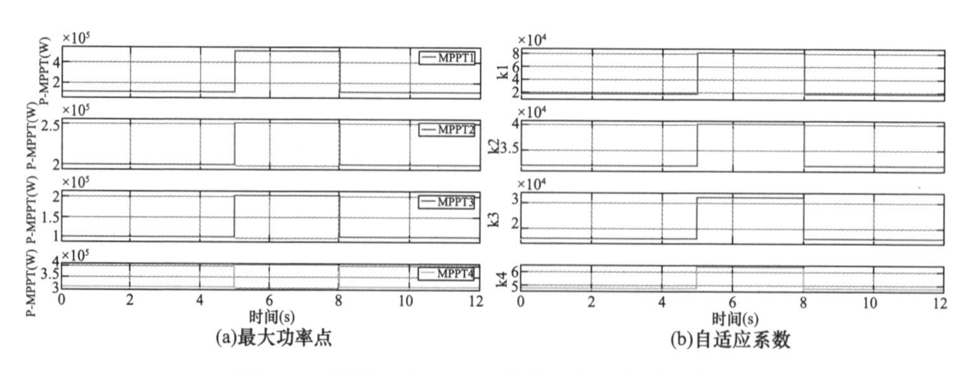

(a)最大功率点　　(b)自适应系数

图 5-12　算例 2 的 MPPT 变化和自适应系数变化

算例 2：模拟最大功率点变化，DG1 的最大功率点变化为 100kW—500kW—100kW，DG2 的最大功率点变化为 100kW—250kW—100kW，DG3

的最大功率点变化为 100kW—200kW—100kW，DG4 的最大功率点变化为 300kW—400kW—300kW。DG1 和 DG4 都是额定容量 500kW，DG2 和 DG3 的额定容量为 250kW。

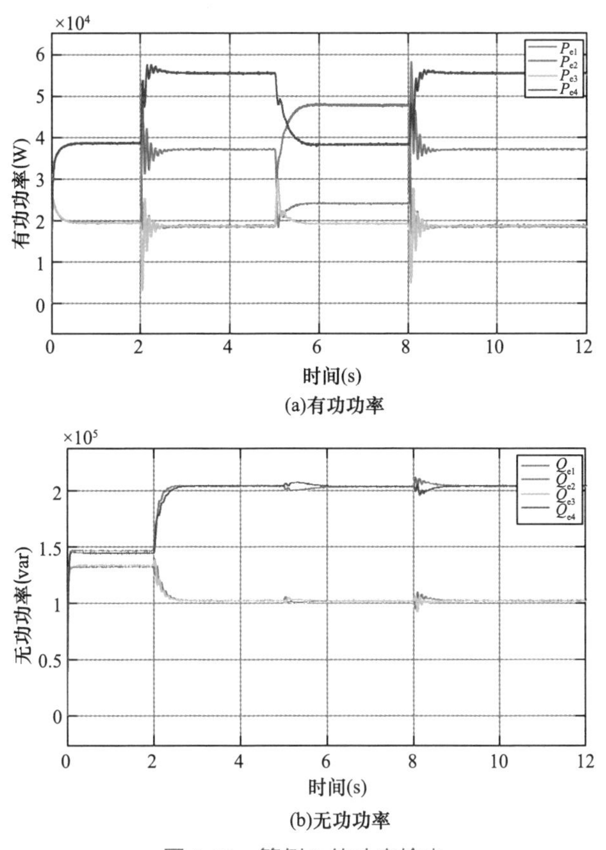

图 5-13　算例 2 的功率输出

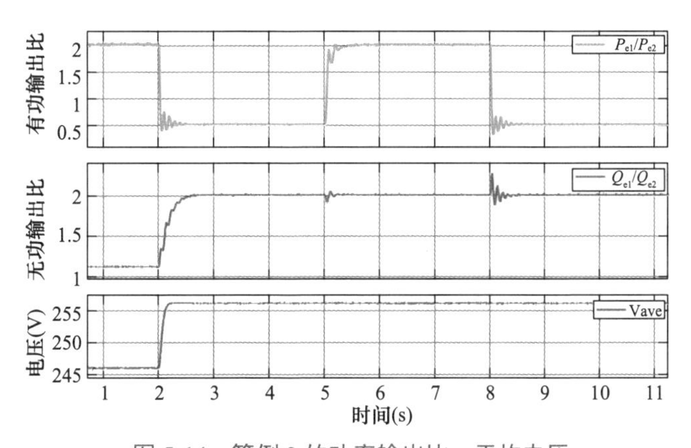

图 5-14　算例 2 的功率输出比、平均电压

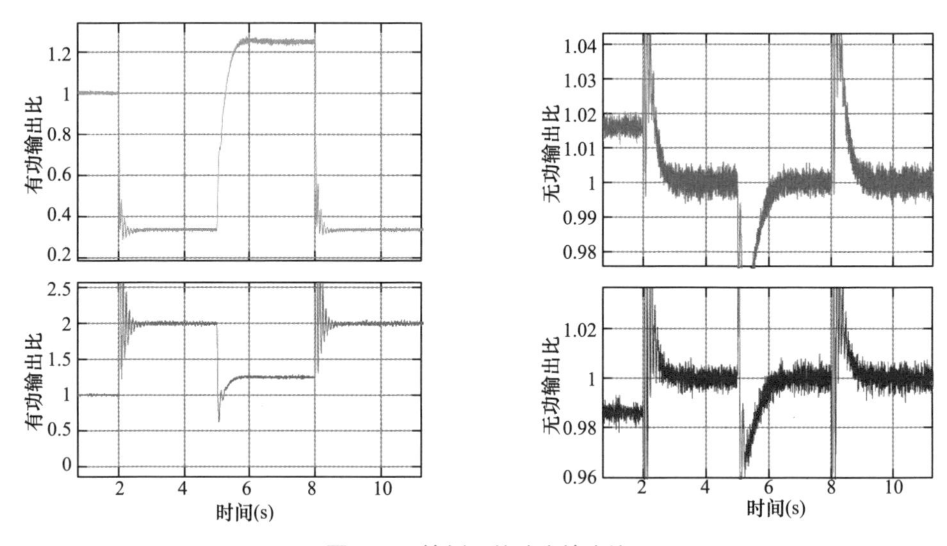

图 5-15　算例 2 的功率输出比

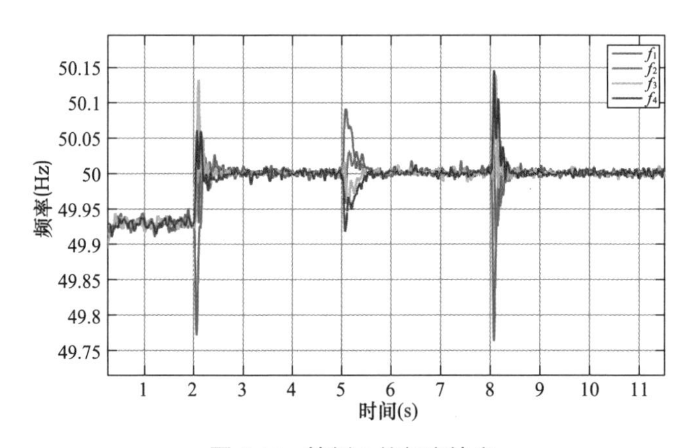

图 5-16　算例 2 的频率输出

由图 5-12～图 5-16 可知，算例 1 和算例 2 的仿真结果均表明了计及 MPPT 的最大功率点的多自同步电压源实现有功 / 频率协调控制。当剧烈切换 MPPT 点的时候，会出现一定的冲击和振荡。当最大功率点平缓变化时，这些冲击振荡现象会大大减小。而实际情况下，温度和环境变化不是突变的，是有一个过程，因此 MPPT 点的变化幅度也会减小，在实际中的功率变化会较为平缓。

本 章 小 结

本章重点研究了新能源场站多自同步电压源有功/频率协调控制的问题，以两台自同步电压源并联为例展开理论分析，确定控制参数配置条件并进行仿真分析，多自同步电压源的有功控制与线路阻抗无关，稳定运行时自同步电压源输出的频率相等，通过合理设置控制参数即可实现有功功率的均衡控制。考虑新能源发电最大功率输出的限制，设计了计及 MPPT 的多自同步电压源协调控制策略，实现有功出力按照最大功率输出合理分配。

第6章 自同步电压源调压能力分析与实践

6.1 线路阻抗不匹配导致的无功控制问题

逆变器并联系统中的并联单元在空间上分布较离散时，如微网中的逆变器，从输出电容端到交流母线端的馈线阻抗的影响不可忽略。分布式电源节点流向负载节点的有功功率主要由功角决定，无功功率由两个节点电压之间的幅值差决定。逆变器的控制方式、器件的非线性、滤波参数等不同使得各逆变器的等效输出阻抗存在差异；逆变器与公共连接点的距离及走线结构也使得线路阻抗存在差异。多逆变器并联均流的影响因素如图 6-1 所示。

阻抗失配，不仅造成功率分配误差，在负载扰动时，若当前负荷下的匹配状态和新负荷下的匹配条件相差较大时，容易出现暂态功率过冲甚至振荡。低压线路阻抗以阻性分量为主，其阻感比较大；高压线路阻抗以感性为主。

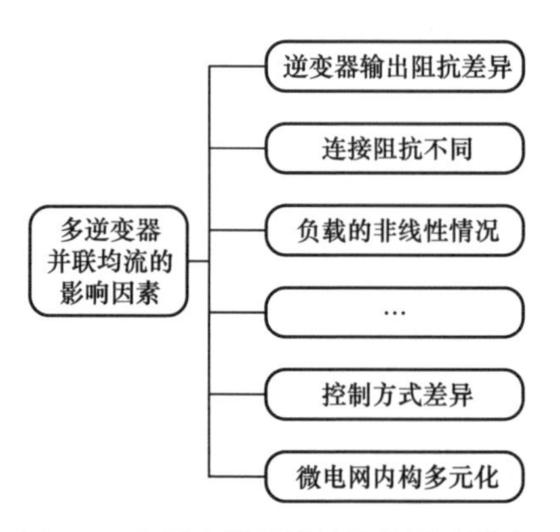

图 6-1 多逆变器并联均流的影响因素

当多台并联逆变器的线路阻抗不同时，线路阻抗大的线路压降大，若使得负载处电压仍为额定值，则该逆变器的输出电压增大。根据下垂特性，该逆变器输出的无功功率应减小，从而导致并联的多台逆变器输出无功功率不同并产生系统环流。

逆变器输出电流包含两个电流分量：负载电流分量和环流分量。图 6-2 为两台自同步电压源并联的等效模型。

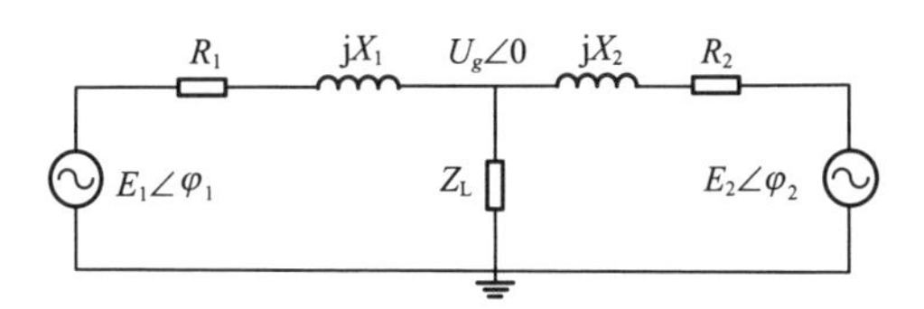

图 6-2　自同步电压源并联等效模型

由图 6-2 结合 KVL 和 KCL 可知：

$$\begin{cases} E_1\angle\varphi_1 - Z_1\dot{I}_{g1} = U_g\angle 0^\circ \\ E_2\angle\varphi_2 - Z_2\dot{I}_{g2} = U_g\angle 0^\circ \\ \dot{I}_{g1} + \dot{I}_{g2} = \dot{I}_L = \dfrac{U_g\angle 0^\circ}{Z_L} \end{cases} \tag{6-1}$$

式中：$E_i\angle\varphi_i$（i=1,2）为第 i 台自同步电压源的输出电压；$Z_i(i=1,2)$ 为第 i 台自同步电压源的线路阻抗；U_g 为并联点的电压；Z_L 为负载阻抗；$\dot{I}_{gi}(i=1,2)$ 为第 i 台自同步电压源输出电流；$\dot{I}_L$ 为负载电流。

若 Z_1=Z_2，则：

$$\begin{cases} \dot{I}_{g1} = \dfrac{E_1\angle\varphi_1 - E_2\angle\varphi_2}{2Z_1} + \dfrac{U_g}{2Z_L} \\ \dot{I}_{g2} = -\dfrac{E_1\angle\varphi_1 - E_2\angle\varphi_2}{2Z_1} + \dfrac{U_g}{2Z_L} \end{cases} \tag{6-2}$$

在逆变器等效线路阻抗相同的情况下，逆变器输出电流包含了两个分量：环流分量（等式右端第一项）和负载电流分量（等式右端第二项）。由表达式可知，负载电流分量是均衡分配的；环流分量取决于各逆变器输出电压的幅值和相位差。

环流定义为逆变器输出电流差值的一半，如式（6-3）所示。

$$\dot{I}_{\mathrm{H}}=\frac{\dot{I}_{\mathrm{g1}}-\dot{I}_{\mathrm{g2}}}{2} \tag{6-3}$$

当 $Z_1=Z_2$ 时，

$$\dot{I}_{\mathrm{H}}=\frac{E_1\angle\varphi_1-E_2\angle\varphi_2}{2Z_1} \tag{6-4}$$

当各单元等效线路阻抗呈感性，则 $Z_1=\mathrm{j}X$，

$$\dot{I}_{\mathrm{H}}=\frac{E_1\angle\varphi_1-E_2\angle\varphi_2}{2\mathrm{j}X}=\frac{E_1\sin\varphi_1-E_2\sin\varphi_2}{2X}-\mathrm{j}\frac{E_1\cos\varphi_1-E_2\cos\varphi_2}{2X} \tag{6-5}$$

一般认为 φ 较小，则 $\sin\varphi\approx\varphi$， $\cos\varphi\approx1$，

$$\dot{I}_{\mathrm{H}}=\frac{E_1\varphi_1-E_2\varphi_2}{2X}-\mathrm{j}\frac{E_1-E_2}{2X} \tag{6-6}$$

若 $E_1=E_2$， $\varphi_1\neq\varphi_2$ 时，主要产生有功环流，逆变器输出的相位差造成有功功率差异，且有功环流从相位超前的逆变器流向相位滞后的逆变器。

若 $E_1\neq E_2$， $\varphi_1=\varphi_2$ 时，主要产生无功环流（φ 较小，等式右边第一项相对于第二项较小），输出电压幅值较高的逆变器发出无功环流，输出阻抗呈感性；输出电压幅值较低的逆变器吸收无功环流，输出阻抗呈容性。

若 $E_1\neq E_2$， $\varphi_1\neq\varphi_2$ 时，环流同时包含有功分量和无功分量。

当 $S_1=NS_2$ 时，两台自同步电压源的无功功率参考值满足

$$Q_{\mathrm{ref1}}=NQ_{\mathrm{ref2}} \tag{6-7}$$

在不考虑线路阻抗压降的情况下，并联自同步电压源的输出电压相等，此时的 $U_{\mathrm{om1}}\approx U_{\mathrm{om2}}$，则存在以下关系：

$$\frac{E_{\mathrm{m1}}}{E_{\mathrm{m2}}}=\frac{\dfrac{Q_{\mathrm{ref1}}-Q_1+D_{\mathrm{q1}}(U_{\mathrm{n}}-U_{\mathrm{om1}})}{K_1s}}{\dfrac{Q_{\mathrm{ref2}}-Q_2+D_{\mathrm{q2}}(U_{\mathrm{n}}-U_{\mathrm{om2}})}{K_2s}}=\frac{Q_{\mathrm{ref1}}-Q_1+D_{\mathrm{q1}}(U_{\mathrm{n}}-U_{\mathrm{om1}})}{Q_{\mathrm{ref2}}-Q_2+D_{\mathrm{q2}}(U_{\mathrm{n}}-U_{\mathrm{om2}})}\cdot\frac{K_2}{K_1}=1 \tag{6-8}$$

为实现功率分配，使得 $Q_1=NQ_2$，则：

$$\frac{K_1}{K_2}=\frac{D_{\mathrm{q1}}}{D_{\mathrm{q2}}}=N \tag{6-9}$$

逆变器等效输出阻抗主要由 PI 控制器和滤波器的存在产生，相较于线路阻抗很小，可忽略不计。当考虑线路阻抗时，第 i 台自同步电压源的线路阻抗压降可表示为：

$$\Delta E_i = \frac{X_i Q_i + R_i P_i}{U_{\mathrm{n}}} \tag{6-10}$$

此时，若要使得功率合理分配，则需要附加条件：

$$\frac{X_1}{X_2} = \frac{R_1}{R_2} = \frac{1}{N} \tag{6-11}$$

若系统参数满足上述条件，可实现无功功率合理分配。而实际中考虑到分布式发电单元的分散性，线路阻抗受连线长度、走线方式等影响，难以实现线路阻抗参数按照设备容量反比进行设置。

仿真的系统参数设置与表 5-1 使用的参数相同，控制参数按照上述理论分析设置，由于线路阻抗不匹配，导致了无功功率不能合理输出。图 6-3 所示为两台自同步电压源输出无功功率结果，图 6-3 中 Q_{e1} 表示自同步电压源 1 输出的无功功率，Q_{e2} 表示自同步电压源 2 输出的无功功率。此时是 S_1:S_2=N=1，当 N=1 时，两台自同步电压源应输出相同的无功功率，无论是并网还是孤岛模式下，由于线路阻抗不一致，导致无功功率不能按照设备容量合理输出，如图 6-3 所示。由图 6-3 可知，有功功率在并网和孤岛运行时均可实现均衡控制输出，而无功功率在两种工况下均不能实现合理输出。

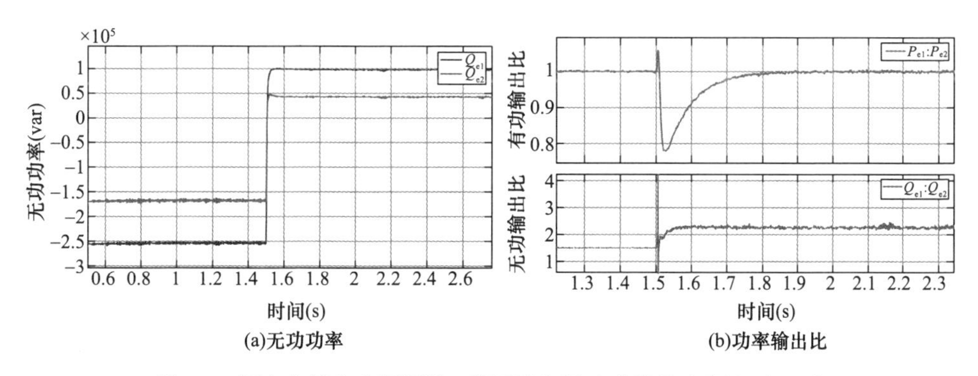

图 6-3　两台自同步电压源并 / 离网输出无功功率及功率比（N=1）

图 6-4 描述了两台自同步电压源输出电流的 A 相 I_{oa1} 和 I_{oa2}，以及系统环流 I_{H}，根据仿真结果，并网运行时的环流相对于孤岛时较小，结合图 6-3 中并

网运行时无功输出比更接近容量比 1，所以其不均流程度较小。

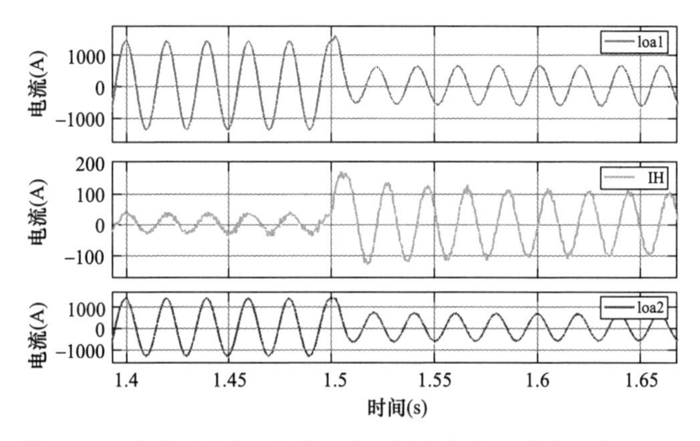

图 6-4　两台自同步电压源并 / 离网输出电流及系统环流（N=1）

当设备容量比为 N=0.5 时，仿真前合理调整相关控制参数，两台自同步电压源输出的无功功率如图 6-5 所示，显然无功输出比也不为 0.5。并网和孤岛运行时，两台自同步电压源输出电压的幅值，在并网运行时，电网电压幅值在 275V 左右，考虑到线路阻抗和电网阻抗上的压降，所以自同步电压源的输出电压较高。当孤岛运行时，由于在控制上使得自同步电压源的输出在 256V 左右，所以此时的输出电压相对于并网运行时降低。

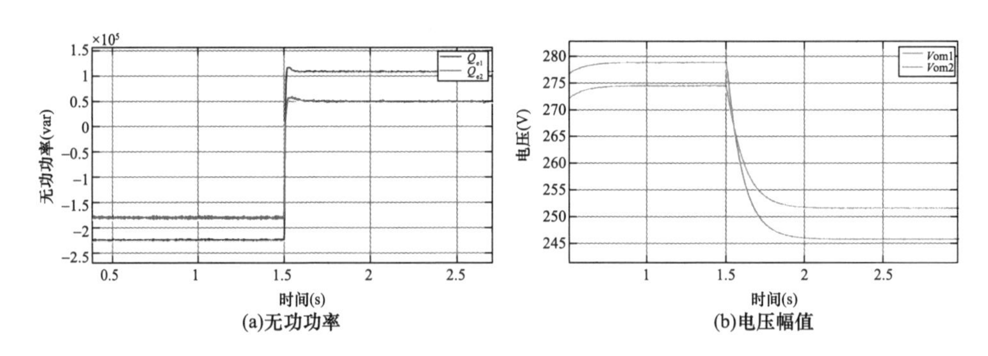

图 6-5　两台自同步电压源并 / 离网输出无功功率及电压幅值（N=0.5）

图 6-6 所示的环流表明并网运行时系统的环流相对较小，但是两种工况下的环流都是较大的，高达几百安培，不利于并联系统安全稳定运行。因此环流抑制也是控制无功均衡的一个出发点。

由上述理论和仿真分析可知，新能源场站多自同步电压源的无功功率均衡控制受线路阻抗不匹配的影响，从而在原有控制中无法像有功功率那样合理输出。因此有必要在原有控制的基础上进行改进以实现无功功率的均衡输出。在自同步电压源提出前，采用下垂控制的多逆变器并联系统，线路阻抗不匹配造成的无功不均分问题得到了研究证实，图 6-7 示意了其中一种方法，其中虚拟阻抗方法是研究重点，是有效解决环流问题的一种方法，包括由此引出的自适应虚拟阻抗方法。

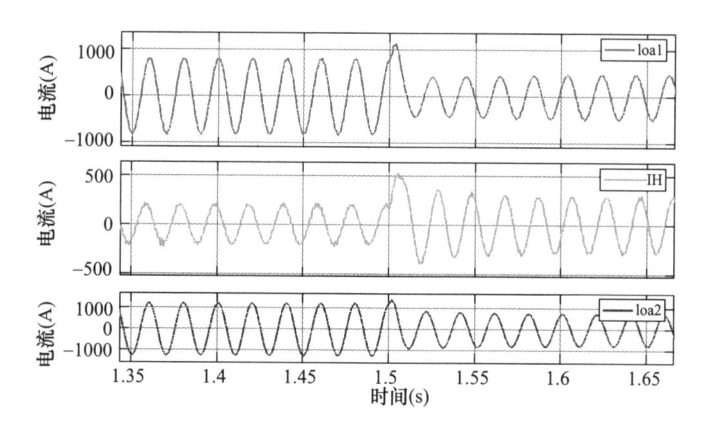

图 6-6　两台自同步电压源输出电流及系统环流（N=0.5）

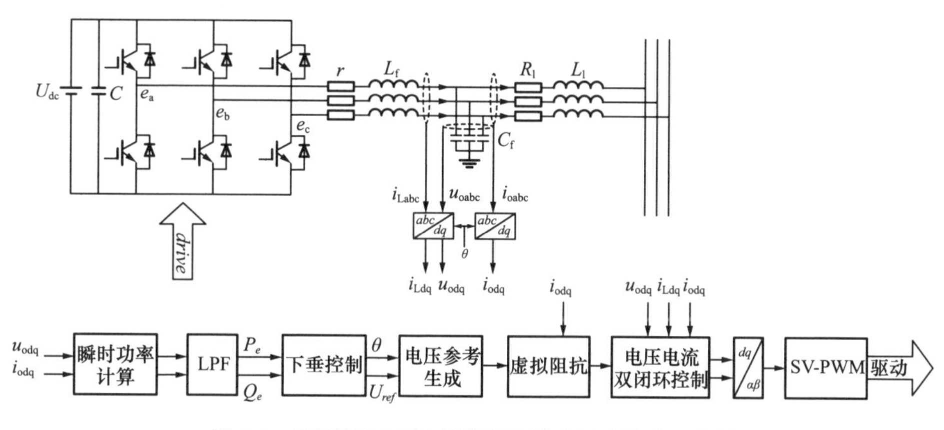

图 6-7　下垂控制采用虚拟阻抗解决无功均分示意图

6.2　基于虚拟阻抗的无功均衡控制技术

6.2.1　虚拟阻抗法的理论分析

虚拟阻抗方法从本质上解决阻抗差异造成不均分问题的方法。虚拟阻抗法通过在逆变器闭环控制外增加输出阻抗调节模块修正逆变器等效输出阻抗，在不同额定容量的逆变器间引入与容量成反比的虚拟阻抗，可近似实现总的线路阻抗与容量成反比。但考虑连线阻抗的存在，要满足线路阻抗与容量成反比，就要求加入的虚拟阻抗值较大，将对输出电压产生不利的影响。

引入虚拟阻抗，重塑逆变器的等效输出阻抗，由此消除等效连线阻抗阻性部分的影响，保证等效连线阻抗只呈感性。重塑后的逆变器等效输出阻抗的感性部分根据该支路输出电流的有效值自动调节大小，由此使得各支路等效连线阻抗的感性值达到一致，消除支路之间的阻抗差异。

如果已知线路参数，则考虑在算法中加入参数差值，使得阻抗一致。通过仿真设置两台自同步电压源的线路阻抗匹配后，仿真结果表明实现了无功功率均分且环流几乎为零。

孤岛运行方式下，微电网中各分布式发电单元到负荷的等效线路阻抗不尽相同，无功功率利用电压幅值下垂的方式分配，等效线路阻抗不匹配会造成各分布式发电单元间产生无功环流。

目前针对无功的均分控制策略，主要分为三大类：基于谐波注入法、虚拟阻抗法以及改变下垂系数。

1）谐波注入法：在工频参考电压中注入一定的谐波量，根据谐波功率调整分布式发电的输出电压，实现无功功率合理分配。

2）虚拟阻抗法：重点在于合适的虚拟阻抗值得选取（较小的虚拟阻抗值的改善作用不明显，较大的虚拟阻抗导致压降过大）。

3）下垂系数增大法：通过加大无功 - 电压回路的下垂系数减小无功功率分配误差。（加大下垂系数降低无功功率分配误差的同时，降低系统小信号稳定性，公共耦合点电压产生较大波动）。

选择普遍采用的虚拟阻抗法进行验证。虚拟阻抗法也可分为虚拟阻抗主导法和虚拟阻抗补偿法。

1）虚拟阻抗主导法：由于系统的线路阻抗和输出阻抗相比于虚拟阻抗很小，此时可认为逆变器的系统阻抗就是虚拟阻抗。

2）虚拟阻抗补偿法：如果虚拟阻抗远大于线路阻抗，会导致逆变器输出电压过低。逆变器接入微电网 PCC 的线路阻抗可根据电压等级和线路长度估算，而逆变器的输出阻抗通常由电压电流控制器和交流滤波器参数决定。

本节采用虚拟阻抗补偿法，图 6-8 给出了新能源场站的多台自同步电压源并联运行示意图，图中 Z_{v1} 和 Z_{v2} 表示虚拟阻抗，用于匹配线路阻抗。当自同步电压源的等效输出阻抗相匹配时，此时线路阻抗对无功功率的影响将会得到较大程度减弱。

下面仍以两台自同步电压源并联为例进行分析，如图 6-9 所示，工作在孤岛模式下，各电气量均在图中相应位置标注，所采用的控制部分如图 6-10 所示，在原有控制的基础上加入虚拟阻抗控制环。

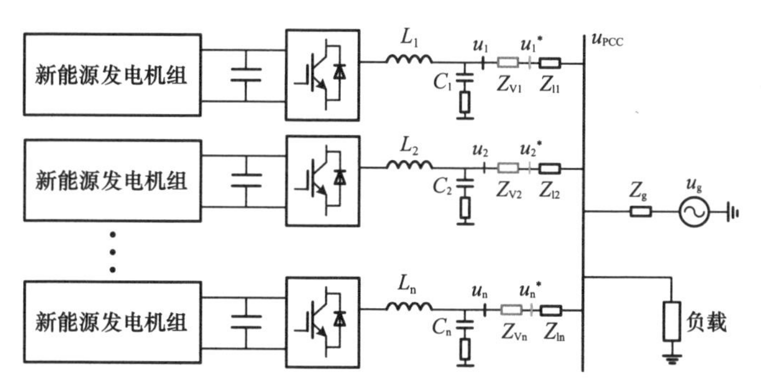

图 6-8 新能源场站多自同步电压源并联运行

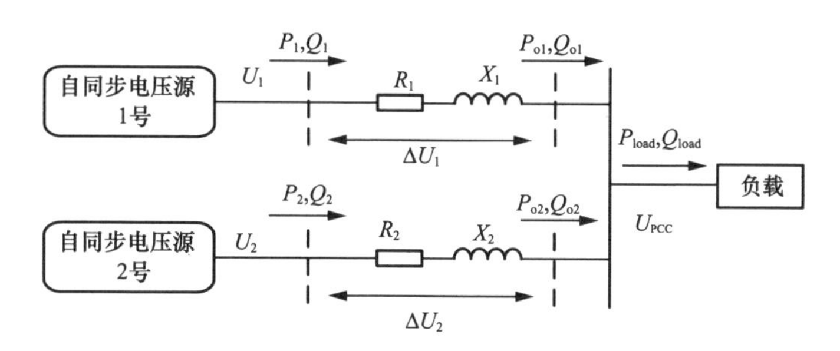

图 6-9 两台自同步电压源并联系统

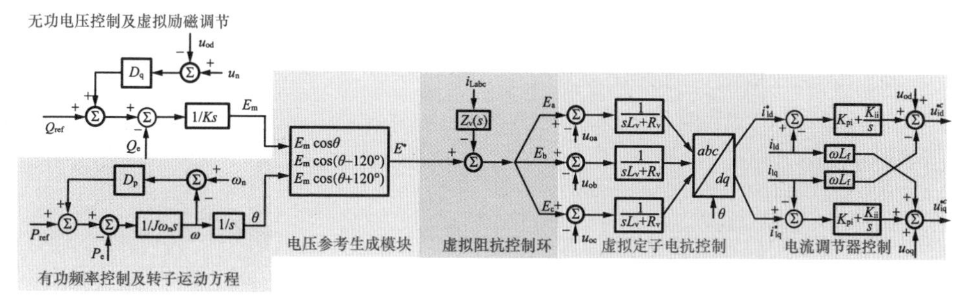

图 6-10 自同步电压源控制中加入虚拟阻抗部分

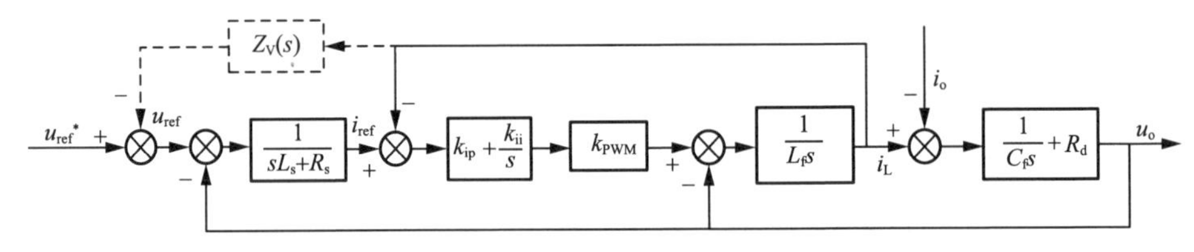

图 6-11　逆变器的控制框图

图 6-11 是逆变器采用自同步电压源控制方式时从输出参考电压到实际输出电压之间的控制环节的框图，表达了各电压电流信号的关系和传输。其中，u_{ref}^* 是 SVI 控制后生成的参考电压（由 P-f 环得到的相位以及 Q-V 环得到的幅值组成）；i_o 是逆变器输出电流；u_o 是逆变器输出电压；L_s 和 R_s 分别代表虚拟同步发电机的定子电感和电阻；$G_I(s)=k_{ip}+k_{ii}/s$ 是电流调节器的 PI 控制器，包括比例系数 k_{ip} 和积分系数 k_{ii}；k_{PWM} 是逆变器增益，这里取 1；L_f 是 LC 滤波器的滤波电感；C_f 是 LC 滤波器的滤波电容；R_d 是为了抑制谐振尖峰而串联在滤波电容上的阻尼电阻，仿真也证明了其有效抑制 LC 谐振峰值的作用；$Z_v(s)$ 是在控制环节中可等效加入的虚拟阻抗，可用于重塑逆变器的阻抗特性。

$$
\begin{aligned}
G(s) &= \frac{G_I k_{PWM}(1+sR_d C_f)}{\begin{array}{c}s^3 LL_f C_f + s^2(RL_f C_f + LC_f G_I k_{PWM} + R_d LC_f) \\ +sG_I k_{PWM} C_f (R+R_d) + G_I k_{PWM} + s(RR_d C_f + L) + R\end{array}} \\
Z_o(s) &= \frac{(s^2 LL_f + sRL_f + sG_I k_{PWM} L + G_I k_{PWM} R)(1+sR_d C_f)}{\begin{array}{c}s^3 LL_f C_f + s^2(RL_f C_f + LC_f G_I k_{PWM} + R_d LC_f) \\ +sG_I k_{PWM} C_f (R+R_d) + G_I k_{PWM} + s(RR_d C_f + L) + R\end{array}}
\end{aligned}
\tag{6-12}
$$

将相关控制参数代入上式可得 $G(s)$ 和 $Z_o(s)$ 的伯德图，如图 6-12 所示。

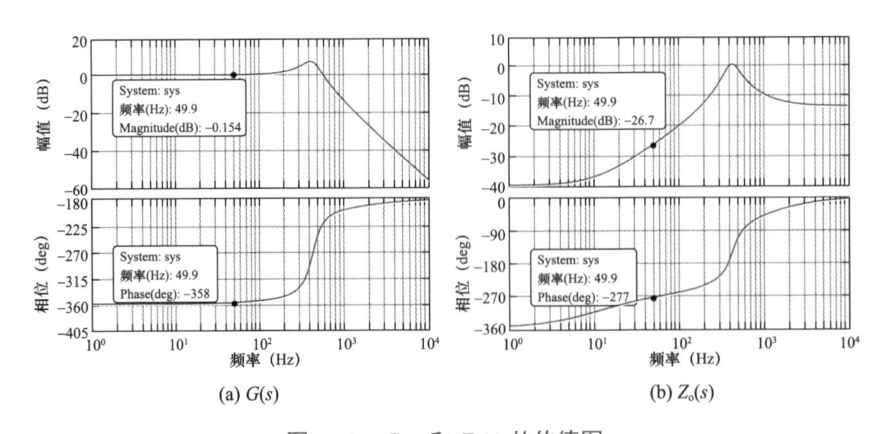

图 6-12　$G(s)$ 和 $Z_o(s)$ 的伯德图

根据对 $G(s)$ 的推导，在基频 50Hz 处的幅频特性为 -0.153dB，对应的 0.982 539。

系统的等效输出阻抗为：

$$Z(s) = Z_o(s) + Z_l + G(s)Z_v \tag{6-13}$$

因此可得为使线路阻抗一致性较好的虚拟阻抗的给定依据为：

$$Z_{v1} - Z_{v2} = \frac{Z_{l2} - Z_{l1}}{G(s)} \tag{6-14}$$

$$\begin{cases} R_{v1} - R_{v2} = \dfrac{R_{l2} - R_{l1}}{G(s)} \\ L_{v1} - L_{v2} = \dfrac{L_{l2} - L_{l1}}{G(s)} \end{cases} \tag{6-15}$$

虚拟阻抗实现方式如图 6-13 所示。

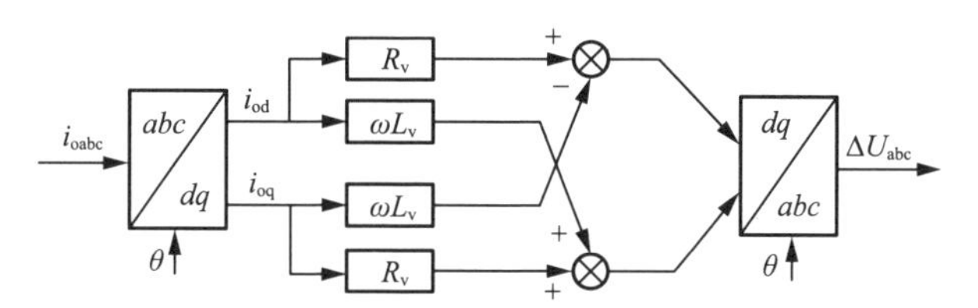

图 6-13　虚拟阻抗实现方式图

在按照设计的虚拟阻抗后进行仿真分析，相关波形如图 6-14 和图 6-15 所示。由图 6-14 可知，在按照基频处的 $G(s)$ 的数值，计算得到的虚拟阻抗参数，在 1s 时加入该算法，有功功率仍然可以合理分配，无功功率不合理分配的程度减小了，因实际线路参数不一致产生的 43.8kvar 的无功功率差距，在虚拟阻抗的作用下减小至 19.7kvar。图 6-15 中加入虚拟阻抗后，环流幅值由 85A 降至 10A，环流抑制率为 88.23%。

通过调整，一定程度增大虚拟电感值可实现进一步环流抑制，但效果提升较小。这里的一定程度是指当虚拟电感值太大时，会造成在虚拟阻抗上的压降较大，造成 PCC 点电压跌落，不利于系统稳定运行。因此固定虚拟阻抗的给定方法不宜过大也不宜过小，因系统负荷及线路参数未知等实际情况，因此线路阻抗辨识也是重要思路。

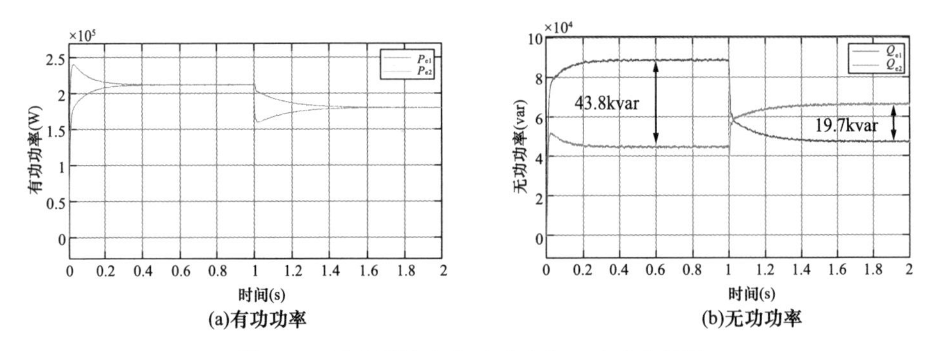

图 6-14　逆变器输出有功功率和无功功率情况

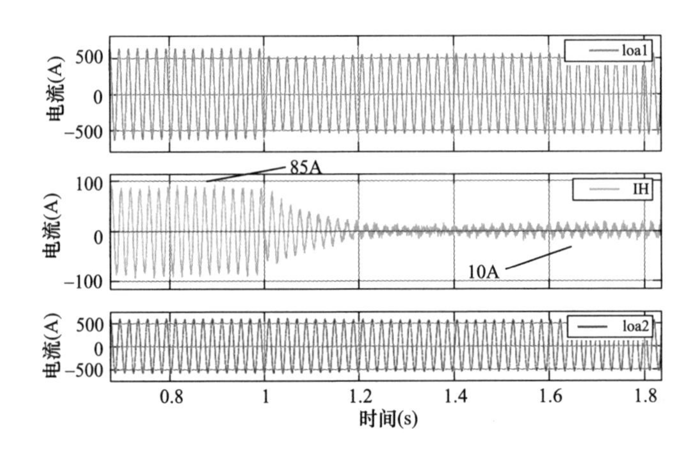

图 6-15　逆变器输出电流及系统环流情况

关于虚拟阻抗的确定依据，如图 6-16 所示。

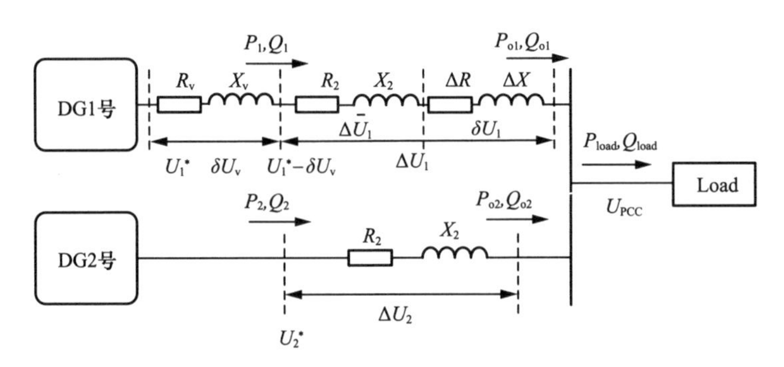

图 6-16　以 DG2 为参考的微电网简化模型

$$\begin{cases} U_1^* = U_{PCC} + \Delta U_1 \approx U_{PCC} + \Delta \bar{U}_1 + \delta U_1 \\ U_2^* = U_{PCC} + \Delta U_2 \end{cases} \tag{6-16}$$

由 ΔX 和 ΔR 引起的电压降失配对无功功率共享的影响可以通过修改电压参考 U_1^* 来补偿，如式（6-17）所示：

$$U_1^* - \delta U_{\mathrm{v}} = U_{\mathrm{PCC}} + \Delta \overline{U}_1 + \delta U_1 \tag{6-17}$$

当存在

$$-\delta U_{\mathrm{v}} = \delta U_1 \tag{6-18}$$

这样就可得到：

$$U_1^* = U_{\mathrm{PCC}} + \Delta \overline{U}_1 \tag{6-19}$$

近似可有：

$$-\frac{X_{\mathrm{v}} Q_1 + R_{\mathrm{v}} P_1}{U_{\mathrm{o}}} \approx \frac{\Delta X Q_1 + \Delta R P_1}{U_{\mathrm{o}}} \tag{6-20}$$

根据式确定虚拟阻抗参数：

$$\begin{cases} X_{\mathrm{v}} = -\Delta X \\ R_{\mathrm{v}} = -\Delta R \end{cases} \tag{6-21}$$

所以虚拟阻抗的确定可根据实际线路阻抗的大小合理配置，涉及线路阻抗辨识的问题。

6.2.2　阻抗在线监测方法

传统大电网中，三相输电线路根据线路长度划分为短线路（小于 80km）、中长线路（大于 80km 小于 250km）以及长线路（大于 250km）。短线路和中长线路采用集中参数模型，长线路采用分散参数模型。在新能源场站中，逆变器出口距离 PCC 点的距离在中长线路范围内，可根据不同电压等级下的单位阻抗值与距离的乘积进行估算，从而得知大概的线路阻抗值，属于线路阻抗估算。

表 6-1　　不同电压等级下的线路电气参数

线路	电阻 r（Ω/km）	电感 X（Ω/km）	阻感比 r/X
低压线路	0.642	0.083	7.70
中压线路	0.161	0.190	0.85
高压线路	0.060	0.191	0.31

精确检测线路阻抗是提高逆变器功率控制精度和系统稳定性的重要保障，传统电力系统阻抗识别方法主要包括理论计算法、短路测试法、负荷投切法，其中短路测试法和理论计算法需通过精确昂贵的测试仪器和可靠的保护装置来计算系统阻抗。

线路阻抗辨识是利用可测量的信息，实时观测逆变器出口至公共点之间的等效阻抗。现有的线路阻抗辨识方法主要分为主动方式、被动方式和类 - 被动方式。其中主动方式为人为对电网施加一个扰动。通过检测装置来获取扰动后的系统状态信息，加以处理测量线路阻抗，包括硬件方式扰动和软件方式扰动。主动方式需要引入一个扰动，一定程度上会影响系统的稳定运行。被动方式是指利用微电网正常运行工况中已存在的暂态信息进行实现，该方法的好处是无须对系统引入新的扰动，依据常规信息完成线路辨识工作，该方法也存在算法复杂等不足，其工程实用性不高。类 - 被动方式更多考虑将主动方式和被动方式结合。

已有研究在虚拟单机等效模型的基础上，结合并网逆变器的下垂控制，通过给参考电压施加扰动，检测出系统中电压和电流变化量，通过分析线路阻抗和电网等效阻抗相关的电压回路方程获取阻抗参数。

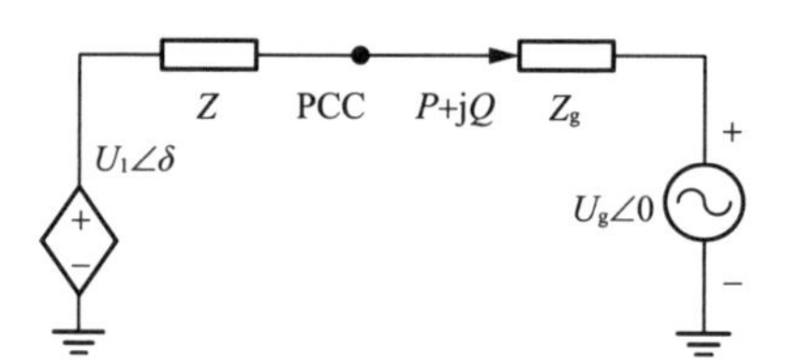

图 6-17　单台逆变器线路阻抗模型

如图 6-17 所示，设参考电压扰动前，线路电流为 $\dot{I}_1$，PCC 点电压为 $\dot{U}_{PCC}$，该值可由通信装置获得，逆变器的输出电压为 $\dot{U}_1$，电网电压 $\dot{U}_g$，线路阻抗 $Z=R+jX$，电网等效阻抗 $Z_g=R_g+jX_g$，电网频率 50Hz。根据 KVL 可得

$$\dot{U}_{PCC}+\dot{I}_1 Z_g=\dot{U}_g \tag{6-22}$$

$$\dot{U}_1+\dot{I}_1(Z_g+Z)=\dot{U}_g \tag{6-23}$$

参考电压变化后，线路电流 $\dot{I}_{1*}$，PCC 点电压 $\dot{U}_{PCC*}$，逆变器输出电压 $\dot{U}_{1*}$，则：

$$\dot{U}_{PCC*}+\dot{I}_{1*} Z_g=\dot{U}_g \tag{6-24}$$

$$\dot{U}_{1*}+\dot{I}_{1*}(Z_{g}+Z)=\dot{U}_{g} \tag{6-25}$$

进一步整理可计算出电网阻抗 R_g 和 L_g：

（6-26）

$$R_{g}=\mathrm{Re}\left(\frac{\dot{U}_{PCC*}-\dot{U}_{PCC}}{\dot{I}_{1*}-\dot{I}_{1}}\right) \tag{6-27}$$

$$L_{g}=\frac{1}{\omega}\mathrm{Im}\left(\frac{\dot{U}_{PCC*}-\dot{U}_{PCC}}{\dot{I}_{1*}-\dot{I}_{1}}\right) \tag{6-28}$$

在三相系统中，dq 旋转坐标系：

$$\begin{cases}\dot{U}_{1}=U_{1d}+jU_{1q}\\ \dot{U}_{1*}=U_{1d*}+jU_{1q*}\end{cases} \tag{6-29}$$

$$\begin{cases}\dot{I}_{1}=I_{1d}+jI_{1q}\\ \dot{I}_{1*}=I_{1d*}+jI_{1q*}\end{cases} \tag{6-30}$$

$$\begin{cases}\dot{U}_{PCC}=U_{PCCd}+jU_{PCCq}\\ \dot{U}_{PCC*}=U_{PCCd*}+jU_{PCCq*}\end{cases} \tag{6-31}$$

$$\Delta\dot{U}_{PCC}=\dot{U}_{PCC*}-\dot{U}_{PCC}=\Delta U_{PCCd}+j\Delta U_{PCCq} \tag{6-32}$$

$$\Delta\dot{U}_{1}=\dot{U}_{1*}-\dot{U}_{1}=\Delta U_{1d}+j\Delta U_{1q} \tag{6-33}$$

$$\Delta\dot{I}_{1}=\dot{I}_{1*}-\dot{I}_{1}=\Delta I_{1d}+j\Delta I_{1q} \tag{6-34}$$

进一步地，电网阻抗和线路阻抗可根据下式（6-35）～式（6-38）计算：

$$R_{g}=\frac{\Delta U_{PCCd}\Delta I_{1d}+\Delta U_{PCCq}\Delta I_{1q}}{\Delta I_{1d}^{2}+\Delta I_{1q}^{2}} \tag{6-35}$$

$$L_{g}=\frac{\Delta U_{PCCq}\Delta I_{1d}-\Delta U_{PCCd}\Delta I_{1q}}{\omega(\Delta I_{1d}^{2}+\Delta I_{1q}^{2})} \tag{6-36}$$

$$R=\frac{\Delta U_{1d}\Delta I_{1d}+\Delta U_{1q}\Delta I_{1q}}{\Delta I_{1d}^2+\Delta I_{1q}^2}-R_g \tag{6-37}$$

$$L=\frac{\Delta U_{1q}\Delta I_{1d}-\Delta U_{1d}\Delta I_{1q}}{\omega(\Delta I_{1d}^2+\Delta I_{1q}^2)}-L_g \tag{6-38}$$

可根据上述算法计算得到线路阻抗参数，为虚拟阻抗法均衡无功提供基础。

6.3 基于多智体算法的场站无功 / 电压协调控制

根据无功多智能体一致性算法得到二次电压控制信号；将二次电压控制信号叠加在自同步电压源算法的无功电压控制上；无功电压控制输出的电压幅值与有功频率控制输出的相位生成参考电压，经过虚拟阻抗控制和电流环控制后得到调制信号，经过 SV-PWM 后驱动逆变器开关。通过无功多智能体一致性算法和自同步电压源算法的结合，能够实现新能源场站多自同步电压源并网运行时的功率合理分配，解决了线路阻抗不匹配情况下的无功分配不均衡问题。

无功多智能体一致性算法表示为式（6-39）：

$$\begin{cases}\dot{u}_{qi}=\sum\limits_{j\in N_i}a_q(\bar{Q}_j-\bar{Q}_i)-\sum\limits_{j\in N_i}b_q(\gamma_{qj}-\gamma_{qi})-c_q(u_{qi}-\bar{Q}_i)\\ \gamma_{qi}=\sum\limits_{j\in N_i}b_q(\bar{Q}_j-\bar{Q}_i)\\ \bar{Q}_i=Q_i/D_{qi}\end{cases} \tag{6-39}$$

式中：新能源场站多自同步电压源相邻机组 i 和 j 的无功功率为 Q_i 和 Q_j； γ_{qi} 和 γ_{qj} 为一致性算法中引入的中间变量； u_{qi} 为二次电压控制信号； a_q、b_q、c_q 为权重系数； N_i 为与节点 i 有通信连接的节点组成的集合； D_{qi} 为无功电压下垂系数。

无功多智能体一致性算法输出的二次电压控制叠加在自同步电压源算法的无功电压控制单元上，表达式为：

$$K\frac{dE_m}{dt}=D_q(U_n+u_q-U_{om})+Q_{ref}-Q \tag{6-40}$$

式中：$1/K$ 为积分系数；E_m 为电压幅值；u_q 为二次电压控制信号；Q_{ref} 为无功功率的参考值；Q 为输出无功功率；D_q 为无功电压下垂系数；U_{om} 为输出电压幅值；U_n 为额定电压幅值。

图 6-18 给出了基于多智能体一致性算法的多自同步电压源无功 / 电压协调控制框图，可改善线路阻抗不匹配情况下的多机无功功率不合理问题。

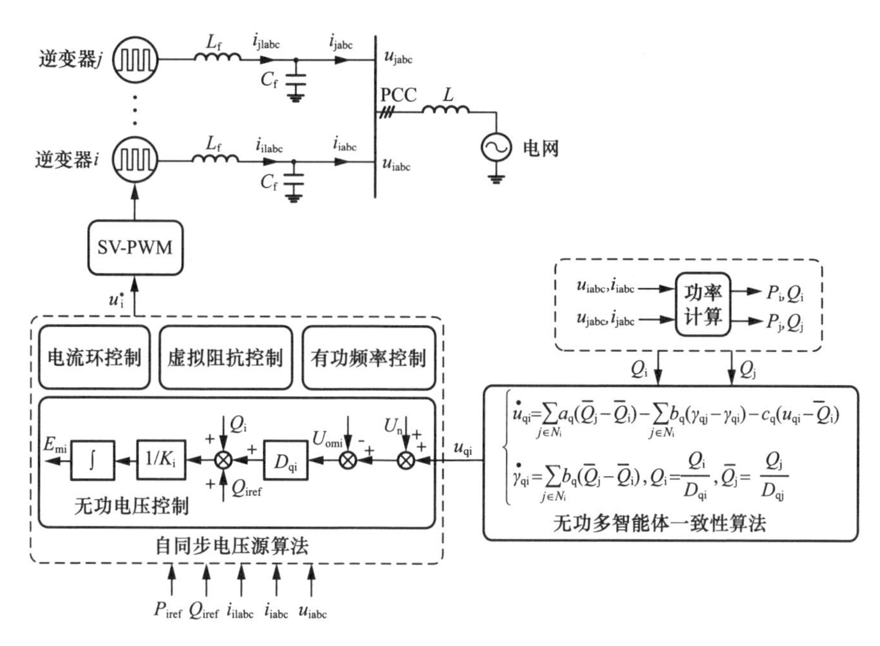

图 6-18 基于多智能体算法的无功均衡控制框图

6.4 多自同步电压源无功 / 电压协调控制仿真验证

6.4.1 基于虚拟阻抗法的无功 / 电压协调控制仿真结果及分析

虚拟阻抗法在不同容量机组的功率合理分配效果：设置两台机组容量为 P_{ref1}=250kW，P_{ref2}=500kW，则容量比为 S_1:S_2=1:2，为了使得功率合理输出，一方面需要对控制参数按照容量比进行调整，另一方面加入虚拟阻抗后的系统总阻抗比值与容量比成反比。

在假设已知线路阻抗的前提下，由于控制环节产生的阻抗比重较小，因此忽略该部分阻抗的大小，以线路阻抗为主选择适配的虚拟阻抗，从而使得总的线路阻抗与设备容量近似成反比。

假设线路阻抗参数：线路 1 电阻 R_1=0.01Ω，线路 1 电感 L_1=100μH，线路 2 电阻 R_2=0.02Ω，线路 2 电感 L_2=200μH。在 S_1:S_2=N=1:2 的情况下，设计自同步电压源 1 的虚拟阻抗为 0.07Ω 和 300μH，自同步电压源 2 的虚拟阻抗为 0.02Ω，随后进行仿真验证，在 1s 时加入虚拟阻抗控制策略，总仿真时长 3s。

由图 6-19 可知，在施加虚拟阻抗环节前，有功功率仍可合理输出，无功功率不按照设备容量比输出，具体表现为额定容量大的机组输出无功功率小，额定容量小的机组输出无功功率多。在 1s 时施加虚拟阻抗控制后，有功功率经过 0.5s 时间进入稳态，稳态时合理输出；无功功率则进行快速调整，改变“小马拉大车”的出力不合理局面。

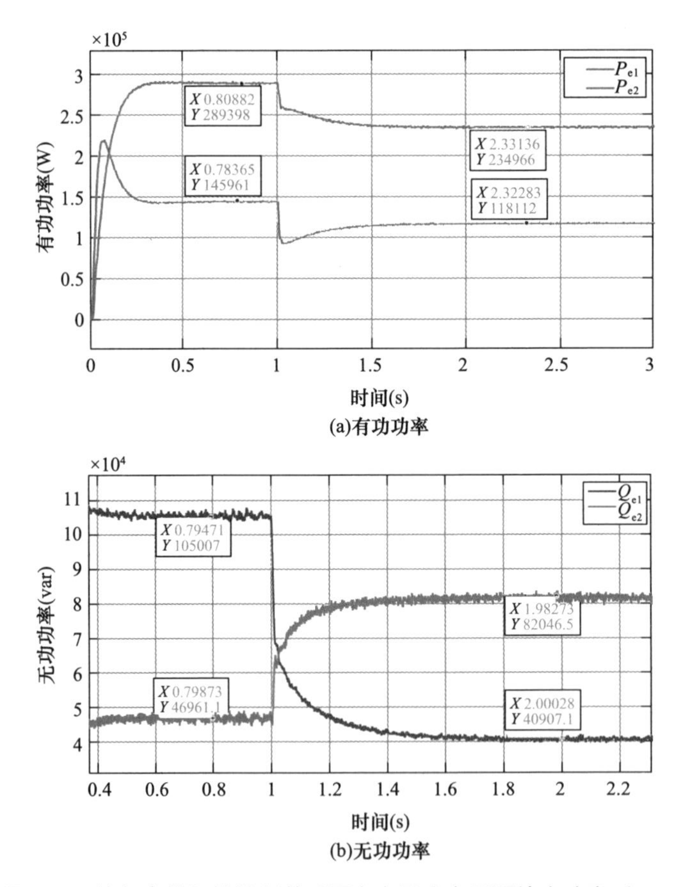

图 6-19　施加虚拟阻抗控制前后两台自同步电压源输出功率（N=0.5）

图 6-20 结果表明，在施加虚拟阻抗控制后，无功功率输出比由原来的 2.2 调整为 0.5，与设备容量比一致，达到了预期的控制效果。由图 6-21 可知，系

统环流由原来的 290A 降至 60A，环流在很大程度上得到了抑制。

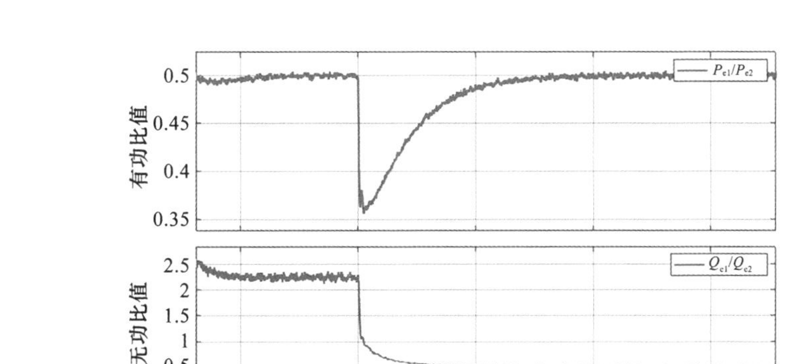

图 6-20　施加虚拟阻抗前后两台自同步电压源输出功率比（*N*=0.5）

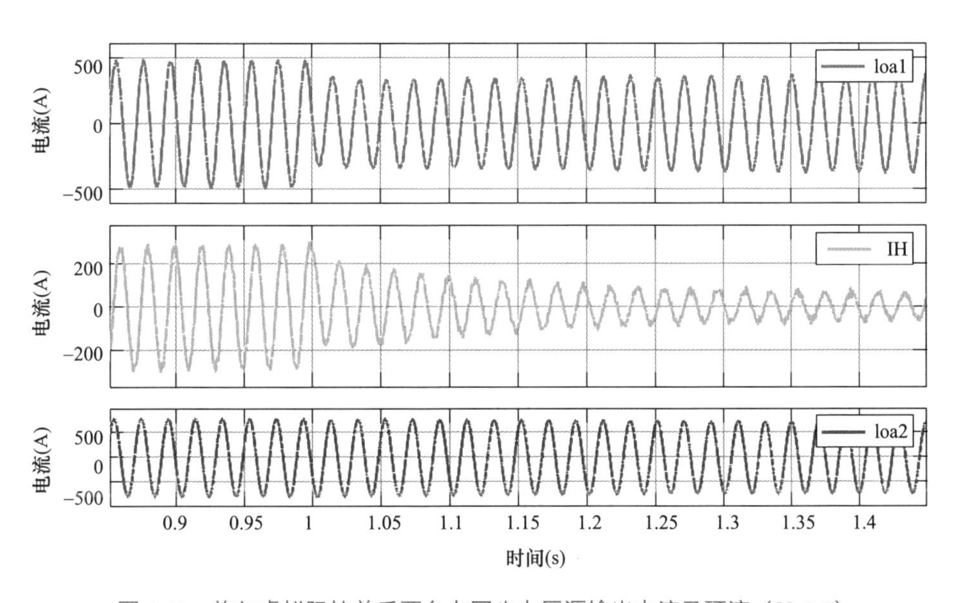

图 6-21　施加虚拟阻抗前后两台自同步电压源输出电流及环流（*N*=0.5）

6.4.2　基于多智能体一致性算法的无功 / 电压协调控制仿真结果及分析

按照表 6-1 和表 6-2 的参数，在 Matlab/Simulink 中建立仿真模型，对上述理论分析和性能分析结论进行验证。图 6-22 为加入多智能体一致性控制后系统输出的有功功率和无功功率波形图，图 6-23 为加入二次控制后系统的输出频率和各机组的输出电压幅值，图 6-24 展示的是系统的平均电压幅值与二次控制器输出量。

表 6-2　　自同步电压源与多智能体算法参数

主电路参数	数值	控制参数	数值
有功下垂系数 $D_{p1,4}$	79442	有功负载 P_{load}	250kW
有功下垂系数 $D_{p2,3}$	39721	无功负载 Q_{load}	50kvar
无功下垂系数 $D_{q1,4}$	20000	有功一致性系数 a_p	20
无功下垂系数 $D_{q2,3}$	10000	频率二次控制系数 b_p	0.01
虚拟转动惯量 $J_{1,4}$，$J_{2,3}$	0.3，0.15	频率恢复系数 g_p	20
调压积分系数 $K_{1,4}$，$K_{2,3}$	318，159	无功一致性系数 a_q	50
连线电阻 R_{l12}，R_{l23}，R_{l34}	0.1，0.2，0.2	电压二次控制系数 b_q	20
连线电感 L_l	1mH	电压恢复系数 g_q	50

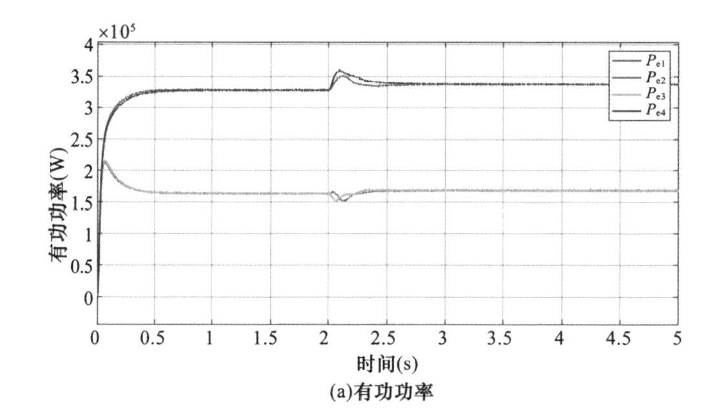

(a)有功功率

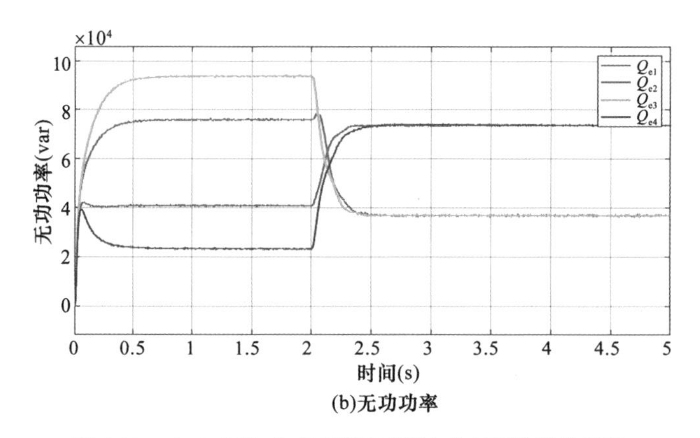

(b)无功功率

图 6-22　在 2s 时加入多智能体控制对功率输出的影响

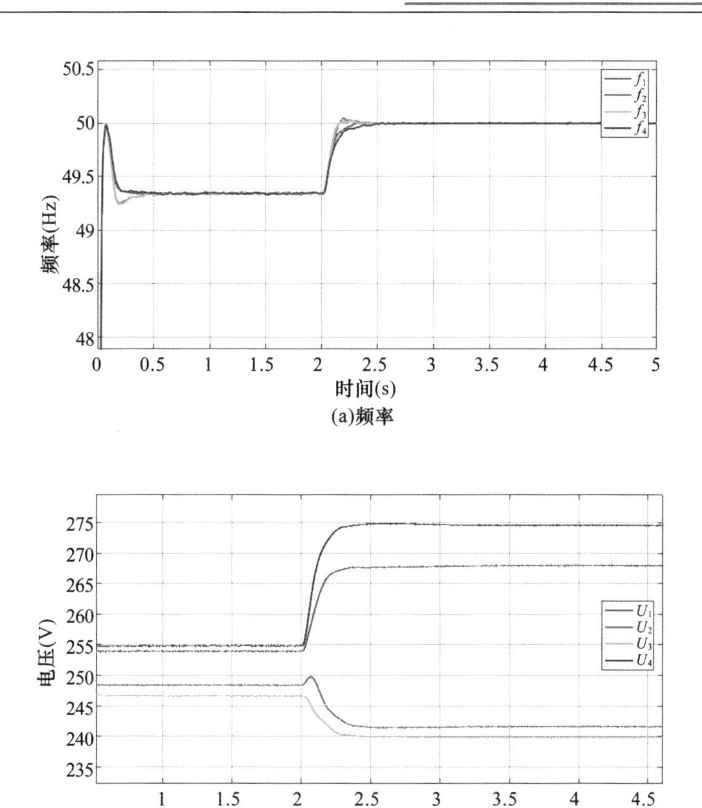

图 6-23　在 2s 时加入多智能体控制对输出频率和电压幅值的影响

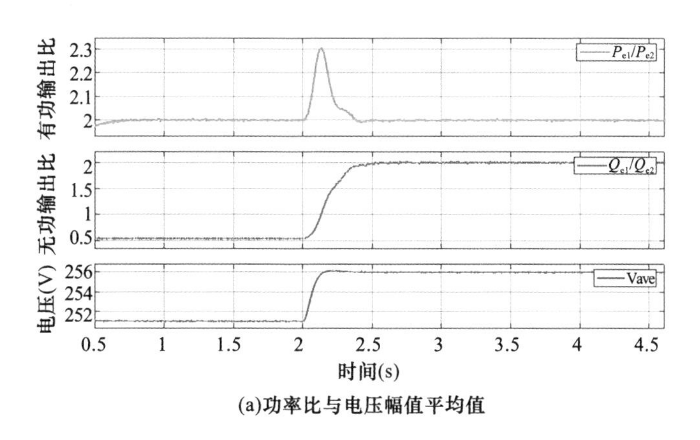

图 6-24　加入多智能体控制对功率输出比值以及平均电压的影响、控制器输出变化（一）

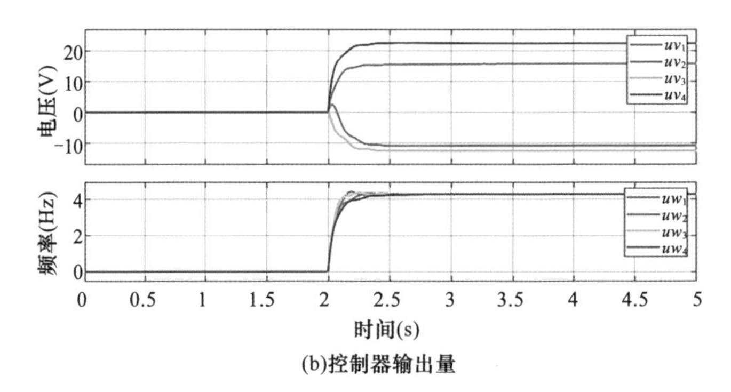

(b)控制器输出量

图 6-24　加入多智能体控制对功率输出比值以及平均电压的影响、控制器输出变化（二）

由图 6-22 ～图 6-24 可知，0 ～ 2s 时系统采用自同步电压源控制，由于 DG1（DG4）和 DG2（DG3）机组容量不同，但是本地负载相同，线路阻抗不同，因此，在自同步电压源控制下无功功率出现不合理分配（未按照下垂系数比例输出），有功功率由于稳态时频率能够达到一致从而可以实现合理分配。2s 时在原有控制中加入二次控制，在加入二次控制后的 0.5s 是动态响应过程，随后进入稳态。有功功率在加入二次控制前后均可实现合理分配，无功功率由之前的不合理分配进而转向合理分配，频率也由 49.35Hz 恢复至额定 50Hz，输出电压幅值的平均值由 251V 增加至 256V，达到了额定电压。

1．通信时延下的一致性控制

多智能体一致性算法需要进行相邻机组间的通信，该通信方式无须实时通信且通信量小，如采用事件触发通信方式，在工况发生变化时触发通信；对通信速率和通信时延要求低，所采用的多智能体一致性算法的稳态值不受时延影响，每次通信仅需传输无功功率和中间变量两个数据。系统中的控制器与相邻控制器进行信息交互，各控制器根据自身信息及其邻居信息做出决策，最终实现被控对象状态的一致。多智能体一致性算法的应用需保证通信拓扑的连通性，且信息的传递是双向的，各台机组与其相邻机组进行无功功率等信息的交互。即使通信拓扑的连通性被破坏，各分离通信部分可实现局部收敛，系统仍可稳定运行。因此，多智能体算法的通信拓扑要尽可能是连通的，且双向通信。这种局部通信实现全局控制的效果可以很大程度上减少远距离通信传输的需要，适合分布式风电和分布式光伏发电等新能源发电形式，有利于实现能源转型。

通信时延对控制的影响：对于任意的通信线路 $(i, j) \in E$，E 为通信线，节

点 i 与 j 之间的通信时延为 τ，则对应的控制器方程为：

$$\begin{cases} \dot{u}_{\mathrm{v}i} = \sum\limits_{j\in N_{\mathrm{C}i}} a_{\mathrm{q}}[\bar{Q}_j(t-\tau)-\bar{Q}_i(t)] - \sum\limits_{j\in N_{\mathrm{C}i}} b_{\mathrm{q}}[\zeta_{\mathrm{v}j}(t-\tau)-\zeta_{\mathrm{v}i}(t)] - g_{\mathrm{q}}(u_{\mathrm{v}i}-\bar{Q}_i) \\ \dot{\zeta}_{\mathrm{v}i} = \sum\limits_{j\in N_{\mathrm{C}i}} b_{\mathrm{q}}[\bar{Q}_j(t-\tau)-\bar{Q}_i(t)] \end{cases} \tag{6-41}$$

当通信网络存在时延，节点 i 收到的 $j \in N_i$ 的信息就会存在延时，交换的信息为 $\bar{Q}_j(t-\tau)$ 和 $\zeta_{\mathrm{v}j}(t-\tau)$。

DG2 传递给 DG1 的信息出现了通信时延，包括 $\bar{Q}_2$、$\zeta_{\mathrm{v}2}$、$\bar{P}_2$、$\zeta_{\omega2}$ 这些量经过 $\tau=0.1\mathrm{s}$ 的延时后，即 $\bar{Q}_2(t-\tau)$、$\zeta_{\mathrm{v}2}(t-\tau)$、$\bar{P}_2(t-\tau)$ 和 $\zeta_{\omega2}(t-\tau)$ 出现在 DG1 的控制器中。

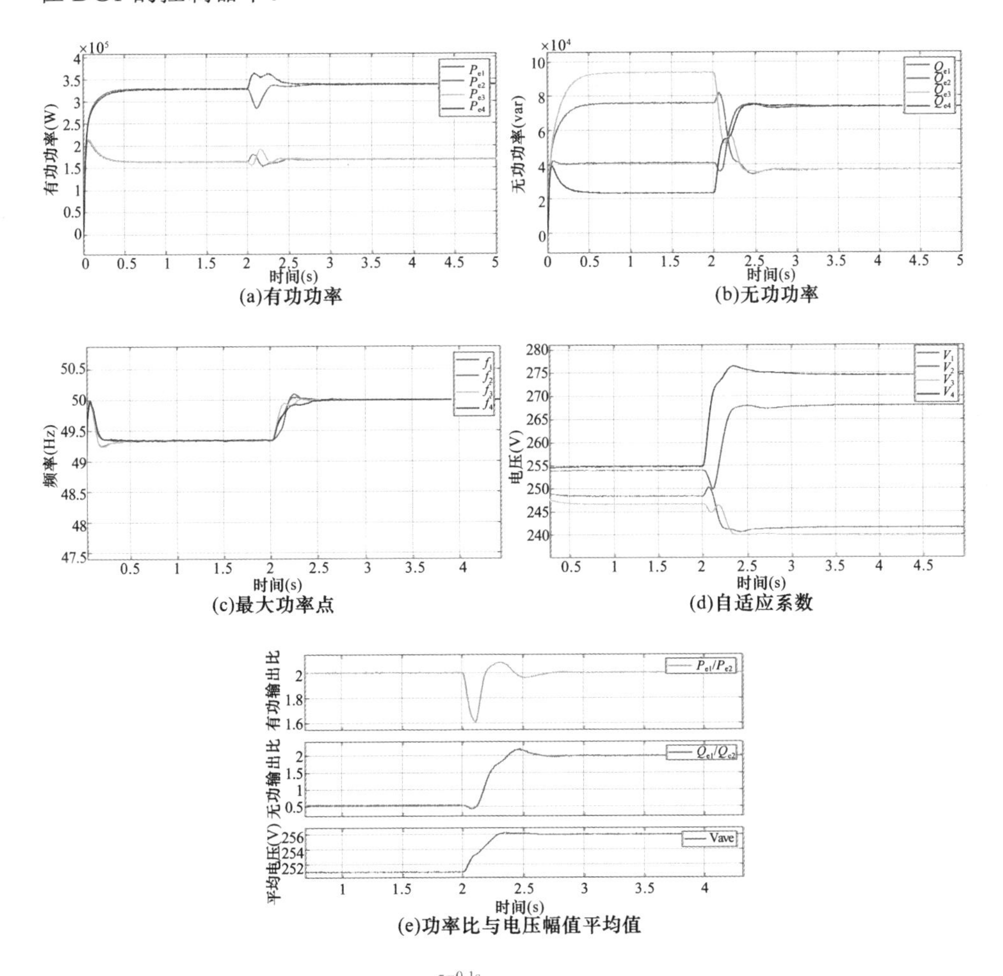

图 6-25　**DG2** $\xrightarrow{\tau=0.1\mathrm{s}}$ **DG1** 情况下的系统输出

由图 6-25 可知，在通信网络中出现的单条线路通信时延仅影响系统的动态过程，具体表现为加长了动态响应时间，在系统能够稳定运行的前提下不对稳态结果产生影响。通过仿真发现，随着时延的加长，0.2、0.5、1s…，系统进入稳态需要的时间逐渐变长，当 $\tau=0.5$s 时，现有模型系统需要至少 6s 时间达到稳态。

图 6-26 是在 DG2 向 DG1 传输通信过程中出现 1s 时延情况下的波形，可以发现存在 1s 的反应延时，由于 DG1 接收的信号存在延时，因此图 6-26（b）中蓝色曲线的功率响应正好出现了 1s 的滞后。

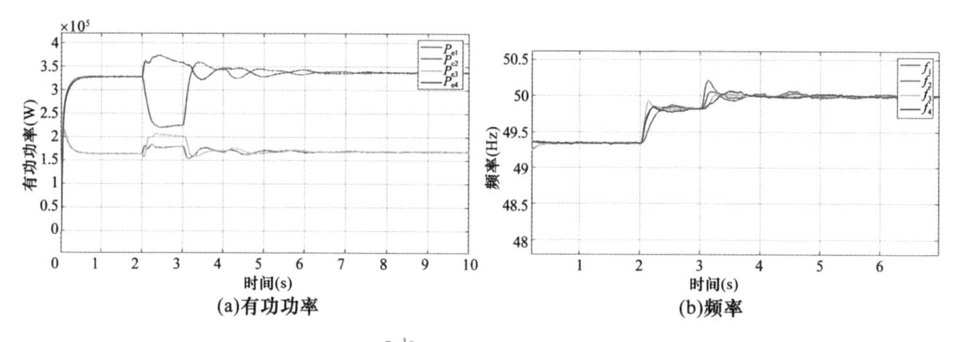

图 6-26 DG2 $\xrightarrow{\tau=1s}$ DG1 情况下的有功输出和频率

当与 DG2 有通信连接的 DG1 和 DG3 均受到 DG2 时延影响时，仿真结果如图 6-27 所示。

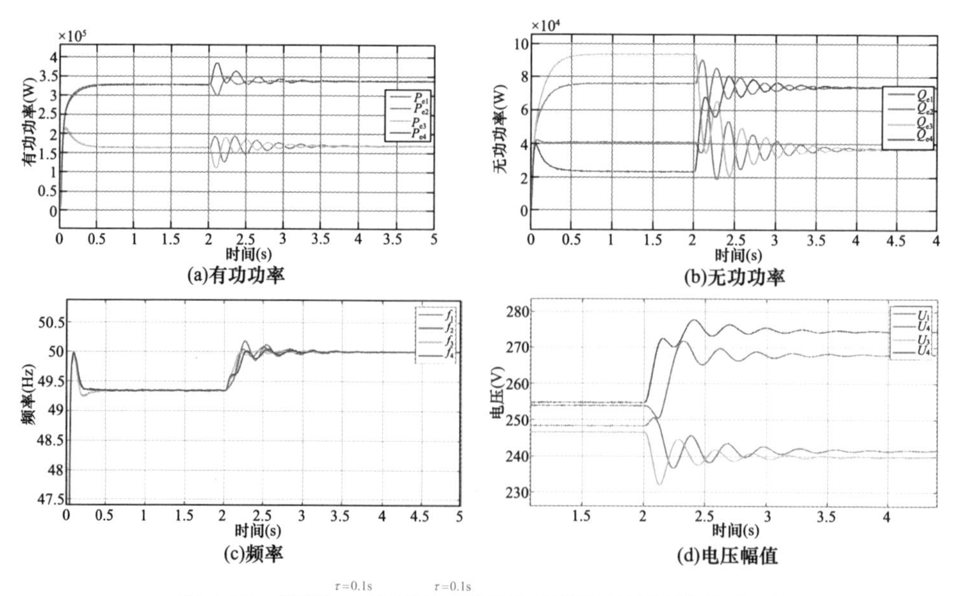

图 6-27 DG1 $\xleftarrow{\tau=0.1s}$ DG2 $\xrightarrow{\tau=0.1s}$ DG3 情况下的系统输出（一）

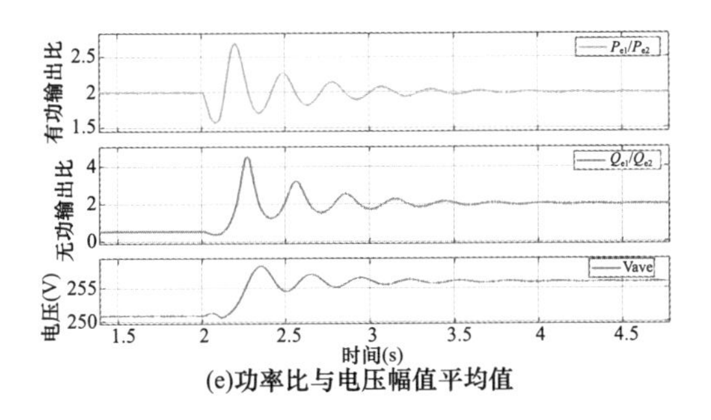

(e)功率比与电压幅值平均值

图 6-27　$\mathbf{DG1} \overset{\tau=0.1\text{s}}{\leftarrow} \mathbf{DG2} \overset{\tau=0.1\text{s}}{\rightarrow} \mathbf{DG3}$ 情况下的系统输出（二）

当出现两条单向通信线路出现通信时延，系统以衰减振荡的形式完成动态响应，经过 2s 进入稳态，稳态结果没有受到影响。明显地，当通信时延较长，如 1s 时，由于在 1s 内达不到稳态，所以信号一直出现的这种延时会对进入稳态产生较长的影响。图 6-28 可以反映这种问题，最初的 1s 延时后，系统开始往一致性方向靠拢，但是在 1s 后另一个延时后的信号过来了，再次影响了原系统运行的方向和结果。由于延迟信号也在不断往稳态方向靠近，因此随着运行时间的加长，最终也可以达到稳定。

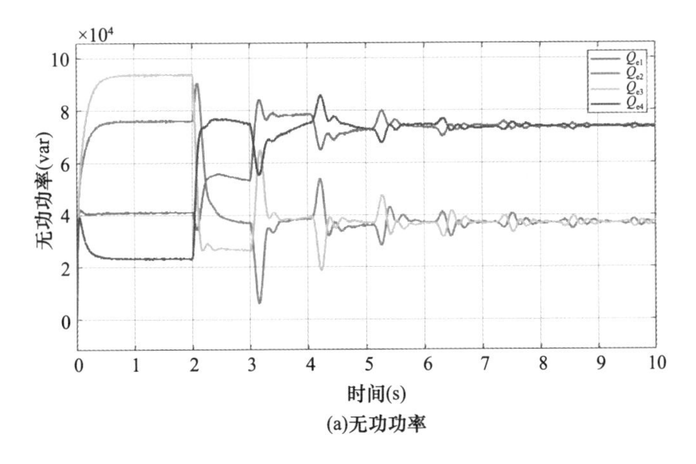

(a)无功功率

图 6-28　$\mathbf{DG1} \overset{\tau=1\text{s}}{\leftarrow} \mathbf{DG2} \overset{\tau=1\text{s}}{\rightarrow} \mathbf{DG3}$ 情况下的无功功率和平均电压（一）

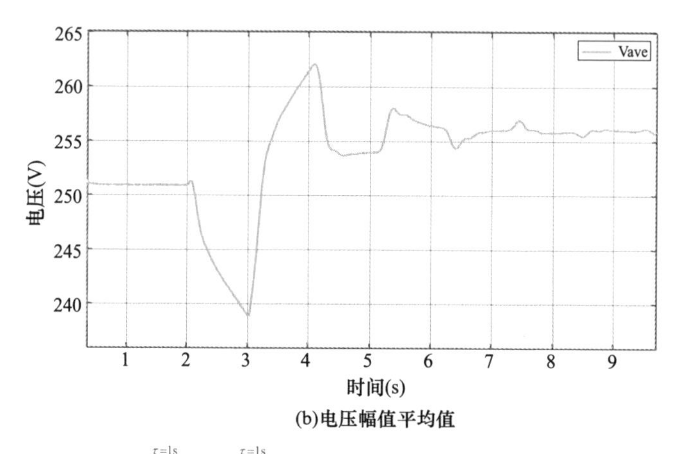

(b)电压幅值平均值

图 6-28　**DG1** $\xleftarrow{\tau=1s}$ **DG2** $\xrightarrow{\tau=1s}$ **DG3** 情况下的无功功率和平均电压（二）

2．考虑通信故障的影响

当 DG1 与 DG4 之间的通信在 5s 时断开，如图 6-29 所示。

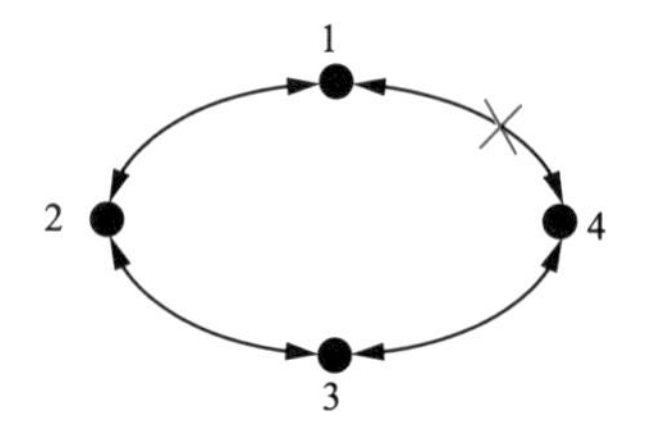

图 6-29　**DG1** 与 **DG4** 之间的通信断开

由图 6-30 可知，0 ～ 2s 时自同步电压源控制，2s 时加入 PI 一致性算法，5s 时断开 DG1 和 DG4 之间的通信，即 $\text{DG1} \nLeftrightarrow \text{DG4}$ 。仿真结果表明，断开通信后需要经过较长的时间进入稳态。稳态时，功率合理分配，频率和平均电压恢复至额定值。虽然 DG1 和 DG4 之间出现了双向通信故障，但是从环形拓扑来看，通信拓扑仍然是连通的、平衡的，因此稳态情况下性能可以达到要求。DG4 退出环形通信如图 6-31 所示。DG4 退出环形通信后系统响应如图 6-32 所示。

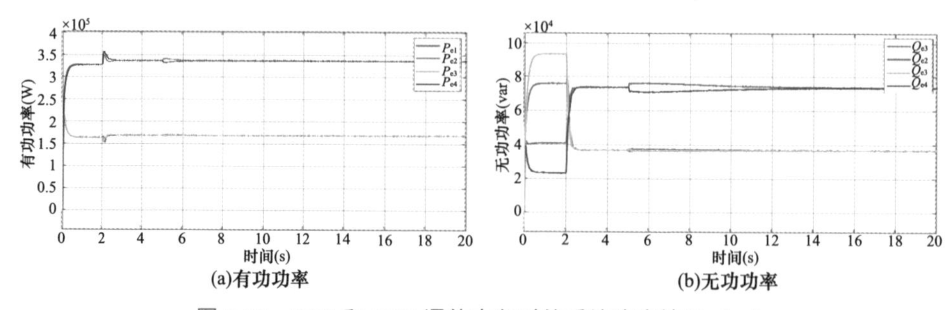

(a)有功功率　(b)无功功率

图 6-30　**DG1** 和 **DG4** 通信中断时的系统响应情况（一）

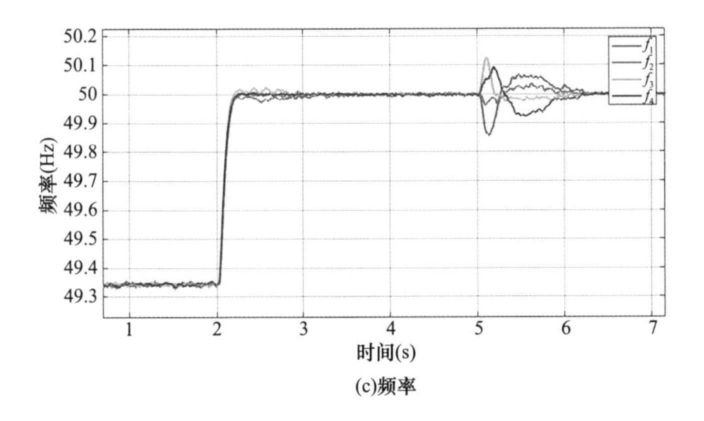

(c)频率

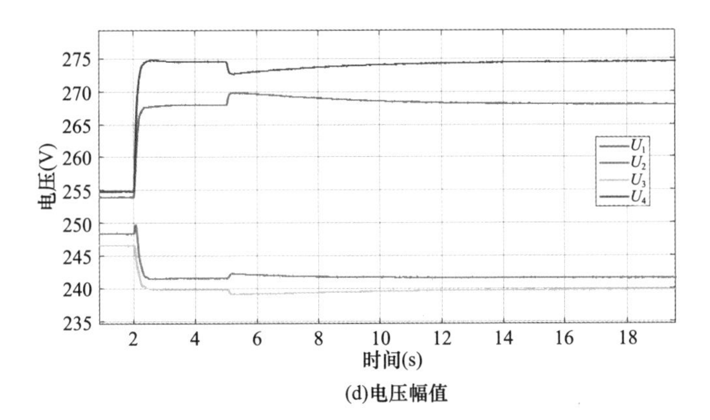

(d)电压幅值

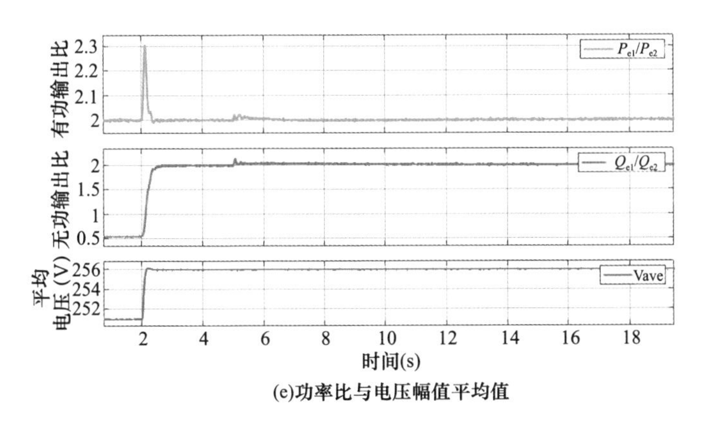

(e)功率比与电压幅值平均值

图 6-30　DG1 和 DG4 通信中断时的系统响应情况（二）

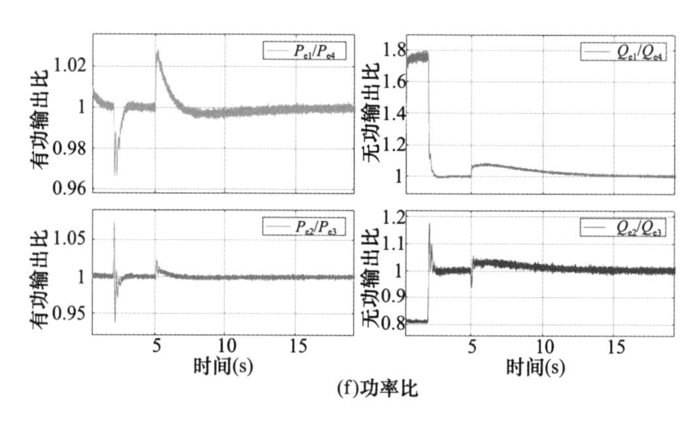

(f)功率比

图 6-30 DG1 和 DG4 通信中断时的系统响应情况（三）

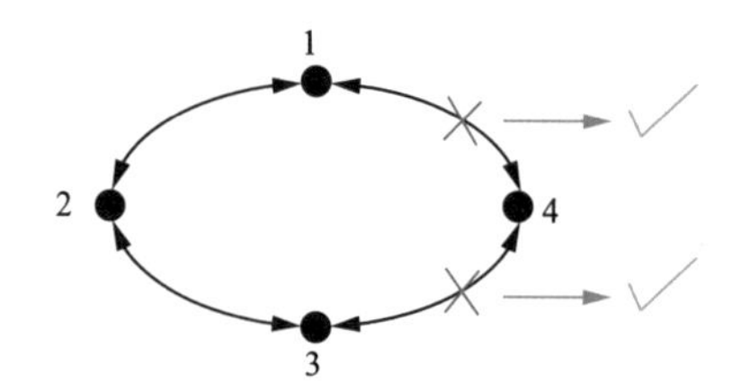

图 6-31 DG4 退出环形通信

表 6-3 不同时间段下的运行状态

时间段（s）	控制方式	通信
0 ~ 2	自同步电压源控制	无
2 ~ 5	自同步电压源控制 +PI 一致性控制	1 ↔ 2 ↔ 3
5 ~ 8	自同步电压源控制 +PI 一致性控制	1 ↔ 2 ↔ 3 ↔ 4 ↔ 1

按照表 6-3 的方式运行，在 2s 时只加入了 DG1，DG2，DG3 通信的控制，DG4 相当于独立运行，此时系统的通信拓扑是不连通的，DG4 的归一化功率无法与其他单元一致，但是频率和平均电压均可达到额定。5s 时恢复 DG4 与 DG1 和 DG3 的通信，经过 1s 的动态响应过程进入稳态，稳态时系统功率合理分配。

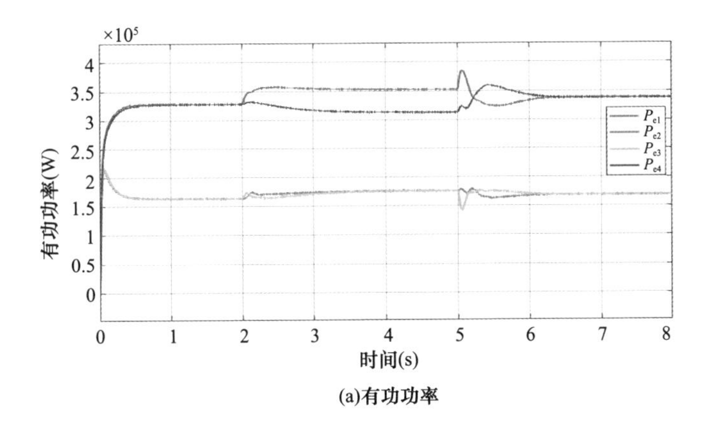

(a)有功功率

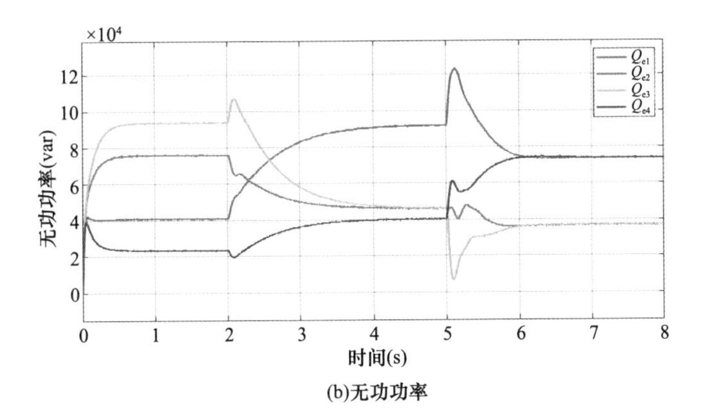

(b)无功功率

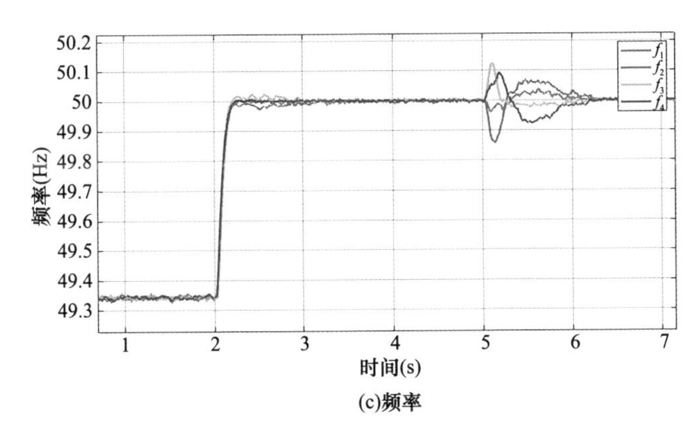

(c)频率

图 6-32　DG4 退出环形通信后系统响应（一）

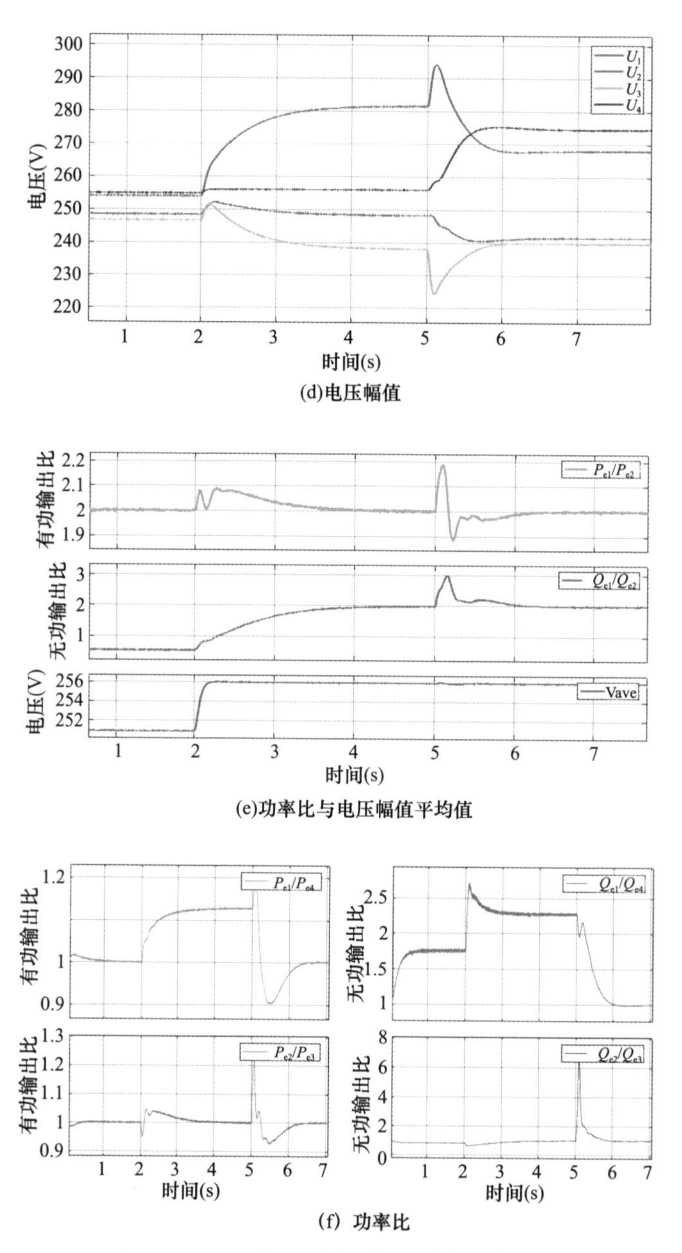

(d)电压幅值

(e)功率比与电压幅值平均值

(f) 功率比

图 6-32 DG4 退出环形通信后系统响应（二）

3．并网运行

当交流微电网并入大电网时，分布式电源输出电压的频率由大电网钳制为50Hz，有功功率可以实现按照设备容量合理分配。多自同步电压源并联并网运行结构如图 6-33 所示。

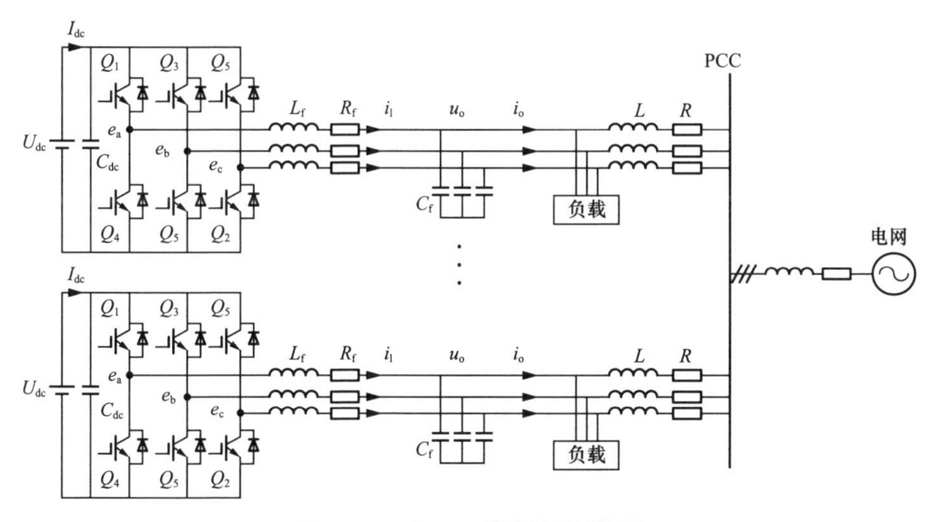

图 6-33　4 台 DG 并联并网结构图

表 6-4　各阶段运行和控制方式

时间段（s）	运行工况	控制方式
0 ～ 2	孤岛运行	自同步电压源控制
2 ～ 4	孤岛运行	自同步电压源控制 +PI 一致性控制
4 ～ 5	预同步过程	自同步电压源控制 +PI 一致性控制
5 ～ 10	并网运行	自同步电压源控制 +PI 一致性控制

表 6-4 给出了仿真中的运行方式，在上述孤岛运行的基础上加入预同步进行并网，观察并网运行时的控制效果，仿真结果如图 6-34 所示。

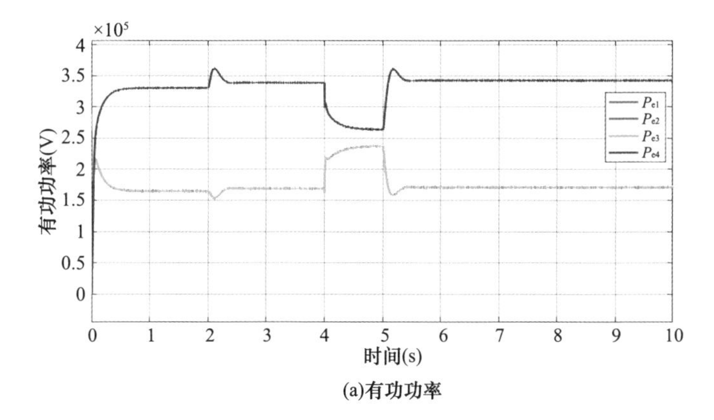

(a)有功功率

图 6-34　多自同步电压源离 / 并网切换（一）

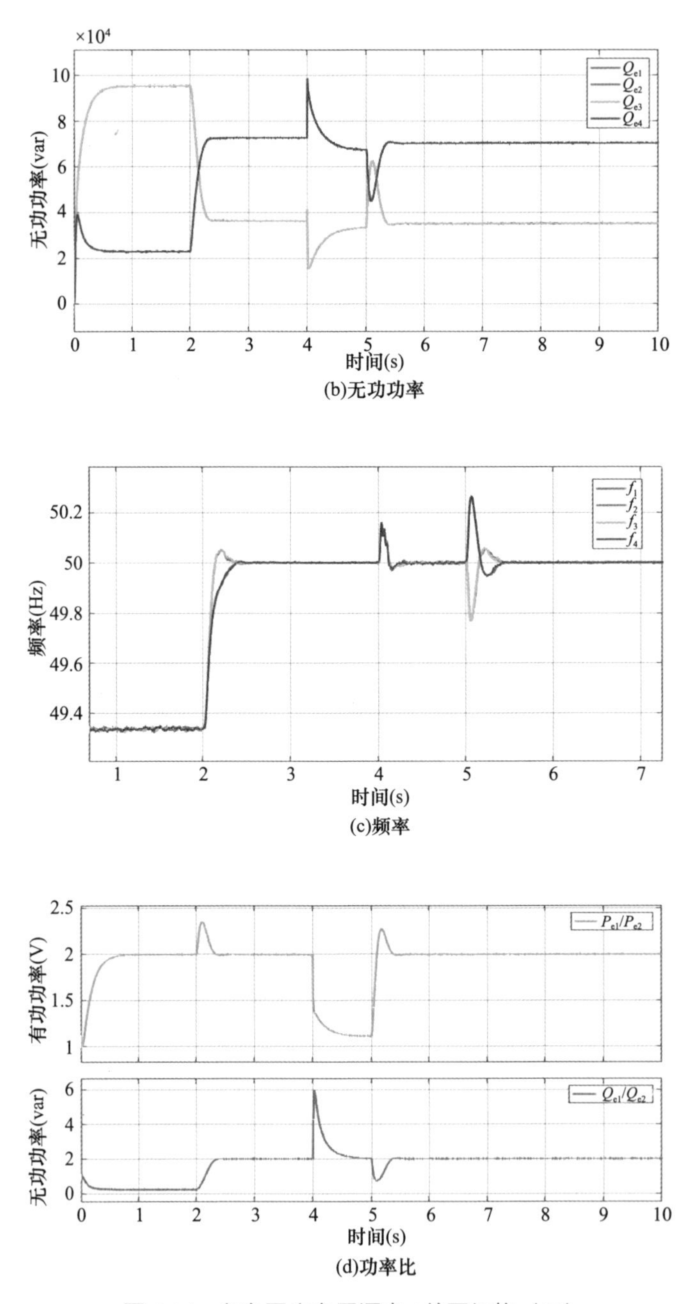

(b)无功功率

(c)频率

(d)功率比

图 6-34　多自同步电压源离 / 并网切换（二）

由图 6-34 可知，PI 一致性算法在孤岛运行和并网运行时均可以实现功率合理输出。为了实现平滑的离 / 并网切换，在 4 ～ 5s 启动了预同步环节，预同步过程期间功率不能合理输出，频率仍为额定值。因为预同步信号是加入在有功频率控制环中，因此，无功功率在该过程中也向合理输出的方向靠近。

本 章 小 结

本章重点研究了新能源场站多自同步电压源无功 / 电压协调控制的问题，仿真分析了线路阻抗对无功均衡控制的影响，采用虚拟阻抗方法解决无功均衡控制和环流抑制问题，可通过线路阻抗在线监测得知线路参数，并基于此设计虚拟阻抗。多自同步电压源的无功控制与线路阻抗有关，通过虚拟阻抗法补偿线路失配，合理设置控制参数即可实现无功功率的均衡控制，并且较好地抑制了系统环流。针对新能源场站内机组布局，考虑采用多智能体一致性算法，对有功功率、无功功率、电压和频率进行了控制，使得新能源场站多自同步电压源无功 / 电压协调控制。

参考文献

[1] Alatrash Hussam, Mensah Adje, Mark Evlyn. Generator emulation controls for photovoltaic inverters[J]. IEEE Transactions on Smart Grid, 2012, 3(2): 996-1011.

[2] Arai Junichi, Takada Tsuyoshi, Kaoru Koyanagi. Power smoothing by controlling stored energy in capacitor of photovoltaic power system[C]. Asia-Pacific Power and Energy Engineering Conference (APPEEC). 2012:1-5.

[3] Kaoru Koyanagi, Taguchi, Akira, et al. Study of the load-following performance of distributed generators in a micro-grid[J]. IEEE Transaction on electrical and electronics engineering, 2008, 3(5): 492-502.

[4] A.Vassilakis, P.Kotsampopoulos, N.Hatziargyriou, et al. A Battrery Energy Storage Based Virtual Synchronous Generator[C]. 2013 IREP Symposium-Bulk Power System Dynamics and Control-IX(IREP), 2013, 1-6.

[5] 汤蕾，沈沉，张雪敏．大规模风电集中接入对电力系统暂态功角稳定性的影响（一）：理论基础［J］．中国电机工程学报，2015，35（15）：3832-3842.

[6] Li Y, Xu Z, Wong K P. Advanced control strategies of PMSG-based wind turbines for system inertia support [J]. IEEE Transactions on Power Systems, 2017, 32(4): 3027-3037.

[7] Sang S, Zhang C, Cai X, et al. Control of a type- Ⅳ wind turbine with the capability of robust grid-synchronization and inertial response for weak grid stable operation[J]. IEEE Access, 2019, 7: 58553-58569.

[8] 张琛，蔡旭，李征．具有自主电网同步与弱网稳定运行能力的双馈风电机组控制方法[J]．中国电机工程学报，2017，37（2）：476-486.

[9] H. Shao, X Cai, Z. Li, et al. Stability enhancement and direct speed control of DFIG inertia emulation control strategy. IEEE Access, 7: 120089-120105.

[10] 帅智康，肖凡，涂春鸣，等．宽频域谐波谐振劣化机理及其抑制措施［J］．电工技术学报，2013，28（12）：16-23.

[11] 陈智勇，罗安，黄旭程，等．基于欧拉公式的宽频谐波谐振稳定性评估法［J］．中国电机工程学报，2020，40（61）：126-140.

[12] 张兴，余畅舟，刘芳，等．光伏并网多逆变器并联建模及谐振分析［J］．中国电机工程学报，2014，34（03）：336-345．

[13] 肖华锋，刘隰蒲，过亮，等．规模化并网逆变器网侧谐振信息的小波包提取方法［J］，电力自动化设备，2016，36（1）：129-134．

[14] 孙舟，田贺平，王伟贤，等．含新能源接入的配电网中储能系统协调控制策略［J］．现代电力，2018（1）：19-25．

[15] 丁明，吴兴龙，陆巍，等．含多个不对称光伏并网系统的配电网三相随机潮流计算[J]．电力系统自动化，2012，36（16）：47-52．

[16] 胡泽春，王锡凡，张显，等．考虑线路故障的随机潮流［J］．中国电机工程学报，2005，（24）：26-33．

[17] 朱星阳，刘文霞，张建华．考虑大规模风电并网的电力系统随机潮流［J］．中国电机工程学报，2013，33（07）：77-85+16．

[18] R. H. Lasseter, Z. Chen, D. Pattabiraman. Grid-forming inverters: A critical asset for the power grid. IEEE Journal of Emerging and Selected Topics in Power Electronics, 2020, 8(2):925-935.

[19] 王维洲，刘茜，但扬清，等．大规模新能源接入电网连锁故障预防控制策略研究［J］．电工电能新技术，2015，34（3）：12-17.

[20] 张在为，薛峰，周野，等．多源并存系统过载情况下的预防控制方法［J］．电网与清洁能源，201 5，31（5）：58-63.

[21] 薛禹胜．时空协调的大停电防御框架（一）从孤立防线到综合防御［J］．电力系统自动化，2006，30（1）：8-16.

[22] 薛禹胜．时空协调的大停电防御框架（二）广域信息，在线量化分析和自适应优化控制［J］．电力系统自动化，2006，30（2）：1-10.

[23] 薛禹胜．时空协调的大停电防御框架（三）各道防线内部的优化和不同防线之间的协调［J］．电力系统自动化，2006，30（3）：1-10.

[24] 薛禹胜，李威，Hill D J．暂态稳定混合控制的优化（一）单一失稳模式的故障集［J］．电力系统自动化，2003，27（20）：6-10.

[25] 李威，薛禹胜，Hill D J．暂态稳定混合控制的优化（二）不同失稳模式的故障集［J］．电力系统自动化，2003（21）：7-10.

[26] 李建，庞晓艳，李雯，等．省级电网在线安全稳定预警及决策支持系统研究与应用［J］．电力系统自动化，2008，32（22）：97-102.

[27] 王昊昊，徐泰山，李碧君，等．自适应自然环境的电网安全稳定协调防御系统的应用设计［J］．电力系统自动化，2014（9）：143-151.

[28] 李碧君，徐泰山，刘强．用于在线评估与控制决策的电网运行安全风险指标体系研究［J］．华东电力，2014，42（1）：71-76.

［29］Xi Lin, A. M. Gole,. A wide-band multi port system equivalent for real-time digital power system simulators[J]. IEEE Transactions on Power System, 2009, 24(1):237-249.

［30］Yuefeng Liang, Xi Lin. Improved coherency-based wide-band equivalents for real-time digital simulators[J]. IEEE Transactions On Power System, 2011, 26(3):1410-1417.

［31］楼霞薇，王威，王波．基于 WARD 等值的电网限流运行方式优化方法［J］．电力系统保护与控制，2017，45（18）：128-136.

［32］林济铿，闫贻鹏，刘涛，等．电力系统电磁暂态仿真外部系统等值方法综述［J］．电力系统自动化，2012，36（11）：108-115.

［33］Wang L, Klain M, Yirga S, et al. Dynamic reduction of large power systems for stability studies[J]. IEEE Trans on Power Systems,1997, 12(2) :889-895.

［34］Yuqiang Hou, Yongjie Ffang, Fusuo Liu, et al. Grid reduction method considering electromagnetic loop and local accommodation effect for the dynamic equivalent[C]. 2018 International Conference on Power System Technology，2018:153-160.

［35］胡杰，余贻鑫．电力系统动态等值参数聚合的实用方法［J］．电网技术，2006，30（24）：26-30.

［36］包能胜，徐军平，倪维斗，等．大型风电场失速型机组等值建模的研究［J］．太阳能学报，2007，28（11）：1284-1288.

［37］孙建锋，焦连伟，吴俊玲，等．风电场发电机动态等值问题的研究［J］．电网技术，2004，28（7）：58-61.

［38］乔嘉赓，鲁宗相，闵勇，等．风电场并网的新型实用等效方法［J］．电工技术学报，2009，24（4）：209-213.

［39］栗然，唐凡，刘英培，等．基于自适应变异粒子群算法的双馈风电机组等值建模［J］．电力系统自动化，2012，36（4）：22-27.

［40］刘力卿，余洋，王哲，等．变速恒频双馈风电机组的动态等值方法［J］．电力系统及其自动化学报，2012，24（2）：63-66.

［41］李春来，王晶，杨立滨．典型并网光伏电站的等值建模研究及应用［J］．电力建设，2015，36（8）：114-121.

［42］崔晓丹，李威，李兆伟，等．适用于机电暂态仿真的大型光伏电站在线动态等值方法［J］．电力系统自动化，2015.39（12）：21-26.

［43］吴峰，李玮．含高渗透率分布式光伏发电系统的配电网动态等值分析［J］．电力系统自动化，2017，41（9）：65-70，181.

［44］朱艺颖．电力系统数模混合仿真技术及发展应用［J］．电力建设，2015，36（12）：42-47.

［45］朱艺颖，于钊，李柏青，等．大规模交直流电网电磁暂态数模混合仿真平台构建及验证（一）整体构架及大规模交直流电网仿真验证［J］．电力系统自动化，2018，42（15）：164-170，298-300.

[46] Liu Xuan, Hou Yuqiang, Xu Jianbing, et al. Research on control system-level hardware-in-the-loop experimental verification platform based on componentized reconfiguration[C]. 2019 Purple Mountain Forum.